宁夏哈巴湖国家级自然保护区生物多样性监测手册
（植物图册）

何兴东　尤万学　余　殿　主编

南开大学出版社

天　津

图书在版编目(CIP)数据

宁夏哈巴湖国家级自然保护区生物多样性监测手册.植物图册 / 何兴东，尤万学，余殿主编. —天津：南开大学出版社，2016.5
ISBN 978-7-310-05084-0

Ⅰ.①宁… Ⅱ.①何… ②尤… ③余… Ⅲ.①自然保护区-植物-生物多样性-生物资源保护-宁夏-手册 Ⅳ.①S759.992.43-62②Q16-62

中国版本图书馆 CIP 数据核字(2016)第 070329 号

版权所有　侵权必究

南开大学出版社出版发行
出版人：孙克强
地址：天津市南开区卫津路 94 号　　邮政编码：300071
营销部电话：(022)23508339　23500755
营销部传真：(022)23508542　邮购部电话：(022)23502200

＊
唐山新苑印务有限公司印刷
全国各地新华书店经销
＊
2016 年 5 月第 1 版　　2016 年 5 月第 1 次印刷
260×185 毫米　16 开本　16.25 印张　385 千字
定价：128.00 元

如遇图书印装质量问题,请与本社营销部联系调换,电话：(022)23507125

《宁夏哈巴湖国家级自然保护区生物多样性监测手册（植物图册）》编辑委员会

主　任：王学增

副主任：尤万学　李天鹏　张维军　何兴东

委　员：冯　玲　崔亚东　王自新　杨金生　张生英　冯起勇
　　　　许昌礼　张　晨　余　殿　沈学礼　常海军　王锦林
　　　　黄执东　王耀鹏　马炯辉　王耀远　蔡　莉

编写人员：

　　　　何兴东　尤万学　余　殿　景红娟　蔡　莉　王建峰
　　　　张　辽

本书出版得到了全球环境基金（GEF）的资助，谨此致以衷心感谢！

前　言

　　植物是多种多样的,它们的形态、结构、生活习性各不相同。在不同的环境中生活着不同类型的植物,从高山到平原,从沙漠绿洲到大洋海底,存在着各种各样能够进行光合作用的绿色、褐色和红色植物,这些植物或是单细胞最简单的植物体衣藻,或是多细胞的丝状体、叶状体,或是具复杂结构并有根、茎、叶分化的植物体等。这些现象都反映了植物界在漫长的岁月中,由原核到真核,从水生到陆生,由低等到高等,逐步发展成为陆生的、大型而复杂的植物体。植物的多样性来自连续不断的种的形成过程,是植物有机体在和环境的相互作用中,经过长期不断的遗传变异、适应和选择等一系列的矛盾运动有规律地演化而成的。

　　地球上已发现的植物约有 50 万种,其中包括藻类、菌类、地衣、苔藓、蕨类和种子植物。它们的大小、形态、结构、寿命、生活习性、营养方式、繁殖方式和生态特性等都是多种多样的,共同组成了复杂的植物界。植物在自然界的作用主要体现于四个方面:(1)推动地球和生物界的发展和进化;(2)作为自然界第一生产力参与食物链;(3)参与土壤形成,为生物创造栖息的场所;(4)促进物质循环、维持生态平衡。

　　宁夏哈巴湖国家级自然保护区共有植物 99 科、321 属、615 种,其中,野生维管植物 54 科、178 属、376 种。我们编写了这本监测手册,旨在促进哈巴湖国家级自然保护区生物多样性保护和监测工作的开展。

目 录

植物识别与植物多样性监测

1 植物识别 3
   1.1 植物的花 3
   1.2 植物的叶 7
   1.3 植物的茎 15
   1.4 植物的果实 19
   1.5 植物的生长型 20
2 植物分类 23
3 植物多样性监测 52
   3.1 监测准备 52
   3.2 监测样地（段面）设置 52
   3.3 监测方法 52
   3.4 监测内容和指标 53
   3.5 监测时间和频次 54
   3.6 数据处理和分析 54
   3.7 质量控制和安全管理 54
   3.8 监测报告编制 54

宁夏哈巴湖国家级自然保护区植物图鉴

木贼科　Equisetaceae 61
   木贼（*Equisetum hyemale*） 61
   节节草（*Equisetum ramosissimum*） 61
松科　Pinaceae 61
   华北落叶松（*Larix principis-rupprechtii*） 61
   青海云杉（*Picea crassifolia*） 62
   樟子松（*Pinus sylvestris var.mongolica*） 62
   油松（*P. tabulaeformis*） 62

柏科　Cupressaceae ·· 63
　　侧柏（*Platycladus orientalis*）································· 63
　　圆柏（*Sabina chinensis*）······································· 63
　　叉子圆柏（*S. vulgaris*）······································· 63
麻黄科　Ephedraceae ·· 64
　　木贼麻黄（*Ephedra equisetina*）································ 64
　　中麻黄（*E. intermedia*）······································· 64
　　膜果麻黄（*E. przewalskii*）···································· 64
　　草麻黄（*E. sinica*）··· 65
杨柳科　Salicaceae ··· 65
　　银白杨（*Populus alba*）·· 65
　　新疆杨（*P. alba var.pyramdalis*）······························ 65
　　二白杨（*P. gansuensis*）······································· 66
　　河北杨（*P. hopeiensis*）······································· 66
　　箭杆杨（*P. nigra var.thevestina*）····························· 66
　　小青杨（*P. pseudo-simonii*）··································· 67
　　小叶杨（*P. simonii*）·· 67
　　毛白杨（*P. tomentosa*）·· 67
　　垂柳（*Salix babylonica*）······································ 68
　　旱柳（*S. matsudana*）·· 68
　　乌柳（*S. cheilophila*）·· 68
　　沙柳（*S. psammophila*）·· 69
　　小红柳（*S. microstachya var. bordensis*）······················ 69
胡桃科　Juglandaceae ··· 69
　　胡桃（*Juglans regia*）··· 69
榆科　Ulmaceae ··· 70
　　榆树（*Ulmus pumila*）·· 70
大麻科　Cannabaceae ·· 70
　　大麻（*Cannabis sativa*）······································· 70
桑科　Moraceae ··· 70
　　桑树（*Morus alba*）·· 70
蓼科　Polygonaceae ··· 71
　　东北木蓼（*Atraphaxis manshurica*）····························· 71
　　沙木蓼（*A. bracteata*）·· 71
　　白皮沙拐枣（*Calligonum leucocladum*）·························· 71

红果沙拐枣（*C. rubicundum*） …………………………………………………… 72

荞麦（*Fagopyrum esculentum*） ………………………………………………… 72

苦荞麦（*F. tataricum*） …………………………………………………………… 72

萹蓄（*Polygonum aviculare*） …………………………………………………… 73

红蓼（*P. orientale*） ……………………………………………………………… 73

西伯利亚蓼（*P. sibiricum*） ……………………………………………………… 73

波叶大黄（*Rheum undulatum*） ………………………………………………… 74

藜科　Chenopodiaceae ……………………………………………………………… 74

沙蓬（*Agriophyllum squarrosum*） ……………………………………………… 74

中亚滨藜（*Atriplex centralasiatica*） …………………………………………… 74

西伯利亚滨藜（*A. sibirica*） …………………………………………………… 75

雾冰藜（*Bassia dasyphylla*） …………………………………………………… 75

梭梭（*Haloxylona mmodendron*） ……………………………………………… 75

甜菜（*Beta vulgaris*） …………………………………………………………… 76

驼绒藜（*Ceratoides lateens*） …………………………………………………… 76

华北驼绒藜（*C. arborescens*） ………………………………………………… 76

尖头叶藜（*Chenopodium acuminatum*） ……………………………………… 77

刺藜（*C. aristatum*） …………………………………………………………… 77

藜（*C. album*） ………………………………………………………………… 77

菊叶香藜（*C. foetidum*） ……………………………………………………… 78

灰绿藜（*C. glaucum*） ………………………………………………………… 78

杂配藜（*C. hybridum*） ………………………………………………………… 78

小藜（*C. serotinum*） ………………………………………………………… 79

烛台虫实（*Corispermum candelabrum*） ……………………………………… 79

绳虫实（*C. declinatum*） ……………………………………………………… 79

毛果绳虫实（*C. declinatum*） ………………………………………………… 80

软毛虫实（*C. puberulum*） …………………………………………………… 80

白茎盐生草（*Halogeton arachnoideus*） ……………………………………… 80

盐爪爪（*Kalidium foliatum*） …………………………………………………… 81

细枝盐爪爪（*K. gracile*） ……………………………………………………… 81

木地肤（*Kochia prostrate*） …………………………………………………… 81

地肤（*K. scoparia*） …………………………………………………………… 82

扫帚苗（*K. scoparia f. trichophylla*） ………………………………………… 82

碱地肤（*K. scoparia var. sieversiana*） ……………………………………… 82

盐角草（*Salicornia europaea*） ………………………………………………… 83

名称	页码
木本猪毛菜（*Salsola arbuscula*）	83
珍珠猪毛菜（*S. passerine*）	83
刺沙蓬（*S. ruthenica*）	84
菠菜（*Spinacia oleracea*）	84
翅碱蓬（*Suaeda heteroptera*）	84
碱蓬（*S. glauca*）	85
平卧碱蓬（*S. prostrate*）	85
盐地碱蓬（*S. salsa*）	85

苋科　Amaranthaceae 86
　　反枝苋（*Amaranthus retroflexus*） 86
　　鸡冠花（*Celosia cristata*） 86

紫茉莉科　Nyctaginaceae 86
　　紫茉莉（*Mirabilis jalapa*） 86

马齿苋科　Portulacaceae 87
　　马齿苋（*Portulaca oleracea*） 87
　　大花马齿苋（*P. grandiflora*） 87

石竹科　Caryophyllaceae 87
　　石竹（*Dianthus chinensis var. chinensis*） 87
　　草原石头花（*Gypsophila davurica*） 88
　　圆锥石头花（*G. paniculata*） 88
　　女娄菜（*Mellandrium apricum*） 88
　　银柴胡（*Stellaria dichotoma var. lanceolata*） 89
　　麦瓶草（*Silene conoidea*） 89
　　毛萼麦瓶草（*S. repens*） 89

毛茛科　Ranunculaceae 90
　　甘青侧金盏花（*Adonis bobroviana*） 90
　　芹叶铁线莲（*Clematis ethusifolia*） 90
　　短尾铁线莲（*C. brevicaudata*） 90
　　灌木铁线莲（*C. fruticosa*） 91
　　黄花铁线莲（*C. intricate*） 91
　　翠雀（*Delphinium grandiflorum*） 91
　　圆叶碱毛茛（*Halerpestes cymbalaria*） 92
　　长叶碱毛茛（*H. ruthenica*） 92
　　芍药（*Paeonia lactiflora var. lactiflora*） 92
　　展枝唐松草（*Thalictrum squarrosum*） 93

箭头唐松草（*T. simplex*） ………………………………………………………………… 93

小檗科　Berberidaceae ………………………………………………………………… 93

西伯利亚小檗（*Berberis sibirica*） ………………………………………………… 93

罂粟科　Papaveraceae ………………………………………………………………… 94

角茴香（*Hypecoum erectum*） ……………………………………………………… 94

虞美人（*Papaver rhoeas*） ………………………………………………………… 94

十字花科　Cruciferae ………………………………………………………………… 94

油菜（*Brassica campestris*） ……………………………………………………… 94

甘蓝（*B. oleracea*） ………………………………………………………………… 95

青菜（*B. chinensis*） ………………………………………………………………… 95

芥菜（*B. juncea*） …………………………………………………………………… 95

卷心菜（*B. oleracea var.capitata*） ……………………………………………… 96

白菜（*B. rapa*） ……………………………………………………………………… 96

芜菁（*B. campestris*） ……………………………………………………………… 96

荠菜（*Capsella bursa-pastoris*） ………………………………………………… 97

芝麻菜（*Eruca sativa*） …………………………………………………………… 97

独行菜（*Lepidium apetalum*） …………………………………………………… 97

宽叶独行菜（*L. latifolium*） ……………………………………………………… 98

燥原荠（*Ptilotricum canescens*） ………………………………………………… 98

沙芥（*Pugionium cornutum*） …………………………………………………… 98

宽翅沙芥（*P. dolabratum*） ……………………………………………………… 99

萝卜（*Raphanus sativus*） ………………………………………………………… 99

蚓果芥（*Torularia humilis*） ……………………………………………………… 99

景天科　Crassulaceae ………………………………………………………………… 100

瓦松（*Orostachys fimbriatus*） …………………………………………………… 100

费菜（*Sedum aizoon*） …………………………………………………………… 100

虎耳草科　Saxifragaceae …………………………………………………………… 100

香茶藨子（*Ribes odoratum*） ……………………………………………………… 100

蔷薇科　Rosaceae …………………………………………………………………… 101

花红（*Malus asiatica*） …………………………………………………………… 101

苹果（*Malus pumila*） ……………………………………………………………… 101

海棠花（*Malus spectabilis*） ……………………………………………………… 101

鹅绒委陵菜（*Potentilla anserine*） ……………………………………………… 102

星毛委陵菜（*P. acaulis*） ………………………………………………………… 102

二裂委陵菜（*P. bifurca*） ………………………………………………………… 102

委陵菜（P. chinensis） ……………………………………………………………………… 103
多茎委陵菜（P. multicaulis） …………………………………………………………… 103
匍匐委陵菜（P. reptans） ………………………………………………………………… 103
西山委陵菜（P. Sischanensis） …………………………………………………………… 104
杏（Armeniaca vulgaris） ………………………………………………………………… 104
紫叶李（Prunus cerasifera） ……………………………………………………………… 104
山桃（Amygdalus davidiana） …………………………………………………………… 105
蒙古扁桃（A. mongolica） ………………………………………………………………… 105
柄扁桃（A. pedunculata） ………………………………………………………………… 105
桃（A. persica） …………………………………………………………………………… 106
李（P. salicina） …………………………………………………………………………… 106
山杏（A. sibirica） ………………………………………………………………………… 106
榆叶梅（Amygdalus triloba） ……………………………………………………………… 107
杜梨（Pyrus betulifolia） ………………………………………………………………… 107
白梨（P. bretschneideri） ………………………………………………………………… 107
月季（Rosa chinensis） …………………………………………………………………… 108
多花蔷薇（R. multiflora var. cathayensis） ……………………………………………… 108
玫瑰（R. rugosa） ………………………………………………………………………… 108
黄刺玫（R. xanthine） …………………………………………………………………… 109
珍珠梅（Sorbaria sorbifolia） …………………………………………………………… 109

豆科　Leguminosae ………………………………………………………………………… 109
蒙古沙冬青（Ammopiptanthus mongolicus） …………………………………………… 109
紫穗槐（Amorpha fruticosa） …………………………………………………………… 110
花生（Arachis hypogaea） ………………………………………………………………… 110
沙打旺（Astragalus adsurgens） ………………………………………………………… 110
宁夏黄芪（A. alaschanensis） …………………………………………………………… 111
扁茎黄芪（A. complanatus） ……………………………………………………………… 111
单叶黄芪（A. efoliolatus） ……………………………………………………………… 111
乳白黄芪（A. galactites） ………………………………………………………………… 112
草木犀状黄芪（A. melilotoides） ………………………………………………………… 112
狭叶锦鸡儿（Caragana stenophylla） …………………………………………………… 112
矮锦鸡儿（C. pygnaea） …………………………………………………………………… 113
多刺锦鸡儿（C. spinosa） ………………………………………………………………… 113
白毛锦鸡儿（C. licentiana） ……………………………………………………………… 113
中间锦鸡儿（C. intermedia） …………………………………………………………… 114

甘肃锦鸡儿(*C. kansuensis*) ………………………………………………………… 114

柠条锦鸡儿(*C. korshinskii*) ………………………………………………………… 114

小叶锦鸡儿(*C. microphylla*) ………………………………………………………… 115

甘蒙锦鸡儿(*C. opulens*) ……………………………………………………………… 115

荒漠锦鸡儿(*C. roborovskyi*) ………………………………………………………… 115

毛刺锦鸡儿(*C. tibetica*) ……………………………………………………………… 116

山皂荚(*Gleditsia japonica*) …………………………………………………………… 116

大豆(*Glycine max*) …………………………………………………………………… 116

甘草(*Glycyrrhiza uralensis*) ………………………………………………………… 117

狭叶米口袋(*Gueldenstaedtia stenophylla*) ………………………………………… 117

短翼岩黄芪(*Hedysarum brachypterum*) …………………………………………… 117

费尔干岩黄芪(*H. ferganense*) ……………………………………………………… 118

蒙古岩黄芪(*H. fruticosum* var. *Mongolicum*) ……………………………………… 118

细枝岩黄芪(*H. scoparium*) ………………………………………………………… 118

胡枝子(*Lespedeza bicolor*) …………………………………………………………… 119

达乌里胡枝子(*L. davurica*) ………………………………………………………… 119

细枝胡枝子(*L. vzrgata*) ……………………………………………………………… 119

紫花苜蓿(*Medicago sativa*) ………………………………………………………… 120

白香草木樨(*Melilotus albus*) ………………………………………………………… 120

黄香草木樨(*M. officinalis*) …………………………………………………………… 120

花苜蓿(*M. ruthenica*) ………………………………………………………………… 121

猫头刺(*Oxytropis aciphylla*) ………………………………………………………… 121

小花棘豆(*O. glabra*) ………………………………………………………………… 121

六盘山棘豆(*O. ningxiaensis*) ………………………………………………………… 122

砂珍棘豆(*O. racemosa*) ……………………………………………………………… 122

多枝棘豆(*O. ramosissima*) …………………………………………………………… 122

绿豆(*Vigna radiata*) …………………………………………………………………… 123

菜豆(*Phaseolus vulgaris*) ……………………………………………………………… 123

豌豆(*Pisum sativum*) ………………………………………………………………… 123

毛刺槐(*Robinia hispida*) ……………………………………………………………… 124

刺槐(*R. pseudoacacia*) ………………………………………………………………… 124

苦豆子(*Sophora alopecuroides*) ……………………………………………………… 124

国槐(*S. japonica*) ……………………………………………………………………… 125

龙爪槐(*S. japonica* var. *japonica*) …………………………………………………… 125

苦马豆(*Sphaerophysa salsula*) ……………………………………………………… 125

披针叶黄华(*Thermopsis lanceolata*) ……………………………………………… 126
红花车轴草(*Trifolium pratense*) ……………………………………………… 126
白花车轴草(*T. repens*) ………………………………………………………… 126
广布野豌豆(*Vicia cracca*) ……………………………………………………… 127
蚕豆(*V. faba*) …………………………………………………………………… 127
毛苕野豌豆(*V. villosa*) ………………………………………………………… 127
牻牛儿苗科　Geraniaceae ………………………………………………………… 128
　牻牛儿苗(*Erodium stephanianum*) …………………………………………… 128
旱金莲科　Tropaeolaceae ………………………………………………………… 128
　旱金莲(*Tropaeolum majus*) ………………………………………………… 128
亚麻科　Linaceae ………………………………………………………………… 128
　黑水亚麻(*Linum amurense*) ………………………………………………… 128
　宿根亚麻(*L. perenne*) ………………………………………………………… 129
　亚麻(*L. usitatissimum*) ……………………………………………………… 129
蒺藜科　Zygophyllaceae ………………………………………………………… 129
　大白刺(*Nitraria roborowskii*) ………………………………………………… 129
　小果白刺(*N. sibirica*) ………………………………………………………… 130
　白刺(*N. tangutorum*) ………………………………………………………… 130
　骆驼蓬(*Peganum harmala*) ………………………………………………… 130
　多裂骆驼蓬(*P. multisectum*) ………………………………………………… 131
　匍根骆驼蓬(*P. nigellastrum*) ………………………………………………… 131
　蒺藜(*Tribulus terrester*) ……………………………………………………… 131
　霸王(*Sarcozygium xanthoxylon*) …………………………………………… 132
芸香科　Rutaceae ………………………………………………………………… 132
　北芸香(*Haplophyllum dauricum*) …………………………………………… 132
　针枝芸香(*H. tragacanthoides*) ……………………………………………… 132
　花椒(*Zanthoxylum bungeanum*) …………………………………………… 133
苦木科　Simaroubaceae ………………………………………………………… 133
　臭椿(*Ailanthus altissima*) …………………………………………………… 133
远志科　Polygalaceae …………………………………………………………… 133
　远志(*Polygala tenuifolia*) …………………………………………………… 133
大戟科　Euphorbiaceae ………………………………………………………… 134
　铁苋菜(*Acalypha australis*) ………………………………………………… 134
　乳浆大戟(*Euphorbia esula*) ………………………………………………… 134
　沙生大戟(*E. kozlovii*) ………………………………………………………… 134

狭叶沙生大戟（*E. kozlovi*） ··· 135
钩腺大戟（*E. sieboldiana*） ··· 135
泽漆（*E. helioscopia*） ··· 135
地锦（*E. humifusa*） ·· 136
银边翠（*E. marginata*） ·· 136
蓖麻（*Ricinus communis*） ··· 136
地构叶（*Speranskia tuberculata*） ··· 137

漆树科　Anacardiaceae ·· 137
火炬树（*Rhus typhina*） ·· 137

卫矛科　Celastraceae ·· 137
南蛇藤（*Celastrus orbiculatus*） ··· 137
桃叶卫矛（*Euonymus bungeanus*） ··· 138
大叶黄杨（*E. japonicus*） ·· 138

槭树科　Aceraceae ··· 138
复叶槭（*Acer negundo*） ··· 138

无患子科　Sapindaceae ··· 139
文冠果（*Xanthoceras sorbifolia*） ··· 139

鼠李科　Rhamnaceae ··· 139
枣（*Ziziphus ziziphus*） ··· 139
酸枣（*Z. jujuba* var. *spinosa*） ··· 139

葡萄科　Vitaceae ··· 140
葡萄（*Vitis vinifera*） ··· 140

锦葵科　Malvaceae ··· 140
蜀葵（*Althaea rosea*） ··· 140
苘麻（*Abutilon theophrasti*） ··· 140
野西瓜苗（*Hibiscus trionum*） ··· 141
锦葵（*Malva sinensis*） ··· 141
冬葵（*M. crispa*） ··· 141

柽柳科　Tamaricaceae ··· 142
宽叶水柏枝（*Myricaria platyphylla*） ·· 142
红砂（*Reaumuria songarica*） ··· 142
甘蒙柽柳（*Tamarix austromongolica*） ··· 142
柽柳（*T. Chinensis*） ··· 143
多花柽柳（*T. hohenackeri*） ··· 143

堇菜科　Violaceae ··· 143

裂叶堇菜（*Viola dissecta*） ……………………………………………………… 143

　　紫花地丁（*V. philippica*） ……………………………………………………… 144

瑞香科　Thymelaeaceae ……………………………………………………………… 144

　　草瑞香（*Diarthron linifolium*） ………………………………………………… 144

胡颓子科　Elaeagnaceae ……………………………………………………………… 144

　　沙枣（*Elaeagnus angustifolia*） ………………………………………………… 144

　　翅果油树（*E. mollis*） …………………………………………………………… 145

　　大叶胡颓子（*E. macrophylla*） ………………………………………………… 145

　　沙棘（*Hippophae rhamnoides*） ………………………………………………… 145

柳叶菜科　Onagraceae ………………………………………………………………… 146

　　夜来香（*Oenothera biennis*） …………………………………………………… 146

锁阳科　Cynomoriaceae ……………………………………………………………… 146

　　锁阳（*Cynomorium songaricum*） ……………………………………………… 146

伞形科　Umbelliferae ………………………………………………………………… 146

　　旱芹（*Apium graveolens*） ……………………………………………………… 146

　　红柴胡（*Bupleurum scorzonerifolium*） ……………………………………… 147

　　葛缕子（*Carum carvi*） ………………………………………………………… 147

　　芫荽（*Coriandrum sativum*） …………………………………………………… 147

　　野胡萝卜（*Daucus carota*） …………………………………………………… 148

　　胡萝卜（*D. carotavar.sativa*） ………………………………………………… 148

　　硬阿魏（*Ferula bungeana*） …………………………………………………… 148

　　茴香（*Foeniculum vulgare*） …………………………………………………… 149

报春花科　Primulaceae ……………………………………………………………… 149

　　点地梅（*Androsace umbellata*） ………………………………………………… 149

　　海乳草（*Glaux maritima*） ……………………………………………………… 149

蓝雪科　Plumbaginaceae ……………………………………………………………… 150

　　金色补血草（*Limonium aureum*） ……………………………………………… 150

　　二色补血草（*L. bicolor*） ……………………………………………………… 150

木犀科　Oleaceae ……………………………………………………………………… 150

　　雪柳（*Fontanesia fortunei*） …………………………………………………… 150

　　连翘（*Forsythia suspensa*） …………………………………………………… 151

　　白蜡（*Fraxinus chinensis*） …………………………………………………… 151

　　洋白蜡（*F. pennsylvanica*） …………………………………………………… 151

　　小叶女贞（*Ligustrum quihoui*） ………………………………………………… 152

　　金叶女贞（*L. vicaryi*） ………………………………………………………… 152

丁香（*Syringa pekinensis*） ……………………………………………………………… 152
　　洋丁香（*S. vulgaris*） ……………………………………………………………………… 153
马钱科　Loganiaceae ………………………………………………………………………… 153
　　互叶醉鱼草（*Buddleja alternifolia*） …………………………………………………… 153
龙胆科　Gentianaceae ………………………………………………………………………… 153
　　达乌里龙胆（*Gentiana dahurica*） ……………………………………………………… 153
　　小龙胆（*G. squarrosa*） ………………………………………………………………… 154
夹竹桃科　Apocynaceae ……………………………………………………………………… 154
　　夹竹桃（*Nerium indicum*） ……………………………………………………………… 154
萝藦科　Asclepiadaceae ……………………………………………………………………… 154
　　牛皮消（*Cynanchum auriculatum*） …………………………………………………… 154
　　鹅绒藤（*C. chinense*） …………………………………………………………………… 155
　　牛心朴子（*C. komarovii*） ……………………………………………………………… 155
　　地梢瓜（*C. thesioides*） ………………………………………………………………… 155
　　雀瓢（*C. thesioides*） …………………………………………………………………… 156
　　杠柳（*Periploca sepium*） ……………………………………………………………… 156
旋花科　Convolvulaceae ……………………………………………………………………… 156
　　打碗花（*Calystegin hederacea*） ……………………………………………………… 156
　　银灰旋花（*Convolvulus ammannii*） ………………………………………………… 157
　　田旋花（*C. arvensis*） …………………………………………………………………… 157
　　刺旋花（*C. tragacanthoides*） ………………………………………………………… 157
　　菟丝子（*Cuscuta chinensis*） …………………………………………………………… 158
　　裂叶牵牛（*Pharbitis nil*） ……………………………………………………………… 158
　　圆叶牵牛（*P. purpurea*） ……………………………………………………………… 158
紫草科　Boraginaceae ………………………………………………………………………… 159
　　灰毛软紫草（*Arnebia fimbriata*） ……………………………………………………… 159
　　狭苞斑种草（*Bothriospermum kusnezowii*） ………………………………………… 159
　　大果琉璃草（*Cynoglossum divaricatum*） …………………………………………… 159
　　鹤虱（*Lappula myosotis*） ……………………………………………………………… 160
　　狼紫草（*Lycopsis orientalis*） ………………………………………………………… 160
　　砂引草（*Messerschmidia sibirica* subsp. *angustior*） ……………………………… 160
　　紫筒草（*Stenosolenium saxatiles*） …………………………………………………… 161
马鞭草科　Verbenaceae ……………………………………………………………………… 161
　　蒙古莸（*Caryopteris mongholica*） …………………………………………………… 161
　　荆条（*Vitex negundo* var. *heterophylla*） …………………………………………… 161

唇形科　Labiatae ·· 162
　　白花枝子花（*Dracocephalum heterophyllum*） ·· 162
　　香青兰（*D. moldavica*） ·· 162
　　密花香薷（*Elsholtzia densa*） ·· 162
　　冬青叶兔唇花（*Lagochilus ilicifolius*） ··· 163
　　细叶益母草（*Leonurus sibiricus*） ··· 163
　　脓疮草（*Panzeria alaschanica*） ·· 163
　　紫苏（*Perilla frutescens*） ·· 164
　　串铃草（*Phlomis mongolica*） ·· 164
　　一串红（*Salvia splendens*） ··· 164
　　多毛并头黄芩（*Scutellaria scordifolia*） ··· 165
　　百里香（*Thymus mongolicus*） ··· 165

茄科　Solanaceae ·· 165
　　辣椒（*Capsicum annuum*） ·· 165
　　菜椒（*C. annuum var. grossum*） ·· 166
　　天仙子（*Hyoscyamus niger*） ··· 166
　　宁夏枸杞（*Lycium barbarum*） ··· 166
　　枸杞（*L. chinense*） ··· 167
　　番茄（*Lycopersicon esculentum*） ··· 167
　　黄花烟草（*Nicotiana rustica*） ·· 167
　　烟草（*N. tabacum*） ··· 168
　　小酸浆（*Physalis minima*） ·· 168
　　茄（*Solanum melongena*） ··· 168
　　龙葵（*S. nigrum var. nigrum*） ··· 169
　　青杞（*S. septemlobum*） ··· 169
　　马铃薯（*S. tuberosum*） ·· 169

玄参科　Scrophulariaceae ·· 170
　　光药大黄花（*Cymbaria mongolica*） ··· 170
　　疗齿草（*Odontites serotina*） ·· 170
　　弯管马先蒿（*Pedicularis curvituba*） ·· 170

紫葳科　Bignoniaceae ·· 171
　　梓树（*Catalpa ovate*） ·· 171
　　角蒿（*Incarvillea sinensis*） ··· 171
　　黄花角蒿（*I. sinensis var. Przewalskii*） ··· 171

列当科　Orobanchaceae ··· 172

列当(*Orobanche coerulescens*) ······ 172

黄花列当(*O. pycnostachya*) ······ 172

沙苁蓉(*Cistanche sinensis*) ······ 172

车前科　Plantaginaceae ······ 173

车前(*Plantago asiatica*) ······ 173

平车前(*P. depressa*) ······ 173

细叶车前(*P. lessingii*) ······ 173

大车前(*P. major*) ······ 174

茜草科　Rubiaceae ······ 174

蓬子菜(*Galium verum*) ······ 174

茜草(*Rubia cordifolia*) ······ 174

黑果茜草(*R. cordifolia* var. *pratemis*) ······ 175

忍冬科　Caprifoliaceae ······ 175

金银忍冬(*Lonicera maackii*) ······ 175

接骨木(*Sambucus williamsii*) ······ 175

败酱科　Valerianaceae ······ 176

糙叶败酱(*Patrinia rupestris*) ······ 176

异叶败酱(*P. heterophylla*) ······ 176

葫芦科　Cucurbitaceae ······ 176

西瓜(*Citrullus lanatus*) ······ 176

甜瓜(*Cucumis melo*) ······ 177

黄瓜(*C. sativus*) ······ 177

南瓜(*Cucurbita moschata*) ······ 177

西葫芦(*C. pepo*) ······ 178

桔梗科　Campanulaceae ······ 178

泡沙参(*Adenophora potaninii*) ······ 178

长柱沙参(*A. stenanthina*) ······ 178

菊科　Compositae ······ 179

顶羽菊(*Acroptilon repens*) ······ 179

灌木亚菊(*Ajania fruticulosa*) ······ 179

牛蒡(*Arctium lappa*) ······ 179

碱蒿(*Artemisia anethifolia*) ······ 180

艾蒿(*A. Princeps*) ······ 180

野艾(*A. Lavandulaefolia*) ······ 180

毛莲蒿(*A. vestita*) ······ 181

冷蒿(A. frigida) ·············· 181
大花蒿(A. macrocephala) ·············· 181
蒙古蒿(A. mongolica) ·············· 182
油蒿(A. ordosica) ·············· 182
猪毛蒿(A. scoparia) ·············· 182
籽蒿(A. sphaerocephala) ·············· 183
山蒿(A. brachyloba) ·············· 183
甘肃蒿(A. gansuensis) ·············· 183
绢毛蒿(A. sericea) ·············· 184
百花蒿(Stilpnolepis centiflora) ·············· 184
荷兰菊(Aster novibelgii) ·············· 184
短星菊(Brachyactis ciliate) ·············· 185
金盏花(Calendula officinalis) ·············· 185
飞廉(Carduus nutans) ·············· 185
刺儿菜(Cirsium setosum) ·············· 186
大蓟(C. japonicum) ·············· 186
波斯菊(Cosmos bipinnatus) ·············· 186
翠菊(Callistephus chinensis) ·············· 187
小白酒草(Conyza Canadensis) ·············· 187
大丽花(Dahlia pinnata) ·············· 187
甘菊(Dendranthema lavandulifolium) ·············· 188
砂蓝刺头(Echinops gmelini) ·············· 188
向日葵(Helianthus annuus) ·············· 188
菊芋(H. tuberosus) ·············· 189
女蒿(Hippolytia trifida) ·············· 189
阿尔泰狗哇花(Heteropappus altaicus) ·············· 189
狗哇花(H. hispidus) ·············· 190
大花旋复花(Inula britanica) ·············· 190
蓼子朴(I. salsoloides) ·············· 190
丝叶山苦荬(Ixeris chinensis) ·············· 191
蒙疆苓菊(Jurinea mongolica) ·············· 191
蒙山莴苣(Lactuca tatarica) ·············· 191
矮火绒草(Leontopodium nanum) ·············· 192
火绒草(L. leontopodioides) ·············· 192
栉叶蒿(Neopallasia petinata) ·············· 192

鳍蓟（*Olgaea leucophylla*） ································· 193
青海鳍蓟（*O. tangutica*） ································· 193
草地风毛菊（*Saussurea amara*） ························· 193
裂叶风毛菊（*S. laciniata*） ····························· 194
盐地风毛菊（*S. salsa*） ································· 194
叉枝鸦葱（*Scorzonera divaricate*） ····················· 194
蒙古鸦葱（*S. mongolica*） ······························ 195
麻花头（*Serratula centauroides*） ······················· 195
球苞麻花头（*S. marginata*） ··························· 195
蕴苞麻花头（*S. stranglata*） ··························· 196
苣荬菜（*Sonchus arvensis*） ···························· 196
苦苣菜（*S. oleraceus*） ································ 196
红梗蒲公英（*Taraxcum erythropodium*） ··············· 197
蒲公英（*T. mongolicum*） ······························ 197
华蒲公英（*T. borealisinense*） ·························· 197
孔雀草（*Tagetes patula*） ······························ 198
万寿菊（*T. erecta*） ··································· 198
碱菀（*Tripolium vulgare*） ···························· 198
苍耳（*Xanthium sibiricum*） ··························· 199
百日草（*Zinniaelegans*） ······························ 199
香蒲科 Typhaceae ··· 199
狭叶香蒲（*Typha angustifolia*） ························ 199
达香蒲（*T. davidiana*） ································ 200
小香蒲（*T. minima*） ·································· 200
眼子菜科 Potamogetonaceae ······························· 200
浮叶眼子菜（*Potamogeton natans*） ···················· 200
龙须眼子菜（*P. pectinatus*） ·························· 201
穿叶眼子菜（*P. perfoliatus*） ·························· 201
角果藻科 Zannichelliaceae ································ 201
角果藻（*Zannichellia palustris*） ······················· 201
茨藻科 Najadaceae ······································· 202
短果茨藻（*Najas marina* var. *Brachycarpa*） ··········· 202
水麦冬科 Juncaginaceae ·································· 202
海韭菜（*Triglochin maritimum*） ······················· 202
水麦冬（*T. palustre*） ································· 202

禾本科　Gramineae ······ 203
　醉马草（*Achnatherum inebrians*）······ 203
　芨芨草（*A. splendens*）······ 203
　冰草（*Agropyron cristatum*）······ 203
　沙生冰草（*A. desertorum*）······ 204
　沙芦草（*A. mongolicum*）······ 204
　匍茎剪股颖（*Agrostis stolonifera*）······ 204
　窄颖赖草（*Leymus angustus*）······ 205
　羊草（*L. chinensis*）······ 205
　赖草（*L. secalinus*）······ 205
　三芒草（*Aristida adscensionis*）······ 206
　野燕麦（*Avena fatua*）······ 206
　燕麦（*A. sativa*）······ 206
　无芒雀麦（*Bromus inermis*）······ 207
　薏苡（*Coix lacrymajobi*）······ 207
　拂子茅（*Calamagrostis epigeios*）······ 207
　大拂子茅（*C. macrolepis*）······ 208
　假苇拂子茅（*C. pseudophragmites*）······ 208
　虎尾草（*Chloris virgate*）······ 208
　包鞘隐子草（*Cleistogenes kitagawai var. foliosa*）······ 209
　细弱隐子草（*C. gracilis*）······ 209
　无芒隐子草（*C. songorica*）······ 209
　糙隐子草（*C. squarrosa*）······ 210
　隐花草（*Crypsis aculeate*）······ 210
　止血马唐（*Digitaria ischaemum*）······ 210
　稗（*Echinochloa crusgali*）······ 211
　无芒稗（*E. crusgali var. mitis*）······ 211
　圆柱披碱草（*Elymus cylindricus*）······ 211
　小画眉草（*Eragrostis minor*）······ 212
　高羊茅（*Festuca elata*）······ 212
　黑麦草（*Lolium perenne*）······ 212
　臭草（*Melica scabrosa var. scabrosa*）······ 213
　稷（*Panicum miliaceum*）······ 213
　冠芒草（*Enneapogon borealis*）······ 213
　狼尾草（*Pennisetum alopecuroides*）······ 214

白草(*P. centrasiaticum*) ·· 214
芦苇(*Phragmites communis*) ··· 214
细长早熟禾(*Poa prolixior*) ··· 215
华灰早熟禾(*P. sinoglauca*) ··· 215
硬质早熟禾(*P. sphondylodes*) ··· 215
长芒棒头草(*Polypogon monspeliensis*) ·· 216
沙鞭(*Psammochola mmochloa*) ·· 216
碱茅(*Puccinellia distans*) ··· 216
微药碱茅(*P. micrandra*) ··· 217
星星草(*P. Tenuiflora*) ··· 217
断穗狗尾草(*Setaria arenaria*) ·· 217
狗尾草(*S. viridis*) ··· 218
厚穗狗尾草(*S. viridis*) ··· 218
谷子(*S. italica*) ··· 218
苏丹草(*Sorghum sudanense*) ··· 219
高粱(*S. bicolor*) ··· 219
贝加尔针茅(*Stipa baicalensis*) ·· 219
短花针茅(*S. breviflora*) ··· 220
本氏针茅(*S. bungeana*) ··· 220
沙生针茅(*S. glareosa*) ··· 220
大针茅(*S. grandis*) ··· 221
戈壁针茅(*S. tianschanica* var. *gobica*) ·· 221
锋芒草(*Tragus racemosus*) ··· 221
小麦(*Triticum aestivum*) ··· 222
玉米(*Zea mays*) ··· 222

莎草科　Cyperaceae ··· 222
华扁穗草(*Blysmus sinocompressus*) ·· 222
卵穗苔草(*Carex ovatispiculata*) ·· 223
针蔺(*Eleocharis congesta*) ··· 223
花穗水莎草(*Juncellus pannonicus*) ·· 223
水莎草(*J. serotinus*) ··· 224
扁秆藨草(*Scirpus planiculmis*) ·· 224
藨草(*S. triqueter*) ··· 224

灯心草科　Juncaceae ··· 225
小灯心草(*Juncus bufonius*) ··· 225

鸭跖草科　Commelinaceae ·· 225
　　鸭跖草（*Commelina communis*） ··· 225
百合科　Liliaceae ·· 225
　　矮韭（*Allium anisopodium*） ·· 225
　　葱（*A. fistulosum*） ·· 226
　　山韭（*A. senescens*） ··· 226
　　蒙古韭（*A. mongolicum*） ··· 226
　　碱韭（*A. polyrhizum*） ·· 227
　　蒜（*A. sativum*） ·· 227
　　细叶韭（*A. tenuissimum*） ·· 227
　　白花葱（*A. yanchiense*） ··· 228
　　韭菜（*A. tuberosum*） ··· 228
　　知母（*Anemarrhena asphodeloides*） ·· 228
　　攀援天门冬（*Asparagus brachyphyllus*） ··· 229
　　兴安天门冬（*A. dauricus*） ··· 229
　　甘肃天门冬（*A. kansuensis*） ·· 229
　　戈壁天门冬（*A. gobicus*） ··· 230
　　长花天门冬（*A. longiflorus*） ·· 230
　　西北天门冬（*A. persicus*） ·· 230
　　黄花菜（*Hemerocallis citrine*） ··· 231
　　细叶百合（*Lilium tenuifolium*） ··· 231
鸢尾科　Iridaceae ··· 231
　　大苞鸢尾（*Iris bungei*） ·· 231
　　射干鸢尾（*I. dichotoma*） ··· 232
　　细叶鸢尾（*I. tenuifolia*） ·· 232
　　马蔺（*I. lactea* var. *chinensis*） ··· 232
美人蕉科　Cannaceae ··· 233
　　大花美人蕉（*Canna generalis*） ·· 233

植物识别与植物多样性监测

1 植物识别

植物(Plants)是生物界的一大类,分为藻类、菌类、地衣、苔藓、蕨类和种子植物,种子植物又分为裸子植物和被子植物。植物共有30多万种。

1.1 植物的花

(1)花的组成与基本结构

花是适应于繁殖功能的变态短枝。一朵完整的花可分成五个部分:花柄、花托、花被、雄蕊群和雌蕊群(图1)。有些花可以缺少其中一个或多个部分,则为不完全花(incomplete flower)。 花被为花萼和花冠的总称。

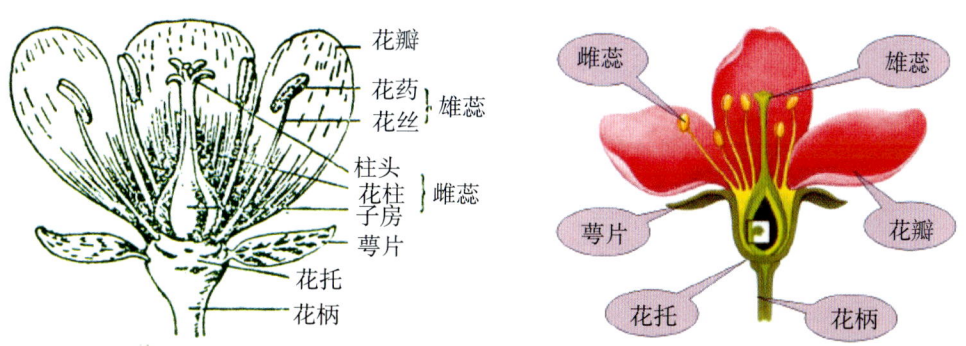

图1 花的组成

● 花柄(pedicel)

花柄是着生花的长轴状结构,可以把花展布于一定空间位置,其内部结构与茎相似,并且与茎连通,是各种营养物质和水分由茎向花输送的通道。当果实形成时花柄成为果柄。花柄的长短因植物种类不同而异,有些植物的花没有花柄。

● 花托(receptacle)

花托是花柄顶端着生花萼、花冠、雄蕊群、雌蕊群的部分,多数植物的花托稍微膨大,如油菜。花托的形状在不同植物中变化较大,如伸长呈棒状或圆锥形;有的凹陷呈杯状或壶状等。花生的花托,在受精后,能迅速伸长,形成雌蕊柄,将子房推入土中,结成果实。

● 花被(perianth)

花被是花萼与花冠的合称,花被由于形态和作用的不同,可分为如下几种类型。

同被花:花萼和花冠形态相似不易区分的花(如洋葱、百合)。

双被花:有花萼和花冠的花(花生、油菜、桃)。

单被花:只有花萼或花冠的花(如桑、板栗、菠菜、荞麦)。

无被花(裸花):没有花萼和花冠的花(如杨、柳)。

● 花萼(calyx)

花萼位于花的最外轮,由若干萼片组成,其结构与色泽与叶相似,各自分离或多个联合。有些植物在花萼之外还有副萼,如棉花、草莓。花的副萼为3片大型的叶状苞片。花萼和副萼具有保护幼蕾和幼果的作用,并能进行光合作用,为子房发育提供营养物质。有些植物如一串红的花萼颜色为鲜艳的红色,引诱昆虫传粉;茄、柿的花萼在花后宿存;蒲公英等菊科植物的花萼变成冠毛,有助于果实传播。

● 花冠(corolla)(图2)

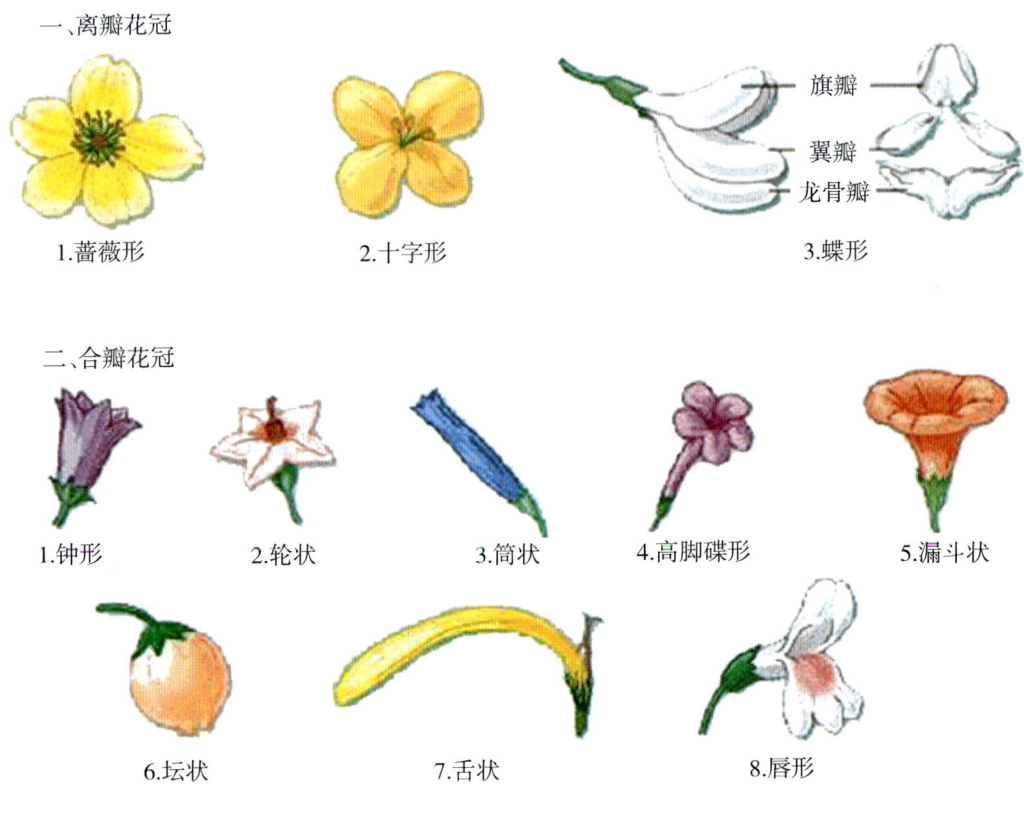

图2 花冠类型

花冠是花的第二轮,是最明显的部分,构成花冠的成员叫花瓣。

A. 离瓣花冠:花冠中的花瓣彼此完全分离,称离瓣花冠。

a. 蔷薇形:蔷薇科的花,花冠离瓣,5出数,雄蕊多数,形成辐射对称形的花,又称作蔷薇形花冠。

b. 十字形:4出数离瓣花冠,排成辐射对称的十字形,称为十字形花冠。十字形花冠是十字花科的特征之一。

c. 蝶形:由5个分离花瓣构成左右对称花冠。最上一瓣较大,称旗瓣,两侧瓣较小,称翼瓣,最下两瓣联合成龙骨状,称龙骨瓣。豆科部分植物的花冠为蝶形花冠。

B. 合瓣花冠:花冠的各瓣有不同程度合生的,称合瓣花冠。

a. 钟形:花冠筒短而粗、周边向外翻卷、形状如钟,称为钟形花冠,如桔梗。

b. 轮状：花冠筒短，裂片由基部向四周扩展，状如车轮，如番茄、茄。

c. 筒状：花冠大部分成一管状或圆筒状，如菊科植物头状花序的盘花。

d. 高脚碟形：花冠下部是狭圆筒状，上部突然成水平状扩大，如水仙花。

e. 漏斗状：花冠下部呈筒状，由此向上渐渐扩大成漏斗状，旋花科植物都具有漏斗状花冠。

f. 坛状：花冠筒膨大成卵形或球形，上部收缩成一短颈，然后略扩张成一狭口，如石楠类。

g. 舌状：花冠基部成一短筒，上面向一边张开而成扁平舌状，如菊科植物头状花序的缘花。

h. 唇形：花冠呈对称的二唇形，即上面由二裂片合生为上唇，下面三裂片多少结合构成下唇。唇形花冠是唇形科的特征之一。

●花被（perianth）

花萼与花冠合称花被，尤其是当花萼和花冠形态相似不易区分时，常统称花被，如洋葱、百合。根据花被的不同有：

双被花：有花萼和花冠（花生、油菜、桃）。

单被花：无花萼和花冠的区别，一般指仅有花萼（如桑、板栗、菠菜、荞麦）。

无被花（裸花）：（如杨、柳）

●雄蕊群（androecium）

一朵花内所有的雄蕊总称为雄蕊群。雄蕊（stamen）着生在花冠内方，一朵花中雄蕊的数目常随植物种类而不同，如小麦、大麦的花有3枚雄蕊，油菜有6枚雄蕊，棉花、桃、茶的花具多数雄蕊。

每个雄蕊由花丝（filament）和花药（anther）两部分组成。花药是花丝顶端膨大成囊状的部分，一般由4个花粉囊（pollen sac）组成，花粉囊内产生大量花粉粒（图3）。花丝常细长，基部着生在花托或贴生在花冠上。花丝支持花药，使之伸展于一定的空间，有利于散粉。

●雌蕊群（gynoecium）

一朵花内所有的雌蕊称为雌蕊群。有些植物的一朵花内只有1个雌蕊。雌蕊（pistil）位于花中央，是花的另一重要组成部分。雌蕊由一个或多个心皮组成，由心皮形成的雌蕊，通常分化出柱头、花柱和子房3部分（图4）。

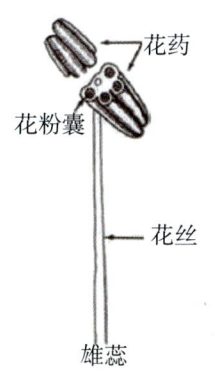

图3 花药的结构

图4 雄蕊的构成

柱头(stigma)。位于雌蕊上部,是承受花粉的地方,常扩展成各种形状。

花柱(style)。位于柱头和子房之间,其长短随各种植物而不同,是花粉萌发后,花粉管进入子房的通道。

子房(ovary)。是雌蕊基部膨大的部分,外为子房壁,内为1至多数子房室。胚珠着生在子房室内。受精后整个子房发育成果实,子房壁形成果皮,胚珠发育为种子。

由于组成雌蕊的心皮数目和结合情况不同,雌蕊常可分为以下几种类型(图5)。由一个心皮构成的雌蕊称为单雌蕊(simple pistil),如大豆、桃;由2个或2个以上的心皮联合而成的雌蕊称为复雌蕊(compound pistil),如油菜由2心皮合成,苹果、梨5心皮合成;有些植物一朵花中虽然具有多个心皮,但各个心皮彼此分离,各自形成一个雌蕊,它们被称为离生单雌蕊。如毛茛、草莓、蔷薇等。在植物演化过程中,离生单雌蕊为原始类型,由此向复雌蕊类型演化。

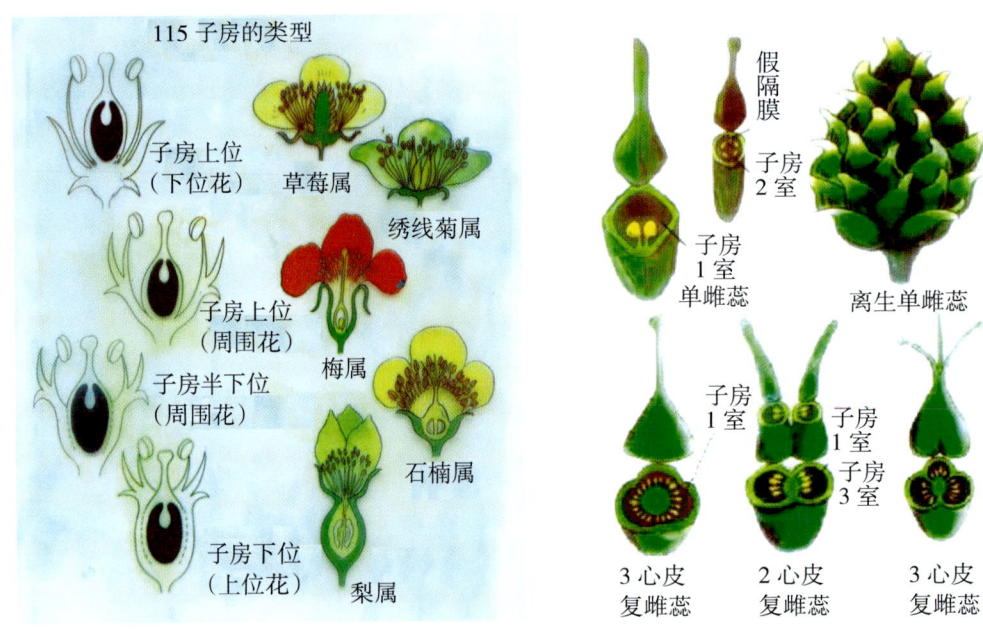

图5　雌蕊的类型

(2)花序

花序:是指多朵花按一定规律排列在一总花柄上

无限花序:在开花其间花序轴可继续生长,不断产生新的苞片与花芽,开花的顺序是花序轴基部的花或边缘的花先开,顶部和中间的花后开。分为简单花序和复合花序两类。简单花序,包括总状花序、伞房花序、伞形花序、穗状花序、葇荑花序、肉穗花序、头状花序、隐头花序等类型(图6)。复合花序,包括圆锥花序(玉米)、复穗状花序(小麦)、复伞形花序(胡萝卜)、复伞房花序(花楸)、复头状花序(合头菊)等类型。

有限花序:也称聚伞花序,在开花其间花序轴不能继续生长,开花的顺序是花序顶部的花或中尖的花先开,基部和边缘的花后开。还可以根据花朵的大小,颜色,气味,数量;花瓣的数量,雌蕊的不同,心皮;花的传粉方式等不同的形态学方面来对植物进行分类。

图 6　部分花序

1.2　植物的叶

叶(leaf)是植物重要的营养器官,是植物体当中唯一完全暴露在空气中的营养器官。其形态多种多样,是鉴别植物种类的重要依据之一。光合作用是绿色植物叶片的最基本功能,地球生态系统内流动的物质与能量大部分来源于绿色叶片的光合作用。除此之外,叶片还有其他对其个体、乃至整个生物圈都至关重要的生理功能。为了能够完成这些生理功能,在长期的自然选择过程中,植物叶形成了与其功能相适应的复杂的形态和解剖学特征。

叶一般由叶片(leaf blade)、叶柄(petiole)和托叶(stipule)三部分组成(图7),如棉花、桃、豌豆等,这三部分都具有的称为完全叶(complete leaf)。而缺少其中任何一部分或两部分的叶称为不完全叶(incomplete leaf),如甘薯、油菜、向日葵等的叶缺少托叶;烟草、莴苣等的叶缺少叶柄和托叶;还有些植物的叶甚至没有叶片,只有一扁化的叶柄着生在茎上,称为叶状柄(phyllode),如台湾相思树(*Acacia confusa*)等。

图 7　完全叶的组成

（1）叶片

叶片是叶最重要的组成部分，多为薄的绿色扁平体，这种薄而扁平的形态，具有较大的表面积，能缩短叶肉细胞和叶表面的距离，起支持和输导作用的叶脉也处于网络状态。这些特征，有利于气体交换和光能的吸收，有利于水分、养料的输入以及光合产物的输出，是对光合作用和蒸腾作用的完善适应。

叶片内分布着大小不同的叶脉，沿着叶片中央纵轴有一条最明显的叶脉称为主脉，其余的叶脉称为侧脉。双子叶植物由主脉向两侧发出许多侧脉，侧脉再分出细脉，侧脉和细脉彼此交叉形成网状，称为网状脉；单子叶植物的主脉明显，侧脉由基部发出直达叶尖，各叶脉平行，称为平行脉。一些低等被子植物、蕨类植物和裸子植物的叶脉作二叉分枝，形成叉状脉，是比较原始的叶脉(图8)。

图8 各种类型的叶脉

（2）叶柄

叶柄位于叶片基部，是连接叶片和茎的结构。叶柄是叶片和茎之间水分和营养物质交流的通道，还具有支持叶片的功能。叶柄通过自身长短变化和扭曲使叶片在空间中伸展，使叶片排列互相不遮荫，以接受较多阳光，有利于光合作用，这种现象称叶镶嵌(leaf mosaic)。叶柄通常为细长、上面略有凹槽的结构。有的植物叶柄基部微膨大，称为叶枕(pulvinus)(图9)，大部分豆科植物具有叶枕。也有的植物叶柄扩展为扁平状，如白菜；而菱属(Trapa)和凤眼莲属(Eichhornia)(图10)的叶柄中部膨大成气囊。叶柄的长短在不同植物中也不相同，即使在同一植物上也有差异。有的植物没有叶柄，叶片直接着生在茎上，这种叶为无柄叶(sessile leaf)，有的植物叶片基部或叶柄基部包围茎，形成一种鞘状结构，称为叶鞘(leaf sheath)，多数单子叶植物的叶具有叶鞘。禾本科植物的叶鞘具有保护茎的居间分生组织，增强茎的支持作用和保护腋芽的功能(图11)。禾本科植物的叶鞘与叶片连接处有一膜状结构，叫叶舌(ligulate)，能够使叶片向外弯曲，使叶片更多接受阳光，同时可以防止水分、病虫害进入叶鞘。有些禾本科植物的叶鞘与叶片连接处的边缘部分形成突起，称为叶耳(auricle)。叶舌、叶耳的有无、大小及形状，常作为识别禾本科植物的依据。如水稻叶舌呈膜质，叶耳膜质披针形，有毛，而稗草没有叶舌和叶耳。小麦的叶耳较小，边缘和尖端生有毛，大麦的叶耳大而明显，燕麦不具有叶耳。

图9　刺槐的叶枕

图10　凤眼莲膨大的叶柄

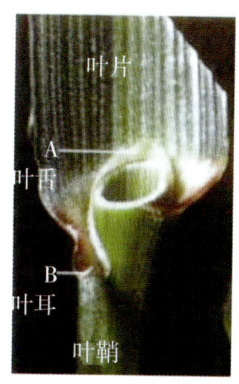
图11　禾本科植物的叶

（3）托叶

托叶位于叶柄和茎的连接处，通常成对而生。一般着生在叶柄基部的两侧，也有的着生在叶腋处，如蓼科植物腋生的托叶包绕茎节间基部形成鞘状，称为托叶鞘(ocrea)。托叶具有不同的形状(图12)：如梨的托叶是线性的；刺槐的托叶变成刺，叫托叶刺；菝葜属(Smilax)的托叶是卷须状，称托叶卷须，但通常都是小叶形的。也有的植物托叶很大，如豌豆的托叶。托叶的功能因植物而异。一般植物的托叶都有保护幼叶的功能，也有保护幼芽的功能，如木兰属(Magnolia)植物；有些具有攀援功能，如菝葜的托叶；刺槐的托叶可以保护植物体，豌豆的托叶可进行光合作用。大多数植物的托叶寿命较短，在叶成熟后不久就脱落了，木兰科植物的托叶脱落后在节上留下的环状结构叫托叶环。在观察植物的时候，要注意托叶的早落性，避免把托叶脱落的植物误认为无托叶植物。

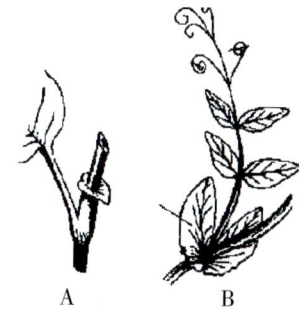
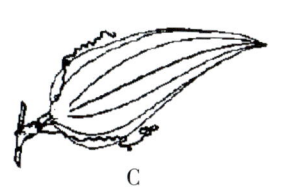
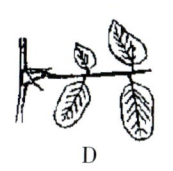

A.一种蓼科植物的托叶鞘
B.豌豆的大托叶
C.一种菝葜属植物(Smilax leucophylla)的卷须形托叶
D.刺槐的针刺形托叶

图12　各种形状的托叶

叶可分为单叶(simple leaf)和复叶(complete leaf)两类(图13)。如果一个叶柄上只生一个叶片，不论是完整的或是分裂的，都叫单叶，如棉花、梨、甘薯的叶。如果在叶柄上着生两个或两个以上完全独立的小叶片，则叫复叶，如花生、毛苕子(Vicia villosa)、蔷薇等的叶。复叶在单子叶植物中很少，在双子叶植物中相当普遍。

图 13　单叶和复叶

(4)叶形

叶形是指叶片的外形或基本轮廓。叶形主要根据叶片的长度与宽度的比例以及最宽处的位置来确定(图 14)。常见的叶形有针形(acicular)、披针形(lanceolate)、倒披针形(oblanceolate)、条形(linear)、剑形(ensiform)、圆形(orbicular)、矩圆形(oblong)、椭圆形(elliptical)、卵形(ovate)、倒卵形(obovate)、匙形(spoon-shaped)、扇形(fan-shaped)、镰形(falcate)、心形(cordate)、倒心形(obcordate)、肾形(reniform)、提琴形(pandurate)、盾形(peltate)、箭头形(sagittate)、戟形(hastate)、菱形(rhombic)、三角形(triangular)、鳞形(scale-like 或 squamiform)等(图 14)。

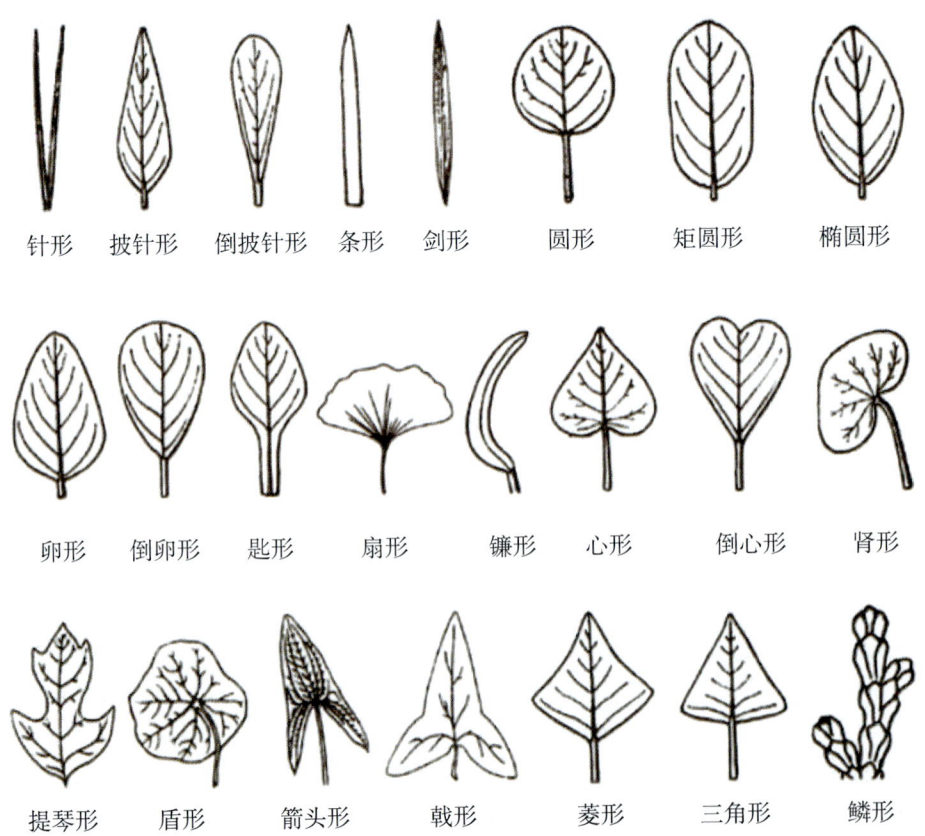

图 14　基本叶形

不同的植物，叶形的变化很大，往往不完全像上述的那么典型。有的叶形是两种形状的综合，例如它既像卵形，又像披针形，称为卵状披针形；既像匙形，又像倒披针形，则称为匙状倒披针形。

通常每种植物具有一定形状的叶。但是有些植物，同一株植株上具有不同叶形的叶，称为异形叶性（heterophylly）。异形叶性的出现有两个原因：一是由于枝的老幼不同而发生叶形各异。例如薜荔的营养枝上着生的叶片小而薄，心状卵形，而花枝上的叶大且呈厚革质，卵状椭圆形，两者大小相差数倍。益母草的基生叶略呈圆形，中部叶为椭圆形并掌状分裂，顶生叶线形无柄而不分裂。二是由于外界环境的影响。例如水生植物菱浮于水面的叶呈菱状三角形，沉在水中的叶则为羽毛状细裂，两者相差悬殊。

（5）叶基

叶基（leaf bases）叶尖的对应词，即指叶片的基部通过叶柄或直接与茎连接。根据叶片的发育情况，有锐尖形、渐尖形、尖形、圆形、近圆形，此外还有心脏形、肾形、箭形、戟形等。如果左右叶基非常发达而愈合时，则形成盾形叶和漏斗形叶。

叶基是指即叶片的基部，亦称下部。主要类型有心形（cordate）、耳形（auriculate）、箭形（sagittate）、楔形（cuneate）、戟形（hastate）、盾形（peltate）、偏斜（oblique）、穿茎（perfoliate）、抱茎（amplexicaul）、截形（truncate）、渐狭（attenuate）、具鞘的（sheathed）等（图15）。

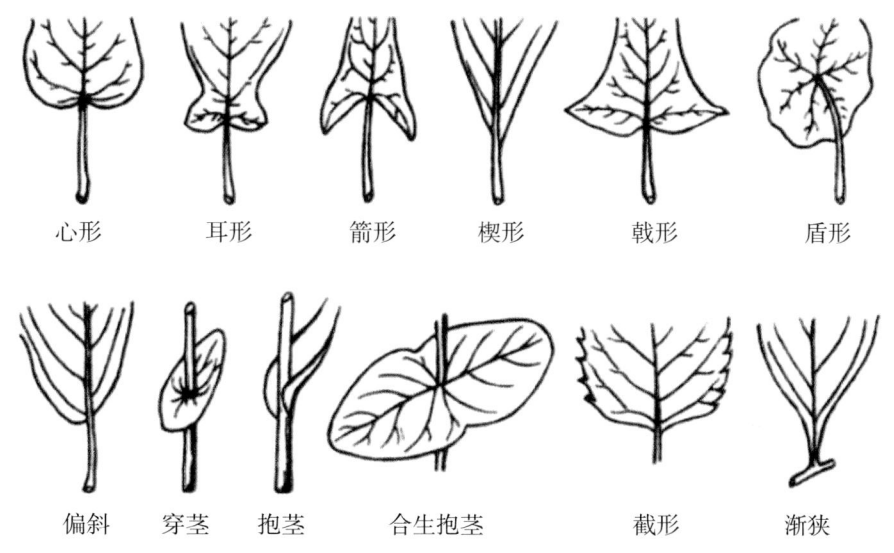

图15 叶基的类型

楔形：基部两边的夹角为锐角，两边较平直，叶片不下延至叶柄的叶基（如枇杷）。

渐狭：基部两边的夹角为锐角，两边弯曲，向下渐趋尖狭，但叶片不下延至叶柄的叶基（如樟树）。

下延：基部两边的夹角为锐角，两边平直或弯曲，向下渐趋狭窄，且叶片下延至叶柄下端的叶基（如鼠曲草）。

圆钝：基部两边的夹角为钝角，或下端略呈圆形的叶基（如蜡梅）。

截形：基部近于平截，或略近于平角的叶基（如金线吊乌龟）。

箭形：基部两边夹角明显大于平角，下端略呈箭形，两侧叶耳较尖细的叶基（如慈菇）。

耳形：基部两边夹角明显大于平角,下端略呈耳形,两侧叶耳较圆钝的叶基(如白英)。

戟形：基部两边的夹角明显大于平角,下端略呈戟形,两侧叶耳宽大而呈戟刃状的叶基(如打碗花)。

心形：基部两边的夹角明显大于平角,下端略呈心形,两侧叶耳宽大圆钝的叶基(如苘麻)。

偏斜形：基部两边大小形状不对称的叶基(如曼陀罗、秋海棠)

(6)叶尖(leaf apex)

叶茎的对应词,叶尖端部分。一般呈平面状,如图16所示,叶尖有种种不同的角度。这些也多成为植物种类的特征。单子叶植物的叶尖不少具有立体的结构,例如葱(*Allium fistulosum*),还有铁角蕨属(*Asplenium*)等蕨类植物成熟的叶尖能产生不定芽。当叶原茎发生时,就在其顶尖分化出顶尖分生组织进行顶尖生长,但其活动时期较短,最后构成叶尖部分(图16)。

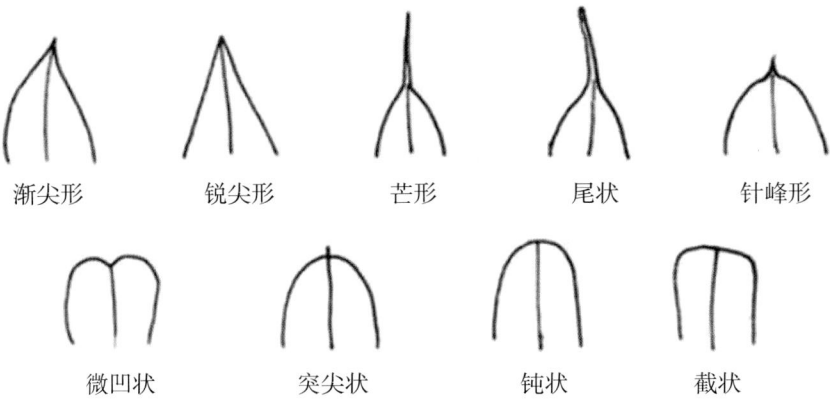

图16 叶尖的类型

渐尖：叶尖较长,或逐渐尖锐,如菩提树的叶。
急尖：叶尖较短而尖锐,如荞麦的叶。
钝形：叶尖钝而不尖,或近圆形,如厚朴的叶。
截形：叶尖如横切成平边状,如鹅掌楸、蚕豆的叶。
具短尖：叶尖具有突然生出的小尖,如树锦鸡儿、锥花小檗的叶。
具骤尖：叶尖尖而硬,如虎杖、吴茱萸的叶。
微缺：叶尖具浅凹缺,如苋、苜蓿的叶。
倒心形：叶尖具较深的尖形凹缺,而叶两侧稍内缩,如酢浆草的叶

(7)叶缘

叶缘(leaf margin)即叶片的周边,叶片的边缘。常见的类型有全缘(entire)、浅波状(repand)、波状(undulate)、深波状(sinuate)、皱波状(crisped)、圆齿状(crenate)、锯齿状(serrate)、细锯齿状(serrulate)牙齿状(dentate)、睫毛状(ciliiform)、重锯齿状(double serrate)等(图17)。叶缘随叶肉的发育方法和叶脉的分布状态等而有各种形状。完全没有凸凹的光滑的叶缘[百合(*Lilius* spp.)、大红鸢尾(*Iris sanguinea*)]称为全缘(entire),但也有叶肉的发育部分受到抑制,而产生浅裂的(lobed)、半裂的(cleft)、锐裂的(incised)、深裂的

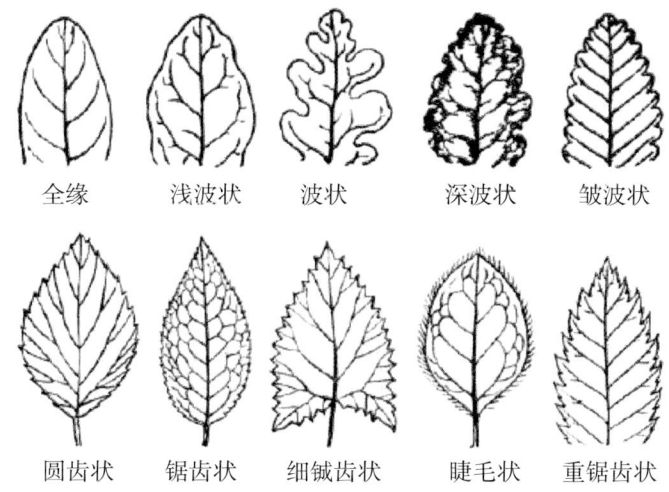

图17 叶缘的形状

(dissected, parted)等各种程度的缺口（缺刻）。浅裂缘根据裂口的形状，又分为有锯齿状的(serrate)、牙齿状的(dentate)、圆齿状的(crenate)和波状的(undulate)，或发生立体起伏的幔弯状(repaudous)等。叶缘的形状大体上随植物而异，但是在不同的种即使同一个体也可看到有很大的变化,蒲公英属(Taraxacum)完全不定,香堇(Viola odorata)随季节而发生变化。此外,受病毒(virus)侵染的辣根(Cohlearia armopacia)、山萮菜,根据叶形成时的温度,缺刻有极大的差别。关于叶缘的形成,在单叶和叶原基轴平行于原基的两侧,或在原基稍近轴面分化出来,将来形成叶片的两条筋状边缘分生组织(marginal meristem)分化而进行叶缘的生长。周缘分生组织的活动一般在从幼叶覆盖茎尖的时期直到平面展开时期可一直被观察到,以后逐渐变得不活跃,不久叶缘便完成。

全缘：周边平滑或近于平滑的叶缘（如女贞）。

睫状缘：周边齿状,齿尖两边相等,而极细锐的叶缘（如石竹）。

齿缘：周边齿状,齿尖两边相等,而较粗大的叶缘（如 Nying 麻）。

细锯齿缘：周边锯齿状,齿尖两边不等,通常向一侧倾斜,齿尖细锐的叶缘（如茜草）。

锯齿缘：周边锯齿状,齿尖两边不等,通常向一侧倾斜,齿尖粗锐的叶缘（如茶）。

纯锯齿缘：周边锯齿状,齿尖两边不等,通常向一侧倾斜,齿尖较圆纯的叶缘（如地黄叶）。

重锯齿缘：周边锯齿状,齿尖两边不等,通常向一侧倾斜,齿尖两边两边亦呈锯齿状的叶缘（如刺儿菜）。

曲波缘：周边曲波状,波缘为凹凸波交互组成的叶缘,如茄。

凸波缘：周边凸波状,波全为凸波组成,如连钱草。

凹波缘：周边凹波状,波缘全为凹波组成,如曼陀罗。

(8)叶脉的形状

叶脉就是生长在叶片上的维管束,它们是茎中维管束的分枝。这些维管束经过叶柄分布到叶片的各个部份。位于叶片中央大而明显的脉,称为中脉或主脉(midvein)。由中脉两侧第一次分出的许多较细的脉,称为侧脉(lateral veins)。自侧脉发出的、比侧脉更细小的脉,称为小脉或细脉(minor veins)。细脉全体交错分布,将叶片分为无数小块。每一小块都有细脉脉梢伸入,形成叶片内的运输通道。叶脉(vein,nerve)在叶片中的排列形式称为脉序。叶脉的组织构成是形形色色的,如在网状脉的主脉、侧脉和平行脉的纵脉等粗脉,是由不含叶绿素的薄壁组织、厚角细胞等支持组织包围维管束所形成的,它们沿叶背轴侧凸出的肋条,可与叶肉区别。与此相反,网状脉的细脉和多数叉状脉等细脉,维管束一般为维管束鞘所包围,在叶肉内海绵组织的上层分化,不直接与细胞间隙通连。比较粗大的叶脉称为粗脉(major vein),比较细小的叶脉称为细脉(minor vein),细脉的末端极细,是由1~2根假导管构成,任何植物到一定程度以下的细脉则不形成维管束鞘。单子叶植物的纵脉间横连的脉较少,多由少数的假导管和筛管构成。叶脉的维管束是由茎的中柱分出来的,但是它的数量和走行方式则因植物而异。由外韧维管束基分出来的叶脉木质部分化为向轴侧,韧皮部分化为背轴侧。双韧维管束则只限于粗脉在木质部两侧生出韧皮部,在细脉不出现向轴侧的筛部。也有在1条叶脉中生1条维管束的植物(例如:榆),但多数是成环状走行(例如:百合木)或以不规则的排列走行(例如:向日葵)。

叶脉在叶片上分布的样式称为脉序(venation),可划分为三大类(图18)。

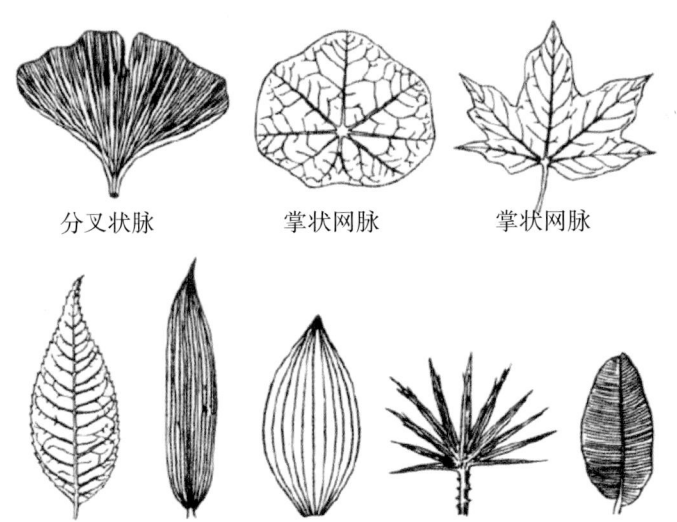

图18 叶脉的基本分类

●分叉状脉(dichotomous venation)

叶脉从叶基生出后,均呈二叉状分枝,称为分叉状脉。这种脉序是比较原始的类型,在种子植物中极少见,如银杏,但在蕨类植物中较为常见。

●网状脉(netted venation)

具有明显的主脉,经过逐级的分枝,形成多数交错分布的细脉,由细脉互相联结形成网状,称为网状脉。其中有一条明显的主脉,侧脉自主脉的两侧发出,呈羽毛状排列,并几达叶缘,称为羽状网脉,如女贞、垂柳。如果主脉的基部同时产生多条与主脉近似粗细的侧脉,再从它们的两侧发出多数的侧脉,复从侧脉产生极多的细脉,并交织成网状,就称为掌状网脉,如蓖麻、南瓜等。有的从主脉基部两侧只产生一对侧脉,这一对侧脉明显比其他侧脉发达,这种称三出脉,如山麻杆、朴树等;当三出脉中的一对侧脉不是从叶片基部生出,而是离开基部一段距离才生出时,则称为离基三出脉,如樟。双子叶植物的叶脉多为网状脉序。少数的单子叶植物也具网状脉序，如天南星，但是叶脉脉梢多为相互连结在一起的，缺乏游离的脉梢。这一点可与双子叶植物的网状脉序相区别。

● 平行脉（parallel venation）

主要是单子叶植物所特有的脉序。叶片的中脉与侧脉、细脉均平行排列或侧脉与中脉近乎垂直，而侧脉之间近于平行，都属于平行脉。其中所有叶脉都从叶基发出，彼此平行直达叶尖，细脉也平行或近于平行生长，称为直出平行脉，如麦冬、莎草等；所有叶脉都从叶片基部生出，彼此之间的距离逐步增大，稍作弧状，最后距离又缩小，在叶尖汇合，称为弧形平行脉，如紫萼、玉簪等；所有叶脉均从叶片基部生出，以辐射状态向四面伸展，称为射出平行脉，如棕榈；侧脉垂直或近于垂直主脉，侧脉之间彼此平行直达叶缘，称为横出平行脉，如芭蕉、美人蕉等。

那为什么叶子上有叶脉呢？

植物通过它的根在土壤里吸收水分和养料，然后传送到身体的各个部分。为了传送这些养料，像动物有血管一样，植物的身体里也长出了许多很细的管子，从它的根部末端开始，经过它的茎到叶子位置。这些细小的管子埋藏在茎里面，平时是看不见的，但到了叶子里面就变成了更细更小分叉的管子，它们就是叶脉，我们从外面就能见到；另外叶脉还起着支撑叶子的作用，增加光合作用的面积。

1.3 植物的茎

维管植物地上部分的骨干，上面着生叶、花和果实。它具有输导营养物质和水分以及支持叶、花和果实在一定空间的作用。有的茎还具有光合作用、贮藏营养物质和繁殖的功能。

茎上着生叶的位置叫节，两节之间的部分叫节间。茎顶端和节上叶腋处都生有芽，当叶子脱落后，节上留有痕迹叫做叶痕。这些茎的形态特征可与根相区别。

大多数种子植物茎的外形为圆柱形，也有少数植物的茎有其他形状，如莎草科植物的茎呈三角柱形，唇形科植物茎为方柱形，有些仙人掌科植物的茎为扁圆形或多角柱形。在木本植物茎的外形上，还可以看到芽鳞痕，可以看出树苗或枝条每年芽发展时芽鳞脱落的痕迹，从而可以计算出树苗或枝条的年龄。

（1）茎的分枝

茎的分枝是普遍现象，能够增加植物的体积，充分地利用阳光和外界物质，有利繁殖新后代。各种植物分枝有一定规律。

● 二叉分枝

这是比较原始的分枝方式，分枝时顶端分生组织平分为两半，每半各形成一小枝，并且在一定时候又进行同样的分枝，因此这种分枝统称二叉分枝。苔藓植物和蕨类植物具这种分枝方式。

● 单轴分枝

顶芽不断向上生长，成为粗壮主干，各级分枝由下向上依次细短，树冠呈尖塔形。多见于裸子植物，如松杉类的柏、杉、水杉、银杉以及部分被子植物，如杨、山毛榉等。

● 合轴分枝

茎在生长中，顶芽生长迟缓，或者很早枯萎，或者为花芽，顶芽下面的腋芽迅速开展，代替顶芽的作用,如此反复交替进行,成为主干。这种主干是由许多腋芽发育的侧枝组成,称为合轴分枝。合轴分枝的植株,树冠开阔,枝叶茂盛,有利接受充分阳光,是一种较进化的分枝类型。大多见于被子植物,如桃、李、苹果、马铃薯、番茄、无花果、桉树等。

● 假二叉分枝

叶对生的植株,顶端很早停止生长,成为两个,开花以后,顶芽下面的两个侧芽同时迅速发育成两个侧枝,很象是两个叉状的分枝,称为假二叉分枝。这种分枝,实际上是合轴分枝的变型,与真正的二叉分枝有根本区别。假二叉分枝多见于被子植物木犀科、石竹科,如丁香、茉莉、石竹等。

(2)茎的生长方式

不同植物的茎在适应外界环境上,有各自的生长方式,使叶能在空间开展,获得充分阳光,制造营养物质,并完成繁殖后代的作用,产生了以下7种主要的类型。

● 直立茎

茎干垂直地面向上直立生长的称直立茎。大多数植物的茎是直立茎,在具有直立茎的植物中,可以是草质茎,也可以是木质茎,如向日葵就是草质直立茎,而榆树则是木质直立茎。

● 缠绕茎(图19)

这种茎细长而柔软,不能直立,必须依靠其他物体才能向上生长,但它不具有特殊的攀援结构,而是以茎的本身缠绕于它物上。缠绕茎的缠绕方向在每一种植物中是固定的,有些是向左旋转(即反时针方向)如牵牛、莺萝;有些是向右旋转(即顺时针方向)如忍冬;也有些植物的缠绕方向可左可右,如何首乌。

● 攀援茎(图20)

这种茎细长柔软,不能直立,唯有依赖其他物体作为支柱,以特有的结构攀援其上才能生长。根据攀援结构的不同,可分为以卷须攀援的,如丝瓜、葡萄;以气生根攀援的,如常春藤;以叶柄的卷曲攀援的,如威灵仙;以钩刺攀援的,如猪殃殃;还有以吸盘攀援的,如爬山虎等几种情况。在少数植物中,茎即能缠绕,又具有攀援结构,如葎草。它的茎本身能向右缠绕于它物上,同时在茎上也生有能攀援的钩刺,帮助柔软的茎向上生长。

有缠绕茎和攀援茎的植物统称藤本植物。热带亚热带森林里藤本植物特别茂盛,形成森林内的特有景观。

图19 缠绕茎图　　　　图20 攀缘茎

●斜升茎

茎的质地、粗细不一,可为草本,亦可木本,植株幼时茎不完全呈直立状态,而是偏斜而上,但决不横卧地面,随植株生长而茎的上部逐渐变直立,故长成后植株下部呈弧曲状,上部呈直立状,如草本植物的酢浆草,木本植物的山黄麻等。

●斜倚茎

茎通常为草质,基部斜倚地面,但不完全卧倒,上部有向上生长的倾向,但决不直立,整个植株呈现近地面生长向四周扩展的状态。这种类型的植物,在生长密集的情况下,可发育为斜升茎状态。在植物生长较稀疏时,则植株斜倚于地表。如扁蓄、马齿苋等。

●平卧茎

茎通常为草质而细长,在近地表的基部即分枝,平卧地面向四周蔓延生长,但节间不甚发达,节上通常不长不定根,故植株蔓延的距离不大,如地锦、蒺藜等。

●匍匐茎(图21)

茎细长柔弱,平卧地面,蔓延生长,一般节间较长,节上能生不定根,这类茎称匍匐茎,如蛇莓、番薯、狗牙根等。有少数植物,在同一植株上直立茎和匍匐茎两者兼有,如虎耳草、剪刀股。有些植物的茎本身就介于平卧和直立之间,植株矮小时,呈直立状态,植株长高大不能直立则呈斜升甚至平卧,如酢浆草。

图21 匍匐茎

(3)按照茎的变态来分:有茎卷须、茎刺、根茎、块茎、鳞茎、球茎等。

有些植物的茎在长期适应某种特殊的环境过程中,逐步改变了它原来的功能,同时也改变了原来的形态,比较稳定地长期保持下去,这种和一般形态不同的变化称为变态。有些变态的茎变化得非常奇特,以至在外形上几乎无从辨认。下面是几种常见的变态茎。

●茎卷须

在植物的茎节上,不是长出正常的枝条,而是长出由枝条变化成可攀援的卷须,这种器官称为茎卷须。如葡萄茎苗壮成长的节上,即生有茎卷须。常见的茎卷须中,有分枝和不分枝的两种情况。有一种很特殊的形态,就是在卷须分枝的末端,膨大而成盘状,可分泌粘质,成为一个个吸盘,粘附于它物上,使植物体不断向上生长,如爬山虎。

●茎刺

在植物的茎节上,长出的枝条发育成刺状,称为茎刺。同茎卷须一样,茎刺也有分枝和不分枝两种,前者如皂荚,后者如枸桔、山楂。在许多植物体上都可以看到刺,刺的形态、质地、着生的部位,常常为我们提供了识别植物的有用的依据。植物体上的刺,大体上有三类,一是茎刺,二是皮刺,三是托叶刺,三者的形态、质地、着生部位都有所不同。茎刺来源于枝条,质地坚硬,呈木质,不易折断和剥落,着生位置始终在节上;皮刺来源于植物体的表皮,质地较软,呈草质,易于剥落,着生位置不固定,在茎上、叶片上、叶柄上都可出现;托叶刺则来源于托叶,由托叶演变而来,质地不一,但着生位置基本上都在叶柄的基部,常成对出现。正确区分上述三种刺是识别植物的重要前提。

根茎、鳞茎、球茎和块茎同属于地下茎的变态。

● 根茎

根茎或称根状茎,是某些多年生植物地下茎的变态,其形状如根,称为根茎,如芦苇、莲、毛竹都有发达的根茎。俗称的"芦根"就是芦苇的根茎,藕就是莲的根茎,竹鞭就是竹的根茎。尽管不同的植物根茎形态各异,但它们都具有一些共同的特征。首先根茎都是长在地下,以水平横向的方式生长,其次在根茎上可以看到茎的基本形态特征,就是有节、节间,在节上也长叶,在叶腋中同样也生有侧芽(这便是区分茎和根的最基本方法)。根茎的节通常是很明显的,如藕、黄精,它们的节间呈肥厚肉质;有些植物的根茎节间细长,如芦苇、白茅。在根茎上所生长的叶,其形态与正常的叶不一样。通常呈薄膜状或鳞片状,不呈绿色,包围在节上。在根茎的顶端生有顶芽,能不断向水平方向生长;在侧面有侧芽,冬笋就是毛竹根茎上的侧芽。

● 块茎

某些植物的地下茎的末端膨大,形成一块状体,这种生长在地下呈块状的变态茎称为块茎,如马铃薯的薯块。菊芋的地下茎也会膨大成块茎,俗称"洋生姜"。在块茎上同样可能看到茎的特点,如有节、节间、退化的小叶,以及顶芽、侧芽等,如果我们在一块放置比较久的马铃薯块上仔细地观察,可以在它上面看到许多凹穴,在一侧许多凹穴的中心有一个芽,这就是顶芽,其周围许多凹穴中生有多个侧芽;在凹穴的稍下侧有一半圆形横脊,这就是节,在新鲜的薯块上,横脊上可看到有一细小的鳞片状叶。

块茎与块根常常使初学者混淆不清,其实只要运用根和茎的区别,观察一下有没有节和侧芽,在节上有没有退化的叶,就可以很容易把两者区别开来。

● 鳞茎

某些植物的茎变得非常之短,呈扁圆盘状,外面包有多片变化了的叶,这种变态的茎称为鳞茎,如洋葱、大蒜、百合等。上述三种植物都具有鳞茎,但这三种鳞茎的构造又稍有不同。洋葱的鳞茎四周是一层层套叠的肉质鳞片,把扁平状高度压缩的茎紧紧地围起来,外侧有几片薄膜干枯的鳞片,是地上叶的叶基。地上叶枯死后,叶片基部干枯呈膜质,包在整个鳞茎的外面。大蒜在成熟后,鳞茎(即食用的大蒜头)的底部因木质化而变得紧硬起来,外围的膜质叶基干枯而无食用价值,膜质叶间的腋芽却充分地生长起来,显得肥厚而呈肉质,即食用的大蒜瓣。百合的鳞茎由许多半月形的肉质鳞片相互覆盖在缩短了的茎上而形成。显然鳞茎的形态各有不同,但都可能在它们上面看到茎的特点,有节,有缩短了的节间和叶片。

● 球茎

某些植物的地下茎先端膨大成球形,称为球茎,如荸荠、慈菇、芋艿。球茎是块茎与鳞茎之间的中间类型,外形似鳞茎,结构近似块茎,常有发达的顶芽,节和节间明显可辩,并具有腋芽,鳞叶稀疏而呈膜状。通常球茎全部埋于泥中。

1.4 植物的果实

被子植物的雌蕊经过传粉受精,由子房或花的其他部分(如花托、花萼等)参与发育而成的器官。果实一般包括果皮和种子两部分,其中果皮又可分为外果皮、中果皮和内果皮。种子起传播与繁殖的作用。在自然条件下,也有不经传粉受精而结实的,这种果实没有种子或种子不育,故称无子果实,如无核蜜橘、香蕉等。此外未经传粉受精的子房,由于某种刺激(如萘乙酸或赤霉素等处理)形成果实,如番茄、葡萄,也是无种子的果实。果实的种类繁多,果皮的结构也各不相同,常见果实的果皮构造如图22所示。

图22 植物的果实结构

按果皮的性质划分:有肉果和干果。肉果又分为浆果(葡萄、番茄)、核果(桃、李、杏)、梨果(假果;梨、苹果)。干果又分为:①裂果类(果皮裂开):荚果(大豆、花生)、蓇葖果(牡丹、梧桐)、蒴果(牵牛、鸢尾)、角果(萝卜、甘蓝);②闭果类:颖果(水稻、小麦)、翅果(榆、臭椿)、坚果(栗)、双悬果(胡萝卜)、胞果(藜、地肤)。

(1)核果

包括外果皮、中果皮、内果皮及种子等部分。外果皮由单层细胞的表皮层,及皮下层的厚角组织所构成,表皮上被有大量表皮毛。中果皮肉质化,即为可食部分,由薄壁组织细胞与维管束组成,内果皮硬质化,由多层石细胞构成了果核的部分。种子包括种皮和胚两部分。

(2)荚果

外果皮由单层厚壁的表皮细胞及单层皮下层细胞组成,中果皮均为薄壁组织细胞;内果皮包括几层厚壁组织细胞与一层内表皮层。厚壁的皮下层细胞与内果皮的厚壁组织细胞,均为长形细胞,而两者的长轴排列相互垂直。当果实成熟后,果皮的外层与内层因收缩方向不同而产生应力,使果皮开裂。

(3)柑果

外果皮由外表皮层以及油腺和含结晶体的薄壁组织细胞所组成;中果皮含有大量薄壁组织细胞,其间的维管组织呈网状分布,果实成熟后即为橘络;内果皮由内表皮层及数层薄壁组织细胞组成。在每个心皮的腔室里,由内果皮产生的汁囊充满其间,汁囊为多细胞棒状结构,并具细长的柄。汁囊即为柑橘的可食部分。

(4)瓠果

果壁的最外面为单列表皮层,有气孔分布及角质膜覆盖。在表皮层下面,为厚的薄壁组织细胞层。通常瓜类果实外表的颜色,主要取决于这些薄壁组织细胞中所含质体,绿色的黄瓜果实,其所含的质体为叶绿体;黄色的果实,则是有色体。在薄壁组织中常间有厚壁组织细胞。果实成熟时,薄壁组织一般可延伸到果实的中央(如黄瓜、西瓜);也有的果实中央裂成空腔(如甜瓜)。

(5)假果

由花托与子房发育而成,其中花托发育为果实肉质可食部分,子房发育为果实中央部分。单层的果实表皮层,覆盖有蜡质及角质膜,表皮层下面为几层厚角组织细胞组成。稍内的部位,薄壁组织细胞的胞间隙极为明显。在更深的地方,薄壁组织细胞近椭圆形,成辐射状排列。子房壁分化为外、中、内果皮,位于果实中央部分。

(6)颖果

俗称种子。其果皮与种皮两者愈合,不易分离。果皮的外表皮层由一层细胞组成,外覆盖角质膜;表皮下面是几层部分挤压变形的薄壁组织;紧接有一层横向排列的细胞,称横细胞,其细胞壁木质化加厚;最内一层为纵向伸长的管细胞,细胞的长轴与果实长轴平行,细胞壁也木质化。种皮由珠被发育而来,果实成熟时,外珠被已解体,内珠被受压变形,其中细胞含有深色色素。胚乳约占果实的83%,其最外层为糊粉层,细胞内富含蛋白质。糊粉层以内的胚乳细胞中主要含淀粉与无定形蛋白质——面筋。胚位于果实基部的一侧。

1.5 植物的生长型

(1)木本植物

木本植物(woody plant)指根和茎因增粗生长形成大量的木质部,而细胞壁也多数木质化的坚固的植物,是草本植物的对应词。地上部分为多年生,分乔木和灌木。

植物体木质部发达,茎坚硬,多年生。木本植物因植株高度及分枝部位等不同,可分为:

①乔木(tree)　　高大直立的树木,高达5米以上,主干明显,分枝部位较高,如松、杉、枫杨、樟等,它们有常绿乔木(evergreen tree)和落叶乔木(deciduous tree)之分。

②灌木(shrub)　　比较矮小,高在3米以下的树木,主干不明显,分枝靠近茎的基部,如茶、月季、木槿等,有常绿灌木及落叶灌木之分。

③半灌木(sub-shrub)　　植物多年生,但仅茎的基部木质化,而上部为草质,冬季枯萎,如牡丹。

(2)草本植物

有草质茎的植物。茎的地上部分在生长期结束时就枯死。

植物体木质部较不发达至不发达,茎多汁,较柔软。按生活周期的长短,可分为:

①一年生草本(annual)　　在一个生长季节内就可完成生活周期的,即当年开花、结实后枯死的植物,如水稻、大豆、番茄等。

②二年生草本(biennial)　　第一年生长季(秋季)仅长营养器官,到第二年生长季(春季)开花、结实后枯死的植物,如冬小麦、甜菜、蚕豆等。

③多年生草本(perennial herb)　　能生活二年以上的草本植物。有些植物的地下部分为多年生,如宿根或根茎、鳞茎、块根等变态器官,而地上部分每年死亡,待第二年春又

从地下部分长出新枝,开花结实,如藕、洋葱、芋、甘薯、大丽菊等;另外有一些植物的地上和地下部分都为多年生的,经开花、结实后,地上部分仍不枯死,并能多次结实,如万年青、麦门冬等。

草本植物中,一年生、二年生和多年生的习性,有时会随地理纬度及栽培习惯的改变而变异,如小麦和大麦在秋播时为二年生草本,在春播时则成为一年生草本;又如棉花及蓖麻在江浙一带为一年生草本,而在低纬度的南方可长成多年生草本。

草本植物和木本植物最显著的区别在于他们茎的结构,草本植物的茎为"草质茎"(Stalk),茎中密布很多相对细小的维管束,充斥维管束之间的是大量的薄壁细胞,在茎的最外层是坚韧的机械组织。草本植物的维管束也与木本植物不同,维管束中的木质部分布在外侧而韧皮部则分布在内侧,这是与木本植物完全相反的。另外草本植物的维管束不具有形成层,

不能不断生长,因而树会逐年变粗而草和竹子就没有这样的本领。相比于木质茎(Stem),草质茎是更进化的特征

(3)水生植物

对于大多数人而言,对生长在陆地上的陆生植物比较熟悉,通常是用"常绿"、"落叶"、"木本"、"草本"、"单叶"、"复叶"等性状来识别它们的。而对生长在水体环境中的水生植物,则不太熟悉。

那么,水生植物怎样识别呢?通常我们是根据该植物生长在水中不同的部位,如水面、水底、水层中等特性把水生植物分成若干类型来识别它们。一般可分为四种类型:

● 漂浮植物

植物体漂浮于水面上生活,或者植株的叶面漂浮在水面,其余部分,如根和茎则沉于水面下。这种类型的植物,其整个生长期植株可随水流漂移,没有固定的地点,如遇大风时,可被吹向一侧,甚至堆积在一起,如浮萍、凤眼莲。

● 浮叶植物

植物体的叶片也基本上漂浮在水面上。但植株的其他部分,如根或茎则着生在水底的泥土中。这类植物通常有柔弱而节间细长的茎,通过这细长的茎,一头把根扎在水底泥土中,另一头把叶片伸展在水面上,如荇菜、菱。也有把根和根状茎都生长在水下泥中,在根状茎上长出细长的叶柄,由叶柄把叶片伸展在水面上,如田字萍。

● 沉水植物

植物体全部都沉在水面下生活,在水面上看不到植株。只有透过水面,在透明度较好的水域中,可以看到有的植物悬浮地生长在水层中。这类植物只有在开花时,才把花柄伸出水面,在水面上开放、传粉。它们的根系有二种生长方式,一种是扎根在水底泥土中,如苦草;另一种是在刚生长时,把根扎在水底泥土中,而植株长大后,由于受到外力的冲击,在茎上折断而独立生活,这时这些植物可以没有根,或者在茎上生出一些细长的不定根,如黑藻、金鱼藻等。

● 挺水植物

植物体下部沉没于水中,根深深扎在水下泥里,而植株上部则穿出水面,挺立在空气中。如菖蒲,它的根茎都生在水下泥中,细长的叶片则穿过水面,如莲,它的地下茎粗壮,生在水下泥中,在地下茎上长出长长的叶柄,把圆形的叶片支撑在水面上空气中。而芦苇则茎叶都可以挺立在空气中,部分茎则长在水下,根和根状茎则长在水下泥中。挺水植物的

慈菇最有趣,在水淹的环境中,最初生长出狭长带形的沉水叶,而后长出有长叶柄的卵形浮水叶,最后才生出长叶柄挺出水面的戟形挺水叶,在一个植物体上兼有沉水、浮水、挺水三种叶。但当环境干燥缺水时,它可以直接长出戟形的挺水叶。

  但在识别它们时,也要注意有少数种类的植物有时会有所变化。如浮叶植物中的菱,在生长过程中,它那细长的茎常会折断,这时它与长在水下泥中的根就会失去联系,变成漂浮植物。还有一点也应引起注意,某些陆生植物也可以在水生环境中生长,它不仅能正常生活,还能开花结果,如陆生植物空心苋,也能长时期生活在水中,形成水生的漂浮植物;相反某些水生植物,也能生活在干燥缺水的陆地,如芦苇在陆地,或潮湿的地方都能正常地生活。

2 植物分类

植物分类学是发展较早的一门学科,它的任务不仅要识别物种、鉴定名称,而且还要阐明物种之间的亲缘关系和分类系统,进而研究物种的起源、分布中心、演化过程和演化趋势。因此,它是一门既有实用价值又富有理论意义的学科。

为了对各个植物类群进行分类,人们根据植物类群范围大小和等级高低给它一定的名称,这就是分类的等级单位。了解和掌握分类的等级单位(阶层)是分类学必须具备的基本知识。

按照国际植物命名法规(The International Code of Botanical Nomenclature, ICBN),植物命名(包括真菌)共包括12个主要等级(阶元)(Category)。主要分类阶元如下:

中文名	英文名	拉丁名
界	Kingdom	Regnum
门	Phylum	Divisio
亚门	Subphylum	Subdivisio
纲	Class	Classis
亚纲	Subclass	Subclassis
目	Order	Ordo
亚目	Suborder	Subordo
科	Family	Familia
亚科	Subfamily	Subfamilia
族	Tribe	Tribus
亚族	Subtribe	Subtribus
属	Genus	Genus
亚属	Subgenus	Subgenus
组	Section	Sectio
亚组	Subsection	Subsectio
系	Series	Series
种	Species	Species
亚种	Subspecies	Subspecies
变种	Variety	Varietas
变型	Form	Forma

以水稻(*Oryza sativa* L.)为例:

界..........植物界 Plantae
门..........被子植物门 Spermatophyta
纲..........单子叶植物纲 Monocotyledoneae
目..........禾本目 Graminales
科..........禾本科 Gramineae
属..........稻属 *Oryza*
种..........稻 *Oryza sativa* L.

植物分类的方法主要包括传统分类法和实验分类法。
(1)传统分类法(经典分类法)
根据常见植物图谱、中国高等植物图鉴等工具书,进行植物种类鉴定。
(2)实验分类法
● 细胞分类学(染色体分类学)
● 化学分类学
● 孢粉分类学
● 血清鉴定法
● 数量分类学
● 超微结构和微形态分类
● 分子系统学(利用分子标记,DNA差异)
传统植物分类法,主要采用检索表检索。下面为分门、分科检索表。

植物分门检索表

1. 植物体无根、茎、叶的分化,没有胚胎 ………………………………………… 低等植物
　　2. 植物体不为藻类和菌类所组成的共生体 …………………………………… 3
　　　　3. 植物体内有叶绿素或其它光合色素,为自养生活方式 ………… 藻类植物门
　　　　3. 植物体内无叶绿素或其它光合色素,为异养生活方式 ………… 菌类植物门
　　2. 植物体为藻类和菌类所组成的共生体 …………………………………… 地衣植物门
1. 植物体有根、茎、叶的分化,有胚胎 ………………………………………… 高等植物
　　4. 植物体有茎、叶,但无真正的根 …………………………………… 苔藓植物门
　　4. 植物体有茎、叶,也有真正的根 …………………………………… 5
　　　　5. 不产生种子,用孢子繁殖 ……………………………………… 蕨类植物门
　　　　5. 产生种子 ……………………………………………………………… 6
　　　　　　6. 种子裸露,无果皮包被 ……………………………………… 裸子植物门
　　　　　　6. 种子有果皮包被 …………………………………………… 被子植物门

种子植物分门检索表

1. 胚珠裸露,无子房包被;花各部仍保持孢子叶球的形态,有藏卵器,胚乳发生于受精作用之前 ………………………………………………………………… 裸子植物门 Gymnospermae
1. 胚珠包于子房内;花通常具有花被;无藏卵器,胚乳发生于受精作用之后 …………………………………………………………………………… 2 被子植物门 Angiospermae
　　2. 胚通常具2枚子叶;茎具无限维管束;花通常为4~5基数,4轮;叶经常具网状脉 ………………………………………………………………… 双子叶植物纲 Dicotyledoneae
　　2. 胚通常具有1枚子叶;茎具有限维管束;花多为3基数,5轮;叶常具并行脉 ………………………………………………………………… 单子叶植物纲 Monocotyledoneae

裸子植物分科检索表

1. 乔木或灌木;叶为针形,鳞形,刺形,条形或扇形单叶,或为羽状复叶。
  2. 叶为羽状复叶,集生于树干上部或块茎上;树干不分枝 …… 1.苏铁科 Cycadaceae
  2. 叶为单叶;树干多高大而分枝。
    3. 落叶乔木;叶扇形,有多数叉状并列的细脉,具长柄;种子核果状有长柄
…………………………………………………………………………………………… 2.银杏科 Ginkgoaceae
    3. 常绿或落叶乔木;叶为针形,鳞形,刺形,条形,无柄或有短柄;雌球花发育成球果,熟时张开,或因种鳞合生而使球果发育成核果状,熟时不开或微开,或发育为浆果状。
      4. 雌球花的株鳞两侧对称,胚珠生于株鳞腹面基部,多数至 3 枚株鳞组成雌球花,并发育成球果;球果熟时种鳞张开,或因种鳞合生而使球果发育成核果状,熟时不开或微开。
        5. 球果的种鳞与苞鳞离生或仅基部合生,每种鳞具 2 粒种子;种子上端有翅或无翅;雄蕊有 2 花药;叶基部不下延,条形或针形;种鳞与叶均螺旋状排列
…………………………………………………………………………………………… 3.松科 Pinaceae
        5. 球果的种鳞与苞鳞半合生或完全合生,每种鳞具 1 至多粒种子;种子无翅或两侧具窄翅;雄蕊具 2~9 花药;叶基部通常下延;种鳞与叶螺旋状着生或交叉对生或轮生。
          6. 常绿或落叶性;种鳞与叶均螺旋状着生,稀交叉对生(水杉属),每种鳞具 2~9 粒种子;种子两侧具窄翅 …………………………………………………… 4.杉科 Taxodiaceae
          6. 常绿性;种鳞与叶均交叉对生或轮生,每种鳞具 1 至多粒种子;种子无翅或两侧具窄翅 …………………………………………………………………………… 5.柏科 Cupressaceae
      4. 雌球花的胚珠直立,单生于花轴或侧生短轴顶端的苞腋或两枚成对生于花轴的苞腋;种子核果状,全部包于肉质假种皮中或顶端尖头露出;或种子坚果状,生于杯状肉质假种皮中。
        7. 雌球花具长梗,生于小枝基部的苞片腋部,稀生枝顶;花梗上部的花轴上具数对交互对生的苞片,每苞片腋部生两枚成对胚珠,胚珠具辐射对称的囊状珠托;种子 2~8 个生柄端,核果状,全部包于肉质假种皮中 ……………………… 三尖杉科 Cephalotaxaceae
        7. 雌球花具短梗或无梗,单生或两个成对生于叶腋或苞腋;胚珠 1 枚,生花轴或侧生短轴顶端的苞腋,具辐射对称的盘状或漏斗状珠托;种子核果状,全部包于肉质假种皮中,或生于杯状或囊状假种皮中,仅上部或顶端尖头露出 ……………… 红豆杉科 Taxaceae

1.灌木、亚灌木或草本状灌木;叶退化为膜质,2~3 片合生成鞘状
………………………………………………………………………………………… 麻黄科 Ephedraceae

被子植物分科检索表

1. 子叶 2 个,极稀可为 1 个或较多;茎具中央髓部;在多年生的木本植物且有年轮;叶片常具网状脉;花常为 5 出或 4 出数 …………………… (双子叶植物纲 *Dicotyledoneae*)
  2. 花无真正的花冠,花萼存在或否,有时呈花瓣状。
    3. 花单性,雌雄同株或异株,雄花或雌花和雄花成柔荑花序,或类似柔荑状的花序。
      4. 无花萼,或雄花中有花萼。

5. 多为木质藤本;叶为全缘单叶,有掌状脉;果实为浆果 ……… 胡椒科 Piperaceae
5. 乔木或灌木;叶呈各种型式,常为羽状脉;果实不为浆果。
6. 果为具多数种子的二裂蒴果;种子具丝状长毛 …………… 杨柳科 Salicaceae
6. 果为仅具 1 种子的小坚果,或核果状的坚果;种子不具长毛。
7. 叶为羽状复叶;果为核果状坚果 ………………………… 胡桃科 Juglandaceae
7. 叶为单叶;果为小坚果 …………………………………… 桦木科 Betulaceae
4. 有花萼,或雄花中无花萼。
8. 子房下位。
9. 叶为羽状复叶 ……………………………………………… 胡桃科 Juglandaceae
9. 叶为单叶。…………………………………………………… 壳斗科 Fagaceae
10. 果实为蒴果 ……………………………………………… 金缕梅科 Hamamelidaceae
10. 果实为坚果。
11. 坚果托于 1 变大呈叶状的总苞中 ……………………… 桦木科 Betulaceae
11. 坚果单独至 3 枚,同生于 1 个总苞(壳斗)中,总苞或呈囊状,全包果实,或呈杯状,托于坚果的基脚,总苞有鳞片或针刺 …………………… 壳斗科 Fagaceae
8. 子房上位。
12. 植物体内具白色乳汁。
13. 子房 1 室;葚果 ………………………………………… 桑科 Moraceae
13. 子房 2~3 室;蒴果 ……………………………………… 大戟科 Euphorbiaceae
12. 植物体内无乳汁。
14. 子房为单心皮所组成;雄蕊的花丝在花蕾中向内屈曲 ……… 荨麻科 Urticaceae
14. 子房为 2 枚以上的连合心皮所组成;雄蕊的花丝在花蕾中常直立。
15. 果实为 3 枚(稀可 2~4 枚)离果所成的蒴果;雄蕊 10 枚至多数,有时少于 10 枚 ………………………………………………………………… 大戟科 Euphorbiaceae
15. 果实为其他情形;雄蕊少数至数枚,或者和花萼裂片同数且对生。
16. 雌雄同株植物。
17. 子房 2 室;蒴果 ………………………………………… 金缕梅科 Hamamelidaceae
17. 子房 1 室;坚果或核果 ………………………………… 榆科 Ulmaceae
16. 雌雄异株植物。
18. 草本或草质藤本;叶为掌状分裂或为掌状复叶 ………… 大麻科 Cannabiaceae
18. 乔木或灌木;叶为单叶,全缘 ………………………… 大戟科 Euphorbiaceae
3. 花两性或单性,但不成为柔荑花序。
19. 子房或子房室内有数枚至多数胚珠。
20. 子房下位或部分下位。
21. 雌雄同株或异株,如为两性花时,则成肉质穗状花序。
22. 草本 ……………………………………………………… 秋海棠科 Begoniaceae
22. 木本 ……………………………………………………… 金缕梅科 Hamamelidaceae
21. 花两性,但不成肉质穗状花序。
23. 子房 1 室。

24. 茎肥厚,绿色,常具针棘;叶常退化;花被片和雄蕊都多数;浆果 ·· 仙人掌科 Cactaceae
24. 茎不为上述情形;叶正常;花被片和雄蕊皆为五出或四出数,或雄蕊数为花被片数的 2 倍;蒴果 ·· 虎耳草科 Saxifragaceae
23. 子房 4 室或更多室。
25. 雄蕊 4 枚 ·················· 柳叶菜科 Onagraceae(丁香蓼属 *Ludwigia*)
25. 雄蕊 6 或 12 枚 ·················· 马兜铃科 Aristolochiaceae
20. 子房上位。
26. 雌蕊或子房 2 枚,或更多数。
27. 草本。
28. 复叶或多少有些分裂,稀为单叶(如驴蹄草属 Caltha),全缘或具齿裂;心皮多数至少数 ·· 毛茛科 Ranunculaceae
28. 单叶,叶缘有锯齿;心皮和花萼裂片同数 ·· 虎耳草科 Saxifragaceae(扯根菜属 *Penthorum*)
27. 木本。
29. 花的各部分为整齐的三出数 ·················· 木通科 Lardizabalaceae
29. 花的各部分不为整齐的三出数。
30. 雄蕊数个至多数,连合成单体 ·················· 梧桐科 Sterculiaceae
30. 雄蕊多数,离生 ·················· 连香树科 Cercidiphyllaceae
26. 雌蕊或子房单独 1 枚。
31. 雄蕊周位,即着生于萼筒或杯状花托上。
32. 叶为双数羽状复叶,互生;花萼裂片呈覆瓦状排列;果实为荚果 ·· 苏木科 Caesalpiniaceae
32. 叶为对生或轮生单叶;花萼裂片呈镊合状排列;果实为蒴果 ·· 千屈菜科 Lythraceae
31. 雄蕊下位,即着生于扁平或凸起的花托上。
33. 乔木或灌木;叶为单叶;雄蕊常多数,离生;胚珠生于侧膜胎座或隔膜上 ·· 大风子科 Flacourtiaceae
33. 草本或亚灌木。
34. 子房 3~5 室;叶对生或轮生;花两性 ·················· 粟米草科 Molluginaceae
34. 子房 1~2 室。
35. 叶为复叶或多少有些分裂 ·················· 毛茛科 Ranunculaceae
35. 叶为单叶。
36. 侧膜胎座。
37. 花无花被 ·················· 三白草科 Saururaceae
37. 花具 4 离生萼片 ·················· 十字花科 Cruciferae
36. 特立中央胎座。
38. 花序呈穗状,头状或圆锥状;萼片多少为干膜质 ·················· 苋科 Amaranthaceae
38. 花序呈聚伞状;萼片草质 ·················· 石竹科 Caryophyllaceae
19. 子房或子房室内仅有 1 至数枚胚珠。

39. 叶片中常有透明微点。
40. 叶为羽状复叶 ·· 芸香科 Rutaceae
40. 叶为单叶,全缘或有锯齿。
41. 子房下位,仅 1 室有 1 胚珠;叶对生,叶柄在基部连合
·· 金粟兰科 Chloranthaceae
41. 子房上位;叶如为对生时,叶柄也不在基部连合。
42. 雌蕊由 3~6 枚近于离生心皮组成,每心皮各有 2~4 枚胚珠
·· 三白草科 Saururaceae(三白草属 *Saururus*)
42. 雌蕊由 1~4 枚合生心皮组成,仅 1 室,有 1 枚胚珠
·· 胡椒科 Piperaceae(豆瓣绿属 *Peperomia*)
39. 叶片中无透明微点。
43. 雄蕊连合为单体,至少在雄花中有这种现象;花丝互相连合成筒状或成一中柱。
44. 肉质寄生草本植物,具退化呈鳞片状的叶片,无叶绿素
·· 蛇菰科 Balanophoraceae
44. 植物体不为寄生,有绿叶。
45. 花雌雄同株,雄花呈球形头状花序,雌花 2 朵生于具有钩状芒刺的囊状总苞中
·· 菊科 Compositae(苍耳属 *Xanthium*)
45. 花两性,如为单性时,雌花及雄花也无上述情形。
46. 草本植物,花两性。
47. 叶互生 ··· 藜科 Chenopodiaceae
47. 叶对生(在苋科中有少数互生)。
48. 花显著,有连合成萼状的总苞 ·················· 紫茉莉科 Nyctaginaceae
48. 花微小,无上述情形的总苞 ·························· 苋科 Amaranthaceae
46. 乔木或灌木,稀可为草本;叶互生;花单性或杂性,萼片呈覆瓦状排列,至少在雄花中如此 ··· 大戟科 Euphorbiaceae
43. 雄蕊各自分离,有时仅为 1 枚,或者花丝成为分枝的簇丛(如大戟科蓖麻属 Ricinus)。
49. 每花有雌蕊 2 枚至多数,近于离生或完全离生;或花的界限不明显时,则雌蕊多数,成 1 球形头状花序。
50. 花托下陷,呈杯状或坛状。
51. 灌木;叶对生;花被片在坛状花托的外侧排列成数层
·· 腊梅科 Calycanthaceae
51. 草本或灌木;叶互生;花被片在杯状或坛状花托的边缘排列成一轮
·· 蔷薇科 Rosaceae
50. 花托扁平或隆起,有时可延长。
52. 乔木、灌木或木质藤本。
53. 花有花被。
54. 乔木或灌木;有托叶;花两性,心皮多数在果熟时聚集于长轴上
·· 木兰科 Magnoliaceae
54. 灌木或藤本,很少乔木;无托叶;花单性或两性,心皮多数在果时则排于 1 伸长下垂的花托上。

55. 聚合蓇葖果,开裂;花两性;乔木或直立灌木。
56. 常绿灌木;叶脉羽状;花被片多数 …………………………… 八角科 Illiciaceae
56. 落叶乔木;叶脉具 5~9 掌状脉;花被片 4 片 ………… 水青树科 Tetracentraceae
55. 聚合浆果;花单性;攀缘藤本 ……………………………… 五味子科 Schisandraceae
53. 花无花被。
57. 落叶灌木或小乔木;叶卵形,有羽状脉,叶边缘有锯齿,无托叶;花两性或杂性,在叶腋中丛生;翅果无毛,有柄 ………………………………………… 领春木科 Eupteleaceae
57. 落叶乔木;叶广阔,掌状分裂,叶缘有缺刻或大锯齿;有托叶围茎成鞘,易脱落;花单性,雌雄同株,分别聚成球形头状花序;小坚果,围以长柔毛,无柄
  ……………………………………………………………… 悬铃木科 Platanaceae
52. 草本或少数为亚灌木,有时为攀缘性。
58. 胚珠倒生或直生。
59. 叶片多少有些分裂或为复叶;无托叶或极微小;有花被(花萼);胚珠倒生;花单生或成各种类型的花序 ……………………………………… 毛茛科 Ranunculaceae
59. 叶为全缘单叶;有托叶;无花被;胚珠直生;花成穗形总状花序
  ……………………………………………………………… 三白草科 Saururaceae
58. 胚珠常弯生;叶为全缘单叶 ……………………………… 商陆科 Phytolaccaceae
49. 每花仅有 1 枚复合雌蕊或单雌蕊,心皮有时于成熟后各自分离。
60. 子房下位或半下位。
61. 草本。
62. 水生或小型沼泽植物。
63. 花柱 2 个或更多;叶片(尤其沉没水中的)常成羽状细裂或为复叶
  ……………………………………………………………… 小二仙草科 Haloragidaceae
63. 花柱 1 个;叶为线形全缘单叶 …………………………… 杉叶藻科 Hippuridaceae
62. 陆生草本。
64. 寄生性肉质草本,无绿叶。
65. 花单性,雌花常无花被;无珠被及种皮 ………………… 蛇菰科 Balanophoraceae
65. 花杂性,有一层花被,两性花有 1 雄蕊;有珠被及种皮 … 锁阳科 Cynomoriaceae
64. 非寄生性植物,或于百蕊草属 Thesium 为半寄生性,但均有绿叶。
66. 叶对生,叶形宽广而有锯齿缘 …………………………… 金粟兰科 Chloranthaceae
66. 叶互生,叶片窄而细长 ………………………… 檀香科 Santalaceae(百蕊草属 Thesium)
61. 灌木或乔木。
67. 子房 3~10 室。
68. 坚果 1~2 枚,同生在一个木质且可裂为四瓣的壳斗中
  ……………………………………………………… 壳斗科 Fagaceae(水青冈属 Fagus)
68. 核果,不生在壳斗里;花杂性,形成球形的头状花序,花序下承以白色、大形叶状苞片 2~3 枚 ……………………………………………………… 珙桐科 Davidiaceae
67. 子房 1 室或 2 室,或在铁青树科的青皮木属 Schoepfia 中,子房的基部可以为 3 室。
69. 花柱 2 枚。
70. 蒴果,2 瓣开裂 ………………………………………… 金缕梅科 Hamamelidaceae

70. 果实呈核果状,或蒴果状的瘦果,不裂开 ················ 鼠李科 Rhamnaceae
69. 花柱 1 枚或无花柱。
71. 叶片下面及枝条多少有些具皮屑状或鳞片状的附属物 ··· 胡颓子科 Elaeagnaceae
71. 叶片下面及枝条无皮屑状或鳞片状的附属物。
72. 叶缘有锯齿或圆锯齿,稀可在荨麻科紫麻属 Oreocnide 中有全缘者。
73. 叶对生,具羽状脉;雄花裸露,有雄蕊 1~3 枚 ············ 金粟兰科 Chloranthaceae
73. 叶互生,大都于叶基具三出脉;雄花具花被及雄蕊 4 枚(稀可 3 或 5 枚) ················· 荨麻科 Urticaceae
72. 叶全缘,互生或对生。
74. 植物体寄生在木本植物的树干或枝条上;果实呈浆果状 ················· 桑寄生科 Loranthaceae
74. 植物体大都陆生,或有时可为寄生性;果实呈坚果状或核果状;胚珠 1~5 枚。
75. 花多为单性;基底胎座 ················ 檀香科 Santalaceae
75. 花两性或单性,雄蕊 4 或 5 枚,和花萼裂片同数且对生;胚珠悬垂于中央胎座的顶端 ················· 铁青树科 Olacaceae
60. 子房上位,如有花萼时,和它相分离,或在紫茉莉科和胡颓子科中,果实成熟时,子房为宿存萼筒所包围。
76. 托叶鞘围抱茎的各节;草本,稀可为灌木 ················ 蓼科 Polygonaceae
76. 无托叶鞘,悬铃木科有托叶鞘,但易脱落。
77. 草本,或有时在藜科及紫茉莉科中为亚灌木。
78. 无花被。
79. 子房 1 室,内仅有 1 个基生胚珠 ············ 胡椒科 Piperaceae(胡椒属 *Piper*)
79. 子房 3 或 2 室。
80. 水生植物,无乳汁;子房 2 室,每室内含 2 个胚珠 ······ 水马齿科 Callitrichaceae
80. 陆生植物,有乳汁;子房 3 室,每室内仅含 1 个胚珠 ······ 大戟科 Euphorbiaceae
78. 有花被,当花为单性时,特别是雄花多具有花被。
81. 花萼呈花瓣状,且合生成管状。
82. 花有总苞,有时这种总苞类似花萼 ················ 紫茉莉科 Nyctaginaceae
82. 花无总苞。
83. 胚珠 1 枚,生子房的近顶端处 ············ 瑞香科 Thymelaeaceae
83. 胚珠多数,生特立中央胎座上 ············ 报春花科 Primulaceae(海乳草属 *Glaux*)
81. 花萼不为上述情形。
84. 雄蕊周位,即位于花盘或花被上。
85. 叶互生,羽状复叶,有草质的托叶;花无膜质苞片;瘦果 ················· 蔷薇科 Rosaceae(地榆族 *Sanguisorbieae*)
85. 叶对生,或在蓼科冰岛蓼属 Koenigia 为互生,单叶,无草质托叶;花有膜质苞片。
86. 花被片和雄蕊各为 5 或 4 枚,对生;囊果;托叶膜质 ······ 石竹科 Caryophyllaceae
86. 花被片和雄蕊各为 3 枚,互生;坚果;无托叶 ················· 蓼科 Polygonaceae(冰岛蓼属 *Koenigia*)
84. 雄蕊下位,即位于子房下。

87. 花柱或花柱的分枝为 2 或数枚,内侧常为柱头面。
88. 子房常为 7~13 枚心皮连合而成 ………………………………… 商陆科 Phytolaccaceae
88. 子房常为 2~3 枚(或 5 枚)心皮连合而成。
89. 子房 3 室,稀可 2 或 4 室 ………………………………………… 大戟科 Euphorbiaceae
89. 子房 1 或 2 室。
90. 叶为掌状复叶或为单叶而具掌状脉,并有宿存托叶 ……… 大麻科 Cannabiaceae
90. 叶为单叶而具羽状脉,或稀可为掌状脉而无托叶,也可在藜科中叶退化成鳞片或为肉质而形如圆筒。
91. 花有草质而带绿色或灰绿色的花被及苞片 ……………………… 藜科 Chenopodiaceae
91. 花有干膜质而常有色泽的花被及苞片 …………………………… 苋科 Amaranthaceae
87. 花柱 1 枚,通常其顶端有柱头,也可无花柱。
92. 花两性。
93. 雌蕊为单心皮;花萼由 2~3 个膜质且宿存的萼片而成;雄蕊 2~3 枚
 …………………………………………………………………………… 星叶科 Circaeasteraceae
93. 雌蕊由 2 个合生心皮而成。
94. 萼片 2 枚;雄蕊多数 ………………… 罂粟科 Papaveraceae(博落回属 *Macleaya*)
94. 萼片 4 枚;雄蕊 2 或 4 枚 ……………… 十字花科 Cruciferae(独行菜属 *Lepidium*)
92. 花单性。
95. 沉没于淡水中的水生植物;叶细裂成丝状 ………………… 金鱼藻科 Ceratophyllaceae
95. 陆生植物;叶不细裂成丝状 ……………………………………… 荨麻科 Urticaceae
77. 木本植物或亚灌木。
96. 耐寒、旱的灌木,或在藜科的梭梭属 Haloxylon 为乔木;叶微小,细长或呈鳞片状,有时(如藜科)为肉质而成圆筒形或半圆筒形。
97. 花无膜质苞片;雄蕊下位;叶互生或对生;无托叶;枝条常有关节
 ……………………………………………………………………………… 藜科 Chenopodiaceae
97. 花有膜质苞片;雄蕊周位;叶对生,基部常互相连合;有膜质托叶;枝条无关节
 ……………………………………………………………………………… 石竹科 Caryophyllaceae
96. 不是上述的植物;叶片矩圆形或披针形,或宽广至圆形。
98. 果实及子房均为 2 至数室。
99. 花通常为两性。
100. 萼片 4 或 5 片,稀可 3 片,呈覆瓦状排列。
101. 雄蕊 4 枚,有 4 室的蒴果 ……………………………………… 水青树科 Tetracentraceae
101. 雄蕊多数,浆果状核果 …………………………………………… 大戟科 Euphorbiaceae
100. 萼片多为 5 片,呈镊合状排列。
102. 雄蕊多数,具刺的蒴果 ……………………………………… 杜英科 Elaeocarpaceae
102. 雄蕊和萼片同数;核果或坚果。
103. 雄蕊和萼片对生,各为 3~6 枚 ………………………………… 铁青树科 Olacaceae
103. 雄蕊和萼片互生,各为 4 或 5 枚 ……………………………… 鼠李科 Rhamnaceae
99. 花单性(雌雄同株或异株)或杂性。
104. 果实为核果、坚果状或有齿的蒴果;种子无胚乳或有少量的胚乳。

105. 雄蕊常 8 枚;果为坚果状或为有翅的蒴果;羽状复叶或单叶
.... 无患子科 Sapindaceae
105. 雄蕊 5 或 4 枚,且和萼片互生;核果有 2~4 枚小核;单叶
.... 鼠李科 Rhamnaceae(鼠李属 *Rhamnus*)
104. 果实多呈蒴果状,无翅;种子常有胚乳。
106. 果实为具 2 室开裂的蒴果,有木质或革质的外种皮及角质的内果皮
.... 金缕梅科 Hamamelidaceae
106. 果实即使为蒴果时,也不象上述情形。
107. 胚珠具腹脊;果实多为胞间裂开的蒴果或其他类型 ······ 大戟科 Euphorbiaceae
107. 胚珠具背脊;果实为胞背裂开的蒴果,或有时呈核果状 ········ 黄杨科 Buxaceae
98. 果实及子房均为 1 或 2 室。
108. 花萼具显著的萼筒,且常呈花瓣状。
109. 叶无毛或下面有柔毛;萼筒整个脱落 ···················· 瑞香科 Thymelaeaceae
109. 叶下面及幼嫩枝条具银白色或棕色鳞片或鳞毛;萼筒或其下部永久宿存,当果实成熟时,变为肉质而紧密包着子房 ···················· 胡颓子科 Elaeagnaceae
108. 花萼不是上述情形,或无花被。
110. 花药以 2 或 4 舌瓣裂开 ································· 樟科 Lauraceae
110. 花药不以舌瓣裂开。
111. 叶对生。
112. 果实为具有双翅或呈圆形的翅果 ···················· 槭树科 Aceraceae
112. 果实为具有单翅而呈细长矩圆形的翅果 ············ 木犀科 Oleaceae
111. 叶互生。
113. 叶为羽状复叶。
114. 花两性或杂性 ································· 无患子科 Sapindaceae
114. 花单性,雌雄异株 ·············· 漆树科 Anacardiaceae(黄连木属 *Pistacia*)
113. 叶为单叶。
115. 花均无花被。
116. 木质藤本;叶全缘;花两性或杂性,成紧密的穗状花序
.... 胡椒科 Piperaceae(胡椒属 *Piper*)
116. 乔木;叶缘有锯齿或缺刻;花单性。
117. 叶宽广,具掌状脉及掌状分裂,叶缘具缺刻或大锯齿,有托叶,围茎成鞘,但易脱落;雌雄同株,雌雄花分别成球形的头状花序,雌蕊为单心皮而成;小坚果为倒圆锥形,有棱角,无翅,无梗,围以长柔毛 ···················· 悬铃木科 Platanaceae
117. 叶椭圆形至卵形,具羽状脉及锯齿缘,无托叶;雌雄异株,雄花聚成疏松有苞片的簇丛,雌花单生于苞片的腋内,雌蕊为 2 枚心皮而成;小坚果扁平,有翅,有柄,无毛
.... 杜仲科 Eucommiaceae
115. 花常有花萼,尤其雄花多具有花萼。
118. 植物体内有乳汁 ·· 桑科 Moraceae
118. 植物体内无乳汁。
119. 花柱或其分枝 2 或数枚。

120. 花单性,雌雄异株或有时为同株;叶全缘或具波状齿。
121. 矮小灌木或亚灌木;果实干燥,包藏于具有长柔毛而互相连合成双角状的 2 苞片中;胚体弯曲如环 ·················· 藜科 Chenopodiaceae(驼绒藜属)
121. 乔木或灌木;果实呈核果状,常为 1 室含 1 种子,不包藏于苞片内;胚体直。
122. 雄蕊 2~5(∞)枚;胚大,仅稍短于胚乳 ·················· 大戟科 Euphorbiaceae
122. 雄蕊 5~18 枚;胚小,仅位于种子顶端 ·················· 交让木科 Daphniphyllaceae
120. 花两性或单性;叶缘大多具有锯齿或具齿裂,稀可全缘。
123. 雄蕊多数 ·················· 大风子科 Flacourtiaceae
123. 雄蕊 10 枚或较少。
124. 子房 2 室,每室有 1 枚至数枚胚珠;果实为木质蒴果 ·················· 金缕梅科 Hamamelidaceae
124. 子房 1 室,仅含 1 枚胚珠;果实不是木质蒴果 ·················· 榆科 Ulmaceae
119. 花柱 1 枚,或可有时(如荨麻属)缺花柱而柱头呈画笔状。
125. 叶缘有锯齿;子房为 1 枚心皮而成。
126. 花生于当年新枝上;雄蕊多数 ·················· 蔷薇科 Rosaceae(臭樱属 *Maddenia*)
126. 花生于老枝上;雄蕊和萼片同数 ·················· 荨麻科 Urticaceae
125. 叶全缘或边缘有锯齿;子房为 2 个以上连合心皮所成。
127. 果实呈核果状,内有 1 枚种子 ·················· 铁青树科 Olacaceae
127. 果实呈浆果状,内含数枚至 1 枚种子 ·················· 大风子科 Flacourtiaceae(柞木属 *Xylosma*)
2. 花具花萼也具花冠,或有两层以上的花被片,有时花冠可为蜜腺叶所代替。
128. 花冠常为离生的花瓣所组成。
129. 成熟雄蕊(或单体雄蕊的花药)多在 10 个以上,通常多数,或其数超过花瓣的 2 倍。
130. 花萼和 1 个或更多的雌蕊多少有些互相愈合,即子房下位或半下位。
131. 水生草本植物;子房多室 ·················· 睡莲科 Nymphaeaceae
131. 陆生植物;子房 1 至数室,也可心皮为 1 至数枚。
132. 植物体具肥厚的肉质茎,多有刺,常无真正的叶片 ·················· 仙人掌科 Cactaceae
132. 植物体为普通形态,不呈仙人掌状,有真正的叶片。
133. 草本植物或稀可为亚灌木。
134. 花单性,雌雄同株;花鲜艳,多成腋生聚伞花序;子房 2-4 室 ·················· 秋海棠科 Begoniaceae
134. 花常两性。
135. 叶基生或茎生,呈心形,不为肉质;花为三处出数 ·················· 马兜铃科 Aristolochiaceae
135. 叶茎生,不呈心形,多少有些肉质,或为圆柱形;花不为三出数。
136. 花萼裂片常为 5 个,叶状;蒴果 5 室或更多室,在顶端呈放射状裂开 ·················· 番杏科 Aizoaceae
136. 花萼裂片 2 个;蒴果 1 室,盖裂 ·················· 马齿苋科 Portulacaceae(马齿苋属 *Portulaca*)
133. 乔木或灌木,有时以气生小根而攀缘。

137. 叶通常对生,或在石榴科的石榴属 Punica 中有时可互生。
138. 叶缘常有锯齿或全缘;花序(除山梅花族 Philadelpheae 外)常有不孕的边缘花 ·· 虎耳草科 Saxifragaceae
138. 叶全缘;花序无不孕花。
139. 叶为脱落性;花萼呈朱红色或黄绿色 ······ 石榴科 Punicaceae(石榴属 *Punica*)
139. 叶为常绿性,叶片中有腺体微点;花萼不呈朱红色或黄绿色;胚珠每室多数 ·· 桃金娘科 Myrtaceae
137. 叶互生。
140. 花瓣为细长形,花后相向外翻转 ··············· 八角枫科 Alangiaceae
140. 花瓣不为细长形,或即使为细长形时,花后也不向外翻转。
141. 叶无托叶;果实呈核果状,其形歪斜 ············ 山矾科 Symplocaceae
141. 叶有托叶;果实为肉质或木质假果 ·········· 蔷薇科 Rosaceae(梨亚科)
130. 花萼和 1 个或更多的雌蕊相分离,即子房上位。
142. 花为周位花。
143. 叶对生或轮生,有时上部者可互生,但均为全缘,单叶;花瓣常于花蕾中呈皱折状 ·· 千屈菜科 Lythraceae
143. 叶互生,单叶或副业;花瓣在花蕾中不呈皱折状。
144. 花瓣镊合状排列;果实为荚果;叶多为二回羽状复叶,有时叶片退化,而叶柄发育为叶状柄;心皮 1 枚 ·· 含羞草科 Mimosaceae
144. 花瓣覆瓦状排列;果实为核果、蓇葖果或瘦果;叶为单叶或复叶;心皮 1 枚至多数 ·· 蔷薇科 Rosaceae
142. 花为下位花,或至少在果实时花托扁平或隆起。
145. 雌蕊少数至多数,互相分离或微有连合。
146. 水生植物。
147. 叶片呈盾状,全缘 ································· 睡莲科 Nymphaeaceae
147. 叶片不呈盾状,多少有些分裂或为复叶 ············ 毛茛科 Ranunculaceae
146. 陆生植物。
148. 茎为攀缘性。
149. 草质藤本。
150. 花显著,为两性花 ······························ 毛茛科 Ranunculaceae
150. 花小形,为单性,雌雄异株 ···················· 防己科 Menispermaceae
149. 木质藤本,或为蔓生灌木。
151. 心皮多数,结果时聚生成一球状的肉质体或散布于极延长的花托上 ·· 五味子科 Schisandraceae
151. 心皮 3~6 枚,果为核果或核果状 ············ 防己科 Menispermaceae
148. 茎直立,不为攀缘性。
152. 雄蕊的花丝连成单体 ································· 锦葵科 Malvaceae
152. 雄蕊的花丝相互分离。
153. 草本植物,稀可为灌木或小灌木;叶片多少有些分裂或为复叶。
154. 叶无托叶;种子有胚乳。

155. 心皮为肉质花盘所包围或几乎将其覆盖;雄蕊多数,离心式发育;种子具假种皮;聚合蓇葖果显著分离;花形大而美丽 ············· 芍药科 Paeoniaceae
155. 无花盘;雄蕊向心式发育;种子无假种皮;聚合瘦果,极稀为浆果状
·············· 毛茛科 Ranunculaceae
154. 叶多有托叶;种子无胚乳 ············· 蔷薇科 Rosaceae
153. 木本植物;叶片全缘或边缘有锯齿,也有稀为分裂者。
156. 有托叶;心皮螺旋状排列在伸长的花托上;果实为蓇葖或翅果
·············· 木兰科 Magnoliaceae
156. 无托叶;心皮轮状排列;果实为蓇葖果 ············· 八角科 Illiciaceae
145. 雌蕊1个,但花柱或柱头为1至多数。
157. 叶片中具透明微点。
158. 叶互生,羽状复叶或退化为仅有1顶生小叶 ············· 芸香科 Rutaceae
158. 叶对生,单叶 ············· 藤黄科 Guttiferae
157. 叶片中无透明微点。
159. 子房单纯,仅有1枚心皮,具1子房室。
160. 乔木或灌木;花瓣镊合状排列;果实为荚果 ············· 含羞草科 Mimosaceae
160. 草本植物;花瓣呈覆瓦状排列;果实不为荚果。
161. 花为五出数;蓇葖果 ············· 毛茛科 Ranunculaceae
161. 花为三出数;浆果 ············· 小檗科 Berberidaceae
159. 子房为复合性,具2枚以上心皮。
162. 子房1室,或在马齿苋科土人参属 Talinum 中子房基部为3室。
163. 特立中央胎座;草本植物;子房的基部3室,有多数胚珠
············· 马齿苋科 Portulacaceae(土人参属 Talinum)
163. 侧膜胎座。
164. 灌木或乔木(在半日花科中常为亚灌木或草本植物);子房柄不存在或极短。
165. 叶对生;萼片不相等;外面2片较小,或有时退化,内面3片较大,呈螺旋状排列
·············· 半日花科 Cistaceae
165. 叶常互生;萼片相等,呈覆瓦状或镊合状排列 ············· 大风子科 Flacourtiaceae
164. 草本植物,如为木本植物时,则具有显著的子房柄。
166. 植物体内含乳汁;萼片2~3个 ············· 罂粟科 Papaveraceae
166. 植物体不含乳汁;萼片4个 ············· 白花菜科 Capparidaceae
162. 子房2室至多室,或为不完全的2至多室。
167. 萼片于花蕾内呈镊合状排列。
168. 雄蕊互相分离或连成数束。
169. 花药以顶端2孔裂开 ············· 杜英科 Elaeocarpaceae
169. 花药纵长裂开 ············· 椴树科 Tiliaceae
168. 雄蕊连为单体,至少内层者如此,并且多少有些连成管状。
170. 花单性;萼片2或3片 ············· 大戟科 Euphorbiaceae(油桐属 Vernicia)
170. 花常两性;萼片多5片,稀可较少。
171. 花药2室 ············· 梧桐科 Sterculiaceae

171. 花药 1 室;花粉粒表面有刺 ·················· 锦葵科 Malvaceae
167. 萼片于花蕾内呈覆瓦状或旋转状排列,或有时近于呈镊合状排列。
172. 花单性,雌雄同株或可异株;果实为蒴果,由 2~4 枚各自裂为 2 瓣的离果所成
··· 大戟科 Euphorbiaceae

172. 花常两性,或在猕猴桃科的猕猴桃属 Actinida 中为杂性或雌雄异株;果实为其他情形。
173. 雄蕊排列成二层,外层 10 个和花瓣对生,内层 5 个和萼片对生
··················· 蒺藜科 Zygophyllaceae(骆驼蓬属 *Peganum*)
173. 雄蕊的排列为其他情形。
174. 植物体呈耐寒旱状;叶为全缘单叶。
175. 叶对生或上部者互生;萼片 5 片,互不相等,外面 2 片较小或有时退化,内面 3 片较大,成旋转状排列,宿存;花瓣早落 ··················· 半日花科 Cistaceae
175. 叶互生;萼片 5 片,大小相等;花瓣宿存;在内侧基部各有 2 舌状物
··················· 柽柳科 Tamaricaceae(红砂属 *Reaumuria*)
174. 植物体不呈耐寒旱状;叶常互生;萼片 2~5 片,彼此相等,呈覆瓦状或稀可呈镊合状排列。
176. 草本或木本植物;花为四出数,或其萼片多为 2 片且早落。
177. 植物体内含乳汁;无或有极短子房柄;种子具丰富胚乳
··· 罂粟科 Papaveraceae
177. 植物体内不含乳汁;有细长的子房柄;种子无或有少量胚乳
··· 白花菜科 Capparidaceae
176. 木本植物;花常为五出数,萼片宿存或脱落。
178. 果实为具 5 个棱角的的蒴果,分成 5 个骨质各含 1 或 2 粒种子的心皮后,再各沿其缝线而 2 瓣裂开 ··············· 蔷薇科 Rosaceae(白鹃梅属 *Exochorda*)
178. 果实不为蒴果,如为蒴果时则为胞背裂开。
179. 蔓生或攀缘的灌木;雄蕊相互分离;资方 5 室或更多室;浆果,常可食
··· 猕猴桃科 Actinidiaceae
179. 直立乔木或灌木;雄蕊离生或合生;子房 3~5 室;蒴果、浆果状蒴果或浆果
··· 山茶科 Theaceae
129. 成熟雄蕊 10 个或较少,如多于 10 个时,其数并不超过花瓣的 2 倍。
180. 成熟雄蕊和花瓣同数,并且与花瓣对生。
181. 雌蕊 3 枚至多数,离生。
182. 直立草本或亚灌木;花两性,5 基数
··················· 蔷薇科 Rosaceae(地蔷薇属 *Chamaerhodos*)
182. 木质或草质藤本;花单性,常为 3 基数。
183. 叶常为单叶;花小型;核果;心皮 3~6 枚,呈轮状排列,各含 1 枚胚珠
··· 防己科 Menispermaceae
183. 叶为掌状复叶,羽状复叶或由 3 片小叶组成;花中型;浆果;心皮 3 枚至多数,轮状或螺旋状排列,各含 1 枚或多数胚珠。

184. 花单性;心皮极多数,螺旋状排列,各含 1 枚胚珠;叶具 3 片小叶,基部不对称 ………………………………………………………………… 大血藤科 Sargentodoxaceae
184. 花两性或单性;心皮 3 至多数,轮状排列,各含多数胚珠;叶为掌状复叶、羽状复叶或具 3 片小叶 ………………………………………… 木通科 Lardizabalaceae
181. 雌蕊 1 枚。
185. 子房 2 至数室。
186. 花萼裂齿不明显或微小;以卷须缠绕他物的木质或草质藤本 ………………………………………………………………………………… 葡萄科 Vitaceae
186. 花萼具 4~5 裂片;乔木、灌木或草本植物,有时虽也可为缠绕性,但无卷须。
187. 雄蕊合生成单体;每子房室内含胚珠 2~6 个 ………… 梧桐科 Sterculiaceae
187. 雄蕊互相分离,或稀可在其下部合生成一管。
188. 叶无托叶;萼片各不相等,呈覆瓦状排列;花瓣不相等,在内层的 2 片常很小 ………………………………………………………………………… 清风藤科 Sabiaceae
188. 叶常有托叶;萼片同大,呈镊合状排列;花瓣相等 ………… 鼠李科 Rhamnaceae
185. 子房 1 室,或在马齿苋科土人参属 Talinum 中子房基部为 3 室。
189. 子房下位或半下位;叶多对生或轮生,全缘;浆果或核果 ………………………………………………………………………… 桑寄生科 Loranthaceae
189. 子房上位。
190. 花药以舌瓣裂开 ………………………………………… 小檗科 Berberidaceae
190. 花药不以舌瓣裂开。
191. 缠绕草本;胚珠 1 枚;叶肥厚,肉质 ………………… 落葵科 Basellaceae
191. 直立草本,或有时为木本;胚珠 1 至多数。
192. 花瓣 6~9 片;雌蕊单纯 ………………………… 小檗科 Berberidaceae
192. 花瓣 4~5 片;雌蕊复合。
193. 花瓣 4 片;侧膜胎座 ………… 罂粟科 Papaveraceae(角茴香属 Hypecoum)
193. 花瓣常 5 片;基底胎座 ………………………… 马齿苋科 Portulacaceae
180. 成熟雄蕊和花瓣不同数,如同数时,则雄蕊与花瓣互生。
194. 花萼或其筒部和子房多少有些相连合。
195. 每子房室内含胚珠或种子 2 枚至多数。
196. 草本或亚灌木;有时为攀缘性。
197. 具卷须的攀缘草本;花单性 ………………… 葫芦科 Cucurbitaceae
197. 无卷须的植物;花常两性。
198. 萼片或花萼裂片 2 片;植物体多少肉质而多水分 ………………………………………………………… 马齿苋科 Portulacaceae(马齿苋属 Portulaca)
198. 萼片或花萼裂片 4~5 片;植物体常不为肉质。
199. 花萼裂片呈覆瓦状或镊合状排列;花柱 2 枚或更多;种子具胚乳 ………………………………………………………………… 虎耳草科 Saxifragaceae
199. 花萼裂片呈镊合状排列;花柱 1 枚,具 2~4 裂,或为 1 呈头状的柱头;种子无胚乳 ………………………………………………………………… 柳叶菜科 Onagraceae
196. 乔木或灌木;有时为攀缘性。

200. 叶互生。
201. 花数朵至多数成头状花序；常绿乔木；叶革质，全缘或具浅裂
 ………………………………………………………………………… 金缕梅科 Hamamelidaceae
201. 花成总状或圆锥花序。
202. 灌木；叶为掌状分裂，基部具 3~5 脉；子房 1 室，有多数胚珠；浆果
 ………………………………………………… 虎耳草科 Saxifragaceae（茶藨子属 Ribes）
202. 乔木或灌木；叶缘有锯齿或细锯齿，有时全缘，具羽状脉；子房 3~5 室，每室含 2 至数枚胚珠；核果状蒴果 …………………………………………………… 安息香科 Styracaceae
200. 叶常对生 ……………………………………………………… 虎耳草科 Saxifragaceae
195. 每子房室内仅含胚珠或种子 1 枚。
203. 果实裂开为 2 个干燥的离果，并共同悬于一果梗上，即双悬果；花序常为伞形花序（在变豆菜属 Sanicula 和鸭儿芹属 Cryptotaenia 中为不规则的花序）
 ……………………………………………………………………………… 伞形科 Umbelliferae
203. 果实不裂开，或裂开而不是上述情形；花序可为各种形式。
204. 草本植物。
205. 花柱或柱头 2~4 枚；种子具胚乳；果实为小坚果或核果，具棱角或有翅
 ……………………………………………………………………… 小二仙草科 Haloragidaceae
205. 花柱 1 枚，具有 1 头状或呈 2 裂的柱头；种子无胚乳。
206. 陆生草本植物，具对生叶；花为二出数；果实为一具钩状刺毛的坚果
 ………………………………………………… 柳叶菜科 Onagraceae（露珠草属 Circaea）
206. 水生草本植物，有聚生而漂浮水面的叶片；花为四出数；果实为具 2~4 刺的坚果（栽培种果实可无明显刺）……………………………… 菱科 Trapaceae（菱属 Trapa）
204. 木本植物。
207. 果实干燥或为蒴果状。
208. 子房 2 室；花柱 2 枚 ……………………………………… 金缕梅科 Hamamelidaceae
208. 子房 1 室；花柱 1 枚；花序头状
 ……………………………………………… 蓝果树科 Nyssaceae（喜树属 Camptotheca）
207. 果实核果状或浆果状。
209. 叶互生或对生；花瓣呈镊合状排列；花序有各种型式，但稀为伞形或头状，有时可生于叶片上。
210. 花瓣 3~5 片，卵形至披针形；花药短 ………………………… 山茱萸科 Cornaceae
210. 花瓣 4~10 片，狭窄形并向外翻转；花药 3 个长 ………… 八角枫科 Alangiaceae
209. 叶互生；花瓣呈覆瓦状或镊合状排列；花序常为伞形、头状、总状或穗状
 …………………………………………………………………………… 五加科 Araliaceae
194. 花萼和子房相分离。
211. 叶片中有透明微点。
212. 花整齐，稀可两侧对称；果实不为荚果 …………………………… 芸香科 Rutaceae
212. 花整齐或不整齐；果实为荚果。
213. 花辐射对称，花瓣镊合状排列，雄蕊多数 ……………… 含羞草科 Mimosaceae

213. 花两侧对称,花瓣覆瓦状排列,雄蕊 10 枚。
 214. 花冠假蝶形,上升覆瓦状排列,旗瓣在最内侧;雄蕊分离
  ………………………………………………… 苏木科 Caesalpiniaceae
 214. 花冠蝶形,下降覆瓦状排列,旗瓣在最外侧,龙骨瓣基部结合;二体雄蕊
  ………………………………………………… 蝶形花科 Papilionaceae
211. 叶片中无透明微点。
 215. 雄蕊 2 枚或更多,互相分离或仅有局部的连合;也可子房分离而花柱连合成 1 枚。
  216. 多汁草本植物,具肉质的茎及叶 ………………… 景天科 Crassulaceae
  216. 植物体不为上述情形。
   217. 花为周位花。
    218. 花的各部分呈螺旋状排列,萼片逐渐变为花瓣;雄蕊 5 或 6 枚;雌蕊多数
     ………………………………………………… 蜡梅科 Calycanthaceae
    218. 花的各部分呈轮状排列,萼片和花瓣明显分化。
     219. 雌蕊 2~4 枚,各有多数胚珠;种子有胚乳;无托叶 ……… 虎耳草科 Saxifragaceae
     219. 雌蕊 2 枚至多数,各有 1 至数枚胚珠;种子无胚乳;有托叶,仅极少无托叶
      ………………………………………………… 蔷薇科 Rosaceae
   217. 花为下位花,或在悬铃木科中微呈周位。
    220. 草本或亚灌木。
     221. 各子房的花柱互相分离。
      222. 叶常互生或基生,多少有些分裂;花瓣脱落,较萼片为大
       ………………………………………………… 毛茛科 Ranunculaceae
      222. 叶对生或轮生,单叶,全缘;花瓣宿存,较萼片小 ……… 马桑科 Coriariaceae
     221. 各子房合具 1 个共同的花柱或柱头;叶为羽状复叶;花为 5 出数;花萼宿存;花中有和花瓣互生的腺体;雄蕊 10 枚 …… 牻牛儿苗科 Geraniaceae(熏倒牛属 Biebersteinia)
    220. 乔木、灌木或木质藤本。
     223. 叶为单叶。
      224. 叶对生或轮生 ………………………………… 马桑科 Coriariaceae
      224. 叶互生。
       225. 叶为脱落性,具掌状脉;叶柄基部扩张成帽状以覆盖腋芽
        ………………………………………………… 悬铃木科 Platanaceae
       225. 叶为常绿性或脱落性,具羽状脉。
        226. 乔木或灌木;有托叶;花两性,心皮多数,在果时聚集于长轴上
         ………………………………………………… 木兰科 Magnoliaceae
        226. 灌木或藤本;无托叶;花单性或两性。
         227. 果为蓇葖果,开裂;花两性;乔木或直立灌木 ……… 八角科 Illiciaceae
         227. 果由浆果状心皮组成;花单性;攀缘灌木 ……… 五味子科 Schisandraceae
     223. 叶为复叶。
      228. 叶对生 ………………………………………… 省沽油科 Staphyleaceae
      228. 叶互生。
       229. 木质藤本;叶为掌状复叶或三出复叶 ……… 木通科 Lardizabalaceae

229. 乔木或灌木;叶为羽状复叶。
　　230. 果实为1个含多数种子的浆果,状似猫屎 ……………………………………………… 木通科 Lardizabalaceae(猫儿屎属 *Decaisnea*)
　　230. 果实为离果,或在臭椿属 Ailanthus 中为翅果 …………… 苦木科 Simaroubaceae
215. 雌蕊1枚,或至少其子房为1枚。
　231. 雌蕊或子房单一,仅1室。
　　232. 果实为核果或浆果。
　　　233. 花为3出数,稀可二出数;花药以舌瓣裂开 ………………… 樟科 Lauraceae
　　　233. 花为5出或4出数;花药纵长裂开 ………… 蔷薇科 Rosaceae(扁核木属 *Prinsepia*)
　　232. 果实为蓇葖果或荚果。
　　　234. 果实为蓇葖果 ………………… 蔷薇科 Rosaceae(绣线菊亚科 *Spiraeoideae*)
　　　234. 果实为荚果。
　　　　235. 花辐射对称,花瓣镊合状排列,雄蕊多数 ………………… 含羞草科 Mimosaceae
　　　　235. 花两侧对称,花瓣覆瓦状排列,雄蕊10枚。
　　　　　236. 花冠假蝶形,上升覆瓦状排列,旗瓣在最内侧;雄蕊分离 ……………………………………………………………… 苏木科 Caesalpiniaceae
　　　　　236. 花冠蝶形,下降覆瓦状排列,旗瓣在最外侧,龙骨瓣基部结合;二体雄蕊 ……………………………………………………………… 蝶形花科 Papilionaceae
　231. 雌蕊或子房非单一,有1个以上的子房室或花柱、柱头、胎座等部分。
　　237. 子房1室或因有1假隔膜的发育而成2室,有时下部2~5室,上部1室。
　　　238. 花下位,花瓣4片,稀可更多。
　　　　239. 萼片2片。
　　　　　240. 雄蕊多数;花冠辐射对称 ………………… 罂粟科 Papaveraceae
　　　　　240. 雄蕊4或6枚;花冠两侧对称 ………………… 紫堇科 Fumariaceae
　　　　239. 萼片4到多片。
　　　　　241. 子房柄常细长,呈线状 ………………… 白花菜科 Capparidaceae
　　　　　241. 子房柄极短或不存在。
　　　　　　242. 子房由2枚心皮连合组成,常具2子房室及1假隔膜 …… 十字花科 Cruciferae
　　　　　　242. 子房由3~6枚心皮连合组成,仅1子房室 ………… 瓣鳞花科 Frankeniaceae
　　　238. 花周位或下位,花瓣3到多片,稀可2片或更多。
　　　　243. 每子房室内仅有胚珠1枚。
　　　　　244. 乔木,或稀为灌木;叶常为羽状复叶。
　　　　　　245. 叶常为羽状复叶,具托叶及小托叶 ……………………………………………………………… 省沽油科 Staphyleaceae(银鹊树属 *Tapiscia*)
　　　　　　245. 叶为羽状复叶或单叶,无托叶及小托叶 ………… 漆树科 Anacardiaceae
　　　　　244. 木本或草本;叶为单叶。
　　　　　　246. 乔木或灌木;叶常互生,无膜质托叶 ………………… 樟科 Lauraceae
　　　　　　246. 草本或亚灌木;叶互生或对生,具膜质托叶 ………… 蓼科 Polygonaceae
　　　　243. 每子房室内有胚珠2枚至多数。
　　　　　247. 乔木、灌木或木质藤本。

248. 花瓣及雄蕊均着生于花萼上 ······················· 千屈菜科 Lythraceae
248. 花瓣及雄蕊均着生于花托上。
   249. 核果,仅有 1 种子 ····························· 茶茱萸科 Icacinaceae
   249. 蒴果或浆果,内含 2 至多数种子。
      250. 花两侧对称;叶为全缘单叶 ················· 远志科 Polygalaceae
      250. 花辐射对称;叶为单叶或掌状分裂。
         251. 花瓣具有直立而常彼此衔接的瓣爪 ········· 海桐花科 Pittosporaceae
         251. 花瓣不具细长的瓣爪;植物体为耐寒旱性,有鳞片状或细长形的叶片
            ·· 柽柳科 Tamaricaceae
247. 草本或亚灌木。
  252. 胎座位于子房室的中央或基底。
    253. 花瓣着生于花萼的喉部 ······················· 千屈菜科 Lythraceae
    253. 花瓣着生于花托上。
      254. 萼片 2 片;叶互生,稀可对生 ················ 马齿苋科 Portulacaceae
      254. 萼片 5 或 4 片;叶对生 ···················· 石竹科 Caryophyllaceae
  252. 胎座为侧膜胎座。
    255. 花两侧对称,最外面的 1 片花瓣有距;蒴果 3 瓣裂开 ········ 堇菜科 Violaceae
    255. 花整齐或近于整齐。
      256. 植物体为耐寒旱性;花瓣内侧各有 1 舌状鳞片 ········ 瓣鳞花科 Frankeniaceae
      256. 植物体不为耐寒旱性;花瓣内侧无舌状鳞片附属物 ···· 虎耳草科 Saxifragaceae
237. 子房 2 室或更多室。
  257. 花瓣形状彼此极不相等。
    258. 每子房室内有数枚至多数胚珠。
      259. 子房 2 室 ······························· 虎耳草科 Saxifragaceae
      259. 子房 5 室 ······························· 凤仙花科 Balsaminaceae
    258. 每子房室内仅有 1 枚胚珠。
      260. 子房 3 室;雌蕊离生;叶盾状,叶缘具棱角或波纹 ······ 旱金莲科 Tropaeolaceae
      260. 子房 2 室(稀可 1 或 3 室);雄蕊合生为一单体;叶不呈盾状,全缘
            ··· 远志科 Polygalaceae
  257. 花瓣形状彼此相等或微有不等,极少为两侧对称。
    261. 雄蕊数和花瓣数既不相等,也不是它的倍数。
      262. 叶对生。
        263. 雄蕊 4~10 枚,常 8 枚;萼片及花瓣均为 5 出数,稀为 4 出数。
          264. 蒴果 ····························· 七叶树科 Hippocastanaceae
          264. 翅果 ··································· 槭树科 Aceraceae
        263. 雄蕊 2 枚,稀可 3 枚;萼片及花瓣均为 4 出数 ·········· 木犀科 Oleaceae
      262. 叶互生。
        265. 叶为单叶,多全缘,或在油桐属 Vernicia 中可具 3~7 裂片;花单性
            ·· 大戟科 Euphorbiaceae
        265. 叶为单叶或复叶;花两性或杂性。

266. 萼片为镊合状排列;雄蕊连成单体 ………………………… 梧桐科 Sterculiaceae
266. 萼片为覆瓦状排列;雄蕊离生。
267. 子房4或5室,每子房室内有8~12枚胚珠;种子具翅
………………………………………………… 楝科 Meliaceae(香椿属 *Toona*)
267. 子房常3室,每子房室内有1至数枚胚珠;种子无翅 …… 无患子科 Sapindaceae
261. 雄蕊数和花瓣数相等,或是它的倍数。
268. 每子房室内有胚珠或种子3枚至多数。
269. 叶为复叶。
270. 雄蕊合生成为单体 ………………………………… 酢浆草科 Oxalidaceae
270. 雄蕊彼此相互分离。
271. 叶互生。
272. 叶为2~3回的3出叶,或为掌状叶
………………………………… 虎耳草科 Saxifragaceae(红升麻亚族 *Astilbinae*)
272. 叶为1回羽状复叶 …………………………… 楝科 Meliaceae(香椿属 *Toona*)
271. 叶对生。
273. 叶为双数羽状复叶 ………………………………… 蒺藜科 Zygophyllaceae
273. 叶为单数羽状复叶 ………………………………… 省沽油科 Staphyleaceae
269. 叶为单叶。
274. 草本或亚灌木。
275. 花周位;花托多少有些中空。
276. 雄蕊着生于杯状花托的边缘 ……………………… 虎耳草科 Saxifragaceae
276. 雄蕊着生于杯状或管状花托的内侧 ……………… 千屈菜科 Lythraceae
275. 花下位;花托常扁平。
277. 叶对生,常全缘 ………………………………… 石竹科 Caryophyllaceae
277. 叶互生或基生,稀可对生,边缘有锯齿,或叶退化为无绿色组织的鳞片。
278. 草本或亚灌木;有托叶;萼片呈镊合状排列,脱落
………………………………………… 椴树科 Tiliaceae(田麻属 *Corchoropsis*)
278. 多年生常绿草本,或为死物寄生植物而无绿色组织;无托叶;萼片呈覆瓦状排列,宿存 ……………………………………………………… 鹿蹄草科 Pyrolaceae
274. 木本植物。
279. 花瓣常有彼此衔接或其边缘互相依附的柄状瓣爪
………………………………………………………… 海桐花科 Pittosporaceae
279. 花瓣无瓣爪,或仅具互相分离的细长柄状瓣爪。
280. 花托空凹;萼片呈镊合状或覆瓦状排列,萼管筒状或杯状。
281. 叶互生,边缘有锯齿,常绿性 ………… 虎耳草科 Saxifragaceae(鼠刺属 *Itea*)
281. 叶对生或互生,全缘,脱落性 ……………………… 千屈菜科 Lythraceae
280. 花托扁平或微凸起;萼片呈覆瓦状排列。
282. 花为四出数;果实呈浆果状;花药纵长裂开;穗状花序腋生于老枝上
………………………………………………………… 旌节花科 Stachyuraceae

282. 花为五出数；果实呈蒴果状；花药顶端孔裂；花粉粒复合，成为四合体
.... 杜鹃花科 Ericaceae
268. 每子房室内有胚珠或种子 1 或 2 枚。
283. 草本植物，有时基部呈灌木状。
284. 花单性、杂性，或雌雄异株 .... 大戟科 Euphorbiaceae
284. 花两性。
285. 萼片呈镊合状排列；果实有刺 .... 椴树科 Tiliaceae（刺蒴麻属 Triumfetta）
285. 萼片呈覆瓦状排列；果实无刺。
286. 雄蕊彼此分离；花柱互相合生 .... 牻牛儿苗科 Geraniaceae
286. 雄蕊互相合生；花柱彼此分离 .... 亚麻科 Linaceae
283. 木本植物。
287. 叶肉质，通常仅为 1 对小叶所组成的复叶 .... 蒺藜科 Zygophyllaceae
287. 叶不为上述情形。
288. 叶对生；果实由 1~2 翅果所组成 .... 槭树科 Aceraceae
288. 叶互生，如对生时，则果实不为翅果。
289. 叶为复叶。
290. 雄蕊合生为单体，花药 8~12 枚，无花丝，直接着生于雄蕊管的喉部或裂齿之间
.... 楝科 Meliaceae
290. 雄蕊各自分离。
291. 花柱 3~5 枚；叶常互生，脱落性 .... 漆树科 Anacardiaceae
291. 花柱 1 枚；叶互生或对生。
292. 叶为羽状复叶，互生；果实有各种类型 .... 无患子科 Sapindaceae
292. 叶为掌状复叶，对生；果实为蒴果 .... 七叶树科 Hippocastanaceae
289. 叶为单叶。
293. 雄蕊合生成单体，或如为 2 轮时，至少其内轮者如此。
294. 花单性；萼片或花萼裂片 2~6 片，呈镊合状或覆瓦状排列
.... 大戟科 Euphorbiaceae
294. 花两性；萼片 5 片，呈覆瓦状排列；果实呈蒴果状；子房 3~5 室，各室均可成熟
.... 亚麻科 Linaceae
293. 雄蕊各自分离。
295. 果呈蒴果状。
296. 叶互生或稀可对生；花下位 .... 大戟科 Euphorbiaceae
296. 叶对生或互生；花周位 .... 卫矛科 Celastraceae
295. 果呈核果状，有时木质化，或呈浆果状。
297. 种子无胚乳，胚体肥大而多肉质；雄蕊 10 枚 .... 蒺藜科 Zygophyllaceae
297. 种子有胚乳，胚体有时很小。
298. 花瓣呈镊合状排列；雄蕊和花瓣同数 .... 茶茱萸科 Icacinaceae
298. 花瓣呈覆瓦状排列。
299. 木质藤本；雄蕊 10 枚；子房 5 室，每室内有胚珠 2 枚
.... 猕猴桃科 Actinidiaceae（藤山柳属 Clematoclethra）

299. 常绿乔木或灌木;雄蕊 4 或 5 枚 ………………………… 冬青科 Aquifoliaceae
128. 花冠为多少有些连合的花瓣所组成。
300. 成熟雄蕊或单体雄蕊的花药数多于花冠裂片。
301. 心皮 1 枚至数枚,互相分离或大致分离。
302. 叶为单叶或有时可为羽状分裂,对生,肉质;心皮 4~5 枚;蓇葖果
……………………………………………………………… 景天科 Crassulaceae
302. 叶为二回羽状复叶,互生,不呈肉质;心皮 1 枚;荚果 …… 含羞草科 Mimosaceae
301. 心皮 2 枚或更多,合生成一复合性子房。
303. 花单性,雌雄异株,有时为杂性;雄蕊各自分离;浆果 ……… 柿树科 Ebenaceae
303. 花两性。
304. 花瓣合生成一盖状物,或花萼裂片及花瓣均可合生成为 1 或 2 层的盖状物;叶为单叶,具透明微点 ……………………………………………… 桃金娘科 Myrtaceae
304. 花瓣及花萼裂片均不合生成盖状物。
305. 每子房室中有 3 枚至多枚胚珠。
306. 雄蕊 5~10 枚,若更多,则其数也不超过花冠裂片数目的 2 倍。
307. 雄蕊合生成单体或其花丝于基部互相合生;花药纵裂;花粉粒单生。
308. 叶为复叶;子房上位;花柱 5 枚 ……………………… 酢浆草科 Oxalidaceae
308. 叶为单叶;子房下位或半下位;花柱 1 枚;乔木或灌木,常有星状毛
……………………………………………………………… 安息香科 Styracaceae
307. 雄蕊各自分离;花药顶端孔裂;花粉粒为四合型 ………… 杜鹃花科 Ericaceae
306. 雄蕊多数。
309. 萼片和花瓣常各为多数,而无显著的区分;子房下位;植物体肉质,绿色,常具棘针,而叶退化 ……………………………………………… 仙人掌科 Cactaceae
309. 萼片和花瓣常各为 5 片,而有显著的区分;子房上位。
310. 萼片呈镊合状排列;雄蕊连成单体 ……………………… 锦葵科 Malvaceae
310. 萼片呈显著的覆瓦状排列;雄蕊的基部合生成单体;花药纵长裂开;蒴果
…………………………………………………… 山茶科 Theaceae(紫茎属 Strewartia)
305. 每子房室中常仅有 1 或 2 枚胚珠。
311. 植物体常有星状毛茸 ……………………………………… 安息香科 Styracaceae
311. 植物体无星状毛茸。
312. 子房下位或半下位;果实歪斜 ………………………… 山矾科 Symplocaceae
312. 子房上位;雄蕊合生为单体;果实成熟时分裂为离果 ……… 锦葵科 Malvaceae
300. 成熟雄蕊并不多于花冠裂片,或有时因花丝的分裂则可超过。
313. 雄蕊与花冠裂片为同数且对生。
314. 果实内有数枚至多数种子。
315. 木本;果实呈浆果状或核果状 …………………………… 紫金牛科 Myrsinaceae
315. 草本;果实呈蒴果状 ……………………………………… 报春花科 Primulaceae
314. 果实内仅有 1 枚种子。
316. 子房下位或半下位。
317. 小乔木或灌木;叶互生 ………………………………… 铁青树科 Olacaceae

317. 常为半寄生性灌木;叶对生 …………………………… 桑寄生科 Loranthaceae
316. 子房上位。
318. 花两性。
319. 攀缘性草本;萼片 2;果为肉质宿存花萼所包围 …………… 落葵科 Basellaceae
319. 直立草本或亚灌木,有时为攀缘性;萼片或萼裂片 5;果为蒴果或瘦果,不为花萼所包围 ……………………………………………………………… 蓝雪科 Plumbaginaceae
318. 花单性,雌雄异株;雄蕊合生成单体;木质藤本 ……… 防己科 Menispermaceae
313. 雄蕊与花冠裂片为同数且互生,或雄蕊数较花冠裂片为少。
320. 子房下位。
321. 植物体常以卷须而攀缘或蔓生;胚珠及种子皆为水平生长于侧膜胎座上 …………………………………………………………………………… 葫芦科 Cucurbitaceae
321. 植物体直立,如为攀缘时也无卷须;胚珠及种子并不为水平生长。
322. 雄蕊互相合生。
323. 花整齐或两侧对称,成头状花序,或在苍耳属中 Xanthium 中,雌花序为一仅含 2 花的囊状总苞,其外生有钩状刺毛;子房 1 室,内仅有 1 枚胚珠 ……… 菊科 Compositae
323. 花多两侧对称,单生或成总状或伞房花序;子房 2 或 3 室,内有多数胚珠;雄蕊 5 枚,具分离的花丝及合生的花药 ………………………… 桔梗科 Campanulaceae
322. 雄蕊各自分离。
324. 雄蕊和花冠相分离或近于分离。
325. 花药顶端孔裂;花粉粒连合成四合体;灌木或亚灌木 …………………………………………………… 杜鹃花科 Ericaceae(乌饭树亚科 *Vaccinioideae*)
325. 花药纵长裂开;花粉粒单纯;多为草本;花冠整齐,子房 2~5 室,内有多数胚珠 …………………………………………………………………………… 桔梗科 Campanulaceae
324. 雄蕊着生于花冠上。
326. 雄蕊 4 或 5 枚,和花冠裂片同数。
327. 叶互生;每子房室内有多数胚珠 …………………… 桔梗科 Campanulaceae
327. 叶对生或轮生;每子房室内有 1 枚至多数胚珠。
328. 叶轮生,如为对生时,则有托叶存在 ………………… 茜草科 Rubiaceae
328. 叶对生,无托叶或稀可有明显的托叶。
329. 花序多为聚伞花序 ……………………………… 忍冬科 Caprifoliaceae
329. 花序为头状花序 …………………………………… 川续断科 Dipsacaceae
326. 雄蕊 1~4 枚,较花冠裂片为少。
330. 子房 1 室。
331. 胚珠多数,生于侧膜胎座上 ………………………… 苦苣苔科 Gesneriaceae
331. 胚珠 1 枚,垂悬于子房的顶端 …………………… 川续断科 Dipsacaceae
330. 子房 3 或 4 室,仅其中 1 或 2 室可成熟,中轴胎座。
332. 落叶或常绿灌木;叶片常全缘或边缘有锯齿 ……… 忍冬科 Caprifoliaceae
332. 陆生草本;叶片常有很多的分裂 ………………… 败酱科 Valerinaceae
320. 子房上位。
333. 子房深裂为 2~4 份;花柱或数花柱均自子房裂片之间伸出。

334. 花冠两侧对称或稀可整齐;叶对生 ································ 唇形科 Labiate
334. 花冠整齐;叶互生。
335. 花柱 2 枚;多年生匍匐性小草本;叶片呈圆肾形
·················· 旋花科 Convolvulaceae(马蹄金属 *Dichondra*)
335. 花柱 1 枚 ································ 紫草科 Boraginaceae
333. 子房完整或微有分割,或为 2 个分离的心皮所组成;花柱自子房的顶端伸出。
336. 雄蕊的花丝分裂。
337. 雄蕊 2 枚,各分为 3 裂 ···················· 紫堇科 Fumariaceae
337. 雄蕊 5 枚,各分为 2 裂 ········ 五福花科 Adoxaceae(五福花属 *Adoxa*)
336. 雄蕊的花丝单纯。
338. 花冠不整齐,常多少有些二唇状。
339. 成熟雄蕊 5 枚。
340. 雄蕊和花冠离生 ························ 杜鹃花科 Ericaceae
340. 雄蕊着生于花冠上 ······················ 紫草科 Boraginaceae
339. 成熟雄蕊 2 或 4 枚,退化雄蕊有时也可存在。
341. 每子房室内仅含 1 或 2 枚胚珠(如出现每子房室内含 2 枚胚珠时,也可在次 341 项检索)。
342. 叶对生或轮生;雄蕊 4 枚,稀可 2 枚;胚珠直立,稀可悬垂。
343. 子房 2~4 室,共有 2 枚或更多的胚珠 ············ 马鞭草科 Verbenaceae
343. 子房 1 室,仅含 1 枚胚珠 ···················· 透骨草科 Phrymataceae
342. 叶对生或基生;雄蕊 2 或 4 枚;胚珠悬垂;子房 2 室,每子房室内仅有 1 枚胚珠
·· 玄参科 Scrophulariaceae
341. 每子房室内有 2 枚至多数胚珠。
344. 子房 1 室,具侧膜胎座或中央胎座(有时可因侧膜胎座的深入而为 2 室)。
345. 草本或木本植物,不为寄生性,也不为食虫性。
346. 乔木、灌木或木质藤本;叶为单叶或复叶,对生或轮生,稀可互生;种子有翅,但无胚乳 ·································· 紫葳科 Bignoniaceae
346. 多为草本;叶为单叶,基生或对生;种子无翅,有或无胚乳
·· 苦苣苔科 Gesneriaceae
345. 草本植物,为寄生性或食虫性。
347. 植物体寄生于其他植物的根部,而无绿叶存在;雄蕊 4 枚;侧膜胎座
·· 列当科 Orobanchaceae
347. 植物体为食虫性,有绿叶存在;雄蕊 2 枚;特立中央胎座;多为水生或沼泽植物,且有具距的花冠 ······················ 狸藻科 Lentibulariaceae
344. 子房 2~4 室,具中轴胎座,或于角胡麻科中为子房 1 室而具侧膜胎座。
348. 植物体常具分泌黏液的腺体毛茸;种子无胚乳或具一薄层胚乳。
349. 子房最后成为 4 室;蒴果的果皮质薄而不延伸为长喙;油料植物
·· 胡麻科 Pedaliaceae(胡麻属 *Sesamum*)
349. 子房 1 室;蒴果的内皮坚硬而呈木质,延伸为钩状长喙;栽培花卉
·· 角胡麻科 Martyniaceae(角胡麻属 *Pooboscidea*)

348. 植物体部具上述的毛茸；子房 2 室。
350. 叶对生；种子无胚乳，位于胎座的钩状突起上 ………… 爵床科 Acanthaceae
350. 叶互生或对生；种子有胚乳，位于中轴胎座上；花冠裂片全缘或仅其先端具一凹陷；成熟雄蕊 3 或 4 枚 ………… 玄参科 Scrophulariaceae
338. 花冠整齐，或近于整齐。
351. 雄蕊数较花冠裂片为少。
352. 子房 2~4 室，每室内仅含 1 或 2 枚胚珠。
353. 雄蕊 2 枚 ………… 木犀科 Oleaceae
353. 雄蕊 4 枚 ………… 马鞭草科 Verbenaceae
352. 子房 1 或 2 室，每室内有数枚至多数胚珠。
354. 雄蕊 2 枚；每子房室内有 4~10 枚胚珠垂悬于室的顶端
………… 木犀科 Oleaceae(连翘属 *Forsythia*)
354. 雄蕊 4 或 2 枚；每子房室内有多数胚珠着生于中轴或侧膜胎座上。
355. 子房 1 室，内具分歧的侧膜胎座，或因胎座深入而使子房成 2 室
………… 苦苣苔科 Gesneriaceae
355. 子房为完全的 2 室，内具中轴胎座。
356. 花冠于花蕾中常折迭；子房 2 心皮的位置偏斜 ………… 茄科 Solanaceae
356. 花冠于花蕾中不折迭，而呈覆瓦状排列；子房的 2 心皮位于前后方
………… 玄参科 Scrophulariaceae
351. 雄蕊与花冠裂片同数。
357. 子房 2 枚，或为 1 枚而成熟后呈双角状。
358. 雄蕊各自分离；花粉粒彼此分离 ………… 夹竹桃科 Apocynaceae
358. 雄蕊相互连合；花粉粒连成花粉块 ………… 萝藦科 Asclepiadaceae
357. 子房 1 枚，不呈双角状。
359. 子房 1 室或因 2 侧膜胎座的深入而成 2 室。
360. 子房为 1 枚心皮所成。
361. 花显著，呈漏斗形而簇生；瘦果，有棱或有翅
………… 紫茉莉科 Nyctaginaceae(紫茉莉属 *Mirabilis*)
361. 花小型而形成球形的头状花序；荚果，成熟后裂为仅含 1 种子的节荚
………… 含羞草科 Mimosaceae
360. 子房为 2 枚以上连合心皮所成。
362. 乔木或小乔木；核果，内有 1 枚种子 ………… 茶茱萸科 Icacinaceae
362. 陆生或漂浮水面的草本；蒴果，内有少数或多数种子。
363. 叶互生或根生 ………… 睡菜科 Menyanthaceae
363. 叶对生或近轮生 ………… 龙胆科 Gentianaceae
359. 子房 2~10 室。
364. 无绿叶，缠绕性寄生植物 ………… 菟丝子科 Cuscutaceae
364. 有绿叶，非缠绕性寄生植物。
365. 叶常对生，且多在两叶之间具有托叶所组成的连接线或附属物；植株被覆腺体状星状毛或鳞片 ………… 醉鱼草科 Buddlejaceae

365. 叶常互生,或有时基生,如为对生时,在两叶之间也不具有托叶所组成的连系物,有时其叶也可轮生。

366. 雄蕊和花冠离生或近于离生。

367. 灌木或亚灌木;花药顶孔开裂;花粉粒为四合体;子房常 5 室 ··· 杜鹃花科 Ericaceae

367. 一年生或多年生草本,常为缠绕性;花药纵长裂开;花粉粒单纯;子房常 3~5 室 ··· 桔梗科 Campanulaceae

366. 雄蕊着生于花冠的筒部。

368. 雄蕊 4 枚,稀可在冬青科中为 5 枚或更多。

369. 无主茎的草本,具由少数至多数花朵所形成的穗状花序生于一基生花葶上 ··· 车前科 Plantaginaceae

369. 乔木、灌木或具有主茎的草本。

370. 叶互生,多常绿 ············ 冬青科 Aquifoliaceae(冬青属 Ilex)

370. 叶对生或轮生。

371. 子房 2 室,每室内有多数胚珠 ············ 玄参科 Scrophulariaceae

371. 子房 2 室至多室,每室内有 1 或 2 枚胚珠 ············ 马鞭草科 Verbenaceae

368. 雄蕊常 5 枚,稀可更多。

372. 每子房室内仅有 1 或 2 枚胚珠。

373. 果实为 4 枚小坚果,稀为含 1~4 枚种子的核果;花冠有明显的裂片,并在花蕾中呈覆瓦状或旋转状排列;叶全缘或有锯齿;通常均为直立木本或草本,多粗糙或具刺毛 ··· 紫草科 Boraginaceae

373.果为蒴果;花瓣完整或具裂片;叶全缘或具裂片,但无锯齿缘。

374.通常为缠绕性稀可为直立草本,或为半木质攀缘植物至大型木质藤本;萼片多分离;花冠常完整而几无裂片,在花蕾中呈旋转状排列,也可有时深裂而其裂片成内折的镊合状排列 ··· 旋花科 Convolvulaceae

374.通常均为直立草本;萼片合生成钟形或筒状;花冠有明显的裂片,唯于花蕾中也成旋转状排列 ··· 花荵科 Polemoniaceae

372.每子房室内有多数胚珠,或花荵科中有时为 1 至数个;多无托叶。

375.高山区生长的耐寒旱性低矮多年生草本或丛生亚灌木;叶多小型,常绿,紧密排列成覆瓦状或莲座式;无花盘;花单生至聚集成几为头状花序;花冠裂片成覆瓦状排列;子房 3 室;花柱 1 枚;柱头 3 裂;蒴果,室背开裂 ············ 岩梅科 Diapensiaceae

375.草本或木本,不为耐寒旱性;叶常为大型或中型,脱落,疏松排列而各自展开;花多有位于子房下方的花盘。

376.花冠裂片呈旋转状排列;单叶,或在花荵属 Polemonium 为羽状分裂或羽状复叶;子房 3 室(稀 2 室);花柱 1 枚,柱头 3 裂;蒴果室背开裂 ············ 花荵科 Polemoniaceae

376.花冠裂片呈镊合状或覆瓦状排列,或花冠在花蕾中折迭,且成旋转状排列;花萼常宿存;子房 2 室,稀为假隔膜隔成 3~5 室;花柱 1 枚,柱头完整或 2 裂;浆果,或为纵裂或横裂的蒴果 ··· 茄科 Solanaceae

1. 子叶 1 枚;茎无中央髓部,也无呈年轮状的生长;叶多具平行叶脉;花为三出数,有时为四出数,但极少为五出数 ……………………………………（单子叶植物纲 Monocotyledoneae）。

377. 木本植物,植物体呈棕榈状(即主干单一,叶大而坚硬,掌状或羽状,多丛生于干顶);叶于芽中呈折迭状;大型圆锥或穗状花序,托以佛焰状苞片 ……… 棕榈科 Palmae

377. 草本植物,如为木本植物时,植物体也不呈棕榈状;叶于芽中从不呈折迭状。

378. 无花被或很小不显著,通常退化成鳞片状或刚毛状。

379. 花生于覆瓦状排列的壳状鳞片(特称为颖或稃片)腋内,由多花至 1 花形成小穗,再由小穗构成各种花序。

380. 秆多少有些呈三棱形,实心;茎生叶呈 3 行排列;叶鞘封闭;花药以基底附着花丝;果实为坚果或囊果 ………………………………………… 莎草科 Cyperaceae

380. 秆常呈圆筒形,中空;茎生叶呈 2 行排列;叶鞘开裂;花药以中部附着花丝;果实通常为颖果 ……………………………………………………… 禾本科 Gramineae

379. 花单生或排列成各种花序,但并不生于呈壳状的鳞片中,也不先构成小穗。

381. 植物体微小,无明显的茎、叶之分,仅有漂浮水面或沉没水中的叶状体
…………………………………………………………………… 浮萍科 Lemnaceae

381. 植物体具各种形式的茎,也具叶,其叶有时可呈鳞片状;有陆生、水生、附生或寄生等习性。

382. 水生植物,具沉没水中或漂浮水面的叶片。

383. 花单性,不排列成穗状花序。

384. 叶互生;花成球形的头状花序
………………………………………… 黑三棱科 Sparganiaceae(黑三棱属 Sparganium)

384. 叶多对生或轮生;花单生,或在叶腋间形成聚伞花序。

385. 多年生草本;雌蕊为 1 枚或更多而互相分离的心皮所成;胚珠垂悬于子房室顶端
…………………………………………………………… 角果藻科 Zannichelliaceae

385. 一年生草本;雌蕊 1 枚,具 2~4 柱头;胚珠直立于子房室的基底
……………………………………………………… 茨藻科 Najadaceae(茨藻属 Najas)

383. 花两性,排列成穗状花序;雄蕊 2 或 4 枚;胚珠常仅 1 枚。

386. 雄蕊 4 枚,有圆形花被片;果实无柄 ……………… 眼子菜科 Potamogetonaceae

386. 雄蕊 2 枚,无花被片;果实具长柄 ………………………… 川蔓藻科 Ruppiaceae

382. 陆生或沼泽生植物,常有位于空气中的叶片。

387. 叶有柄,叶片较宽广,全缘或分裂,具网状脉;花排列成肉穗花序,有大型而常具色彩的佛焰苞 ……………………………………………………… 天南星科 Araceae

387. 叶无柄,叶片细长形、剑形,或退化为鳞片状,常具平行脉。

388. 花紧密排列成蜡烛状或圆柱形的穗状花序。

389. 穗状花序位于一呈二棱形的基生花葶的一侧,而另一侧则延伸为叶状的佛焰苞片;花两性 ……………………………………… 天南星科 Araceae(石菖蒲属 Acorus)

389. 蜡烛状穗状花序位于一圆柱形花梗的顶端,无佛焰苞;花单性,雌雄同株
……………………………………………………………………… 香蒲科 Typhaceae

388. 花序有各种型式。

390. 花单性,成头状花序。
    391. 头状花序单生于基生无叶的花葶顶端;雌雄花混生于同一头状花序上;叶狭窄,呈禾草状,有时叶为膜质 ·················· 谷精草科 Eriocaulaceae(谷精草属 *Eriocaulon*)
    391. 头状花序散生于具叶的主茎或枝条的上部;雌雄花不生在同一头状花序上;叶细长,呈扁三棱形,直立或漂浮水面,基部鞘状
    ················· 黑三棱科 Sparganiaceae(黑三棱属 *Sparganium*)
390. 花常两性。
    392. 子房 3~6 枚,至少在成熟时互相分离
    ················· 水麦冬科 Juncaginaceae(水麦冬属 *Triglochin*)
    392. 子房 1 枚,由 3 心皮合生所成 ·················· 灯心草科 Juncaceae
378. 有花被,常显著,且呈花瓣状,也有些科不甚鲜明,但不为刚毛状。
    393. 雌蕊 3 至多数,彼此分离。
        394. 叶呈细长形,直立,无柄;花单生或成伞形花序;蓇葖果
        ················· 花蔺科 Butomaceae(花蔺属 *Butomus*)
        394. 叶狭长披针形至卵状圆形,常为箭状而有长柄;花常轮生,成总状或圆锥花序;瘦果
        ················· 泽泻科 Alismataceae
    393. 雌蕊 1,由 2~3 个或更多个合生心皮组成,或在百合科岩菖蒲属 Tofieldia 中心皮近于分离。
        395. 子房上位,或花被和子房相分离。
            396. 花被分化为花萼和 2 轮,或在百合科重楼族中,花冠有时为细长形或线形的花瓣所组成,稀可缺如。
                397. 叶互生,基部具鞘,平行脉;花为腋生或顶生的聚伞花序;雄蕊 6 枚,或因退化而数较少 ·················· 鸭跖草科 Commelinaceae
                397. 叶 3 个或更多个生于茎的顶端而成 1 轮,网状脉而于基部具 3~5 脉;花单独顶生;雄蕊 6、8 或 10 枚 ·················· 百合科 Liliaceae(重楼族 *Parideae*)
            396. 花被裂片彼此相同或或近于相同,或百合科油点草属 Tricyrtis 中外层 3 个花被裂片的基部呈囊状。
                398. 花小型,花被裂片绿色或棕色。
                    399. 穗状花序;蒴果自一宿存的中轴上裂为 3~6 瓣,每果瓣内仅有 1 个种子
                    ················· 水麦冬科 Juncaginaceae(水麦冬属 *Triglochin*)
                    399. 花序各种型式;蒴果室背开裂为 3 瓣,内有多数至 3 个种子
                    ················· 灯心草科 Juncaceae
                398. 花大型或中型,或有时为小型,花被裂片多少有些具鲜明的色彩。
                    400. 直立或漂浮的水生植物;雄蕊 6 枚,彼此不相同,或有时有不育者
                    ················· 雨久花科 Pontederiaceae
                    400. 陆生植物;雄蕊 6 枚(稀 3~4 枚或更多),彼此相同。
                        401. 花为四出数;叶对生或轮生,具有显著纵脉及密生的横脉
                        ················· 百部科 Stemonaceae
                        401. 花为三出或四出数;叶常基生或互生。
                            402. 花药通常 2 室;花多数两性。

403. 耐旱性植物；叶具发达纤维,剑形或圆柱形,簇生于茎基或茎顶；花柱单生；大型圆锥花序 ·· 龙舌兰科 Agavaceae
403. 非耐旱性植物或稍耐旱；叶部纤维不发达；花柱通常分裂；花各式排列 ·· 百合科 Liliaceae
402. 花药 1 室(因室的汇合)；花小,单性,雌雄异株；攀缘灌木,很少为草本；叶脉 3~5 条,有网脉 ·· 菝葜科 Smilacaceae
395. 子房下位,或花被多少有些和子房相愈合。
404. 花两侧对称或为不对称形。
405. 种子极多,微小如尘；花被片均成花瓣状,内轮中央 1 片成唇瓣,其基部延伸成距；发育雄蕊 1~2 枚并和雌蕊结合成为合蕊柱；附生、陆生或腐生植物 ·· 兰科 Orchidaceae
405. 种子小或中等大；花被片并非均成花瓣状,其外轮者形如萼片,花瓣不成唇瓣；雄蕊和花柱分离；大都陆生。
406. 发育雄蕊 5 枚,不育雄蕊 1 枚,不成花瓣状；有大而厚的花瓣状佛焰苞 ·· 芭蕉科 Musaceae
406. 发育雄蕊通常 1 枚,不育雄蕊通常变为花瓣状,成为花中最鲜艳的部分。
407. 花药 2 室；萼片联合成管状萼筒,有时呈佛焰苞状 ············ 姜科 Zingiberaceae
407. 花药 1 室；萼片分离 ··················· 美人蕉科 Cannaceae(美人蕉属 *Canna*)
404. 花常辐射对称,即花整齐或近于整齐。
408. 缠绕植物；叶片宽广,具网状脉和叶柄；花小,单性；种子有翅 ·· 薯蓣科 Dioscoreaceae
408. 植物体不为攀缘性；叶具平行脉；花两性；种子无翅。
409. 雄蕊 3 枚；叶两侧扁,二行排列,由下向上重叠包裹 ············ 鸢尾科 Iridaceae
409. 雄蕊 6 枚。
410. 子房半下位 ········· 百合科 Liliaceae(粉条菜属 *Aletris*,沿阶草属 *Ophiopogon*)
410. 子房完全下位。
411. 花单生或为伞形花序,有 1 至数枚佛焰状苞片 ············ 石蒜科 Amaryllidaceae
411. 花多朵,圆锥花序或穗状花序,无佛焰状苞片 ············ 龙舌兰科 Agavaceae

3 植物多样性监测

3.1 监测准备

监测前,应明确监测目标和监测对象,制定监测计划,准备监测器具,开展人员培训。

(1)监测目标。监测目标可为掌握监测区域内物种种类、种群数量、分布格局和变化动态;分析人类活动和环境变化对物种的影响;或评估物种保护措施和政策的有效性,并提出适应性管理措施。

(2)监测对象。根据监测目标,确定监测对象。一般应从具有不同生态需求和生活史的类群中选择监测对象。在考虑物种多样性监测的同时,还应重点考虑:①受威胁物种、保护物种和特有种;②具有社会或经济效益的物种;③对生态系统结构和过程维持有重要作用的物种;④对环境变化反应敏感的指标性物种。

(3)监测计划。在制定监测计划时,应收集监测区域自然和社会经济状况的资料,了解监测对象的生态学及种群特征,必要时可开展一次预调查。监测计划应包括:监测内容、要素和指标,监测时间和频次,样本量和取样方法,监测方法,数据分析和报告,质量控制和安全管理等。

(4)监测仪器设备。准备生物物种监测所需的仪器和设备,检查并调试相关仪器设备,确保设备完好,对长期放置的仪器进行精度校正。

(5)人员培训。做好监测方法和野外操作规范的培训工作,确保监测人员能够熟练掌握各种仪器以及野外操作规范。同时做好安全培训,强调野外采样中应注意的事项,杜绝危险事件发生,加强安全意识。

3.2 监测样地(段面)设置

根据监测目标和监测区域,采用简单随机抽样、分层随机抽样或系统抽样方法设置样地。分层随机抽样可按生境类型、气候、海拔、土地利用类型或物种丰富度等因素进行分层,使层内变异尽量小。系统抽样可按已知的或设想的梯度(如海拔、水分)设置样带,再沿该样带按等距离或事先选择的距离抽样。监测样地应涵盖监测区域内主要生态系统类型。样地的数量应符合统计学的要求,并考虑人力、资金等因素。例如,对于地衣与苔藓植物,一般单个监测样地面积不小于 400 m²,监测样地数目不小于 10 个。

3.3 监测方法

(1)样方法

样方法是一种常用的监测方法,适用于陆生维管束植物、地衣和苔藓植物。

①陆生维管束植物。样方数目每个样地一般为3~5个。样方面积对于不同生态型植物而有所不同。对于乔木,样方面积一般为100 m × 100 m 或50 m × 50 m;对于大灌木,为50 m × 50 m;对于小灌木或半灌木,为4 m × 4 m;对于非禾本科植物,样方面积为2 m × 2 m;对于禾本科植物,样方面积一般为1 m × 1 m。对乔木植物,进行每木调查,一般起测径级为1.0 cm。

②地衣和苔藓植物。地衣与苔藓植物分为土生、石生、木生(树附生)和水生等不同类型。对于土生和石生地衣与苔藓植物,在样地内按间隔2 m 或4 m 拉平行样线,每条样线上每隔2 m 或4 m 设置一个样方,样方面积为50 cm × 50 cm 或20 cm × 20 cm,每个样地至少设16个样方;对于树附生地衣与苔藓植物,在样地中选择胸径大于15 cm 的每一棵树为监测对象,分别以距离地面30 cm、110 cm、150 cm、180 cm 处为中心线,按东南西北四个方向设立10 cm × 10 cm 的样方,每棵树共设16个样方;对于水生苔藓植物,以监测区域水体的重心为中心点,先设置十字形交叉的两条垂直样带,然后在每条样带上等距离机械布设若干个1m×1m 的样方,至少需要设置10个样方;叶生地衣植物样方设置可参照树附生地衣与苔藓植物的样方设置方法。将与样方大小一致的铁筛置于样方上。首先记录样方中地衣或苔藓植物的种数;其次计测整个地衣或苔藓层在网格线交叉处出现的次数,从而计算出样方内地衣或苔藓植物的总盖度;然后记录相同种类的苔藓物种在网格线交叉处出现的次数,计算每个地衣或苔藓物种的盖度。

③大型真菌。针对子实体显见或子实体较小的地生大型真菌、木腐大型真菌、地下真菌和濒危物种,分别规定了不同的方法。对于子实体显见的地生大型真菌,设置若干条样线,每条样线长度为0.5~1 km,沿着样线,每隔20 m 设置一个半径为1.262 m、面积5 m^2 的圆型样方,使每种生境类型的样方数量达50个左右。对于子实体较小的大型真菌,在靠近子实体显见的地生大型真菌样方的附近,以0.56 m 为半径,建立1 m^2 的圆形样方,以1周内可完成抽样调查为标准,确定样方数目。对于木腐大型真菌,按照腐朽程度将圆木划分为三个等级,每个腐朽等级选择30个圆木。对于地下真菌,沿着样线,每隔6 m 设置一个4 m^2 的圆形样方,通常每5~15 ha 面积设置25个样方,总取样面积达100 m^2。对于濒危物种,设置若干10 m ×10 m 的样方。统计所选样方和圆木上生长的大型真菌种类和个体数。

(2)样线法

样线是指观测者在监测样地内选定的一条监测路线。观测者记录沿该路线一侧或两侧一定空间范围内出现的物种。

对于草本植物样线长度一般为50 m,在这条样线上,再设3~5个样方。

3.4 监测内容和指标

不同生物类群,其监测内容和指标亦不同。

(1)陆生维管束植物。监测内容包括种类组成、空间分布、高度、多度、物候期、生活状态、生活力等。乔木植物的监测指标包括植物种类、胸径、高度、枝下高、冠幅、分支、物候期、生活状态、生活力。灌木植物的监测指标包括植物种类、多度、平均高度、盖度、物候期、生活状态、生活力。草本植物的监测指标包括植物种类、多度(丛)、平均高度、盖度、物候期、生活状态、生活力。

(2)地衣和苔藓植物。监测内容包括种类组成、空间分布、多度、生物量等。监测指标包括:种类组成、盖度、频度、密度、厚度、生物量、优势种、伴生植物、生境类型、土壤、地貌、水文等。

(3)大型真菌。监测内容包括物种多样性和生境类型与状况。监测指标包括种类组成、空间分布、密度、频度、物种多样性指数和群落演替指数等。生境类型与状况指标还包括植物种类组成、分布格局、树龄、郁闭度、气温、地温、降水量、土壤含水量、空气湿度、光照条件、空气污染程度、土壤和子实体污染。

3.5 监测时间和频次

不同生物类群,其监测时间和频次亦不同。

(1)陆生维管束植物。可在植物生长旺盛期进行植物监测,一般为夏季。乔木群落可5年监测一次,灌丛群落可3年监测一次,草本群落可每年监测一次。

(2)地衣和苔藓植物。监测时间可选择地衣和苔藓植物生长旺盛期进行,一般为夏季。地衣和苔藓植物监测可每年进行一次。

(3)大型真菌。监测时间应贯穿监测区域大型真菌子实体的生长季节,北方地区在6月末至9月初,中南部亚热带地区在5月至10月。一般自生长季的起始至末期,每两周监测1次;在子实体发生盛季,可每周监测1次。对于一些形成革质或木栓质子实体的一年生种类,在生长季的初期、中期和末期各监测1次。子实体多年生的种类在每个生长季的末期监测1次。由于子实体的发生年际存在差异,在保证监测结果可比性的基础上,监测时间和频次可根据生长季作一定的微调。

需要注意的是,监测时间一经确定,应保持长期不变,以利于对比年际间数据。因为监测目的及科学研究的需要,可在原有监测频率的基础上增加监测次数。

3.6 数据处理和分析

根据陆生维管束植物、地衣和苔藓植物及大型真菌的调查数据,按照相应专业方法进行处理和分析,主要包括重要值、α多样性指数、β多样性指数、资源量和生物量、环境状况指数等。

3.7 质量控制和安全管理

从样地(段面)和样方(样线)设置、野外监测与采样、数据记录整理与归档、人身安全防护等方面,都应遵循质量控制和安全管理要求。

3.8 监测报告编制

按照专业标准撰写监测报告。
野外调查表参见附表1~5。

附表1 野外植物物种资源样方调查表

网格编号：_____ _____省 _____市(州)_____县_____乡(镇)_____村(小地名)日期：_____
样方号：_____ 经纬度：E_____ N_____ 坡向：_____ 坡度：_____ 坡位：_____ 海拔：_____m
样方面积：_____m×_____m 生境：_____ 干扰：_____
群落类型及组成：_____ 调查人：_____ 表格编号：_____

物种编号	层次	种名(俗名)	学名	数量	物候期	盖度(%)	生态位置	建群种		受威威胁因素	备注
								高度(m)	胸径(cm)		

注：(1)群落类型为：乔木、灌木、草本层主要的物种组成；(2)生境：石/土山、沟谷、山脊、村边、路旁等；(3)层次：乔木层、灌木层、草本层；(4)数量：物种的株(木本)、丛(草本)数；(5)物候期：花期、果期等；(6)盖度：直接填百分比数值；(7)生态位置：建群种、优势种、寄主等；(8)受威胁因素：过度利用、生境破坏、病虫害等及潜在的威胁。

附表2 野外植物物种资源样线(带)调查表

网格编号：_____ _____省 _____市(州)_____县_____乡(镇)_____村(小地名)日期：_____
样线(带)号：_____ 样线(带)长度：_____m 宽度：_____m 路线：_____
起点：E_____ N_____ 终点：E_____ N_____ 海拔：_____ / _____m 生境：_____
干扰：_____ 群落结构及组成：_____ 调查人：_____ 表格编号：_____

物种编号	层次	种名(俗名)	拉丁学名	数量	盖度(%)	物候期	生态位置	建群种		受威威胁因素	备注
								高度(m)	胸径(cm)		

注：(1)群落结构为：乔木、灌木、草本层的组成物种；(2)生境：石/土山、沟谷、山脊、村边、路旁等；(3)数量：株(木本)、丛(草本)数；(4)盖度：直接填百分比数值；(5)物候期：花期、果期等；(6)生态位置：建群种、优势种、寄主等；(7)受威胁因素：过度利用、生境破坏、病虫害等及潜在的威胁。

附表3　植物物种资源访谈调查表

网格编号：_____　_____省_____市(州)_____县_____乡(镇)_____村　日期：_____
被访谈人姓名：_____　性别：_____　职业：_____　民族：_____　文化水平：_____　年龄：_____
调查人：_____　访谈地点：_____　访谈时间：_____　表格编号：_____

物种名称	俗名	拉丁学名	分布面积(km²)	用途	利用方式	物候		生境	保护管理现状	备注
						花期	果期			

注：(1)分布面积：写出分布大概面积；(2)用途：药用、观赏等；(3)利用方式：民间、企业等；(4)物候：开花、结果时间；(5)生境：路边、林下、山坡等；(6)保护管理现状：采取的保护管理措施。

附表4　植物物种资源贸易市场调查表

网格编号：_____　_____省_____市(州)_____县_____乡(镇)_____村　日期：_____
市场名称：_____　被调查摊位：_____　摊位性质：_____　被调查人：_____　联系方式：_____
调查人：_____　访谈地点：_____　访谈时间：_____　表格编号：_____

物种名称	俗名	拉丁学名	来源	性质	状态	价格	年出售量	年销售量变化/原因	备注

注：(1)摊位性质：临时、永久等；(2)来源：摊主采集、转手倒卖等；(3)性质：野生、栽培；(4)状态：干、湿；(5)价格：元/斤(根、把)；(6)年出售量：公斤(根、把)/年；(7)年销售量变化：减少、一样、增加/资源量减少、购买人减少等。

附表5 野生植物资源物种名录

网格编号：_____ _____省 _____市(州) _____县 统计人_____ 日期_____

科/种名	俗名	拉丁学名	特有性	用途	利用情况	分布	凭证	备注

注：(1)种名：发表或权威书籍上的中文名；(2)俗名：地方名；(3)拉丁学名：国际统一拼写标准；(4)特有性：中国特有N，省级特有P；(5)用途：材用、观赏、药用等；(6)利用情况：大量、少量、偶尔等；(7)分布：县级行政地名；(8)凭证：文献资料记载、标本记载、实地调查等。

宁夏哈巴湖国家级自然保护区植物图鉴

木贼科　Equisetaceae

木贼（*Equisetum hyemale*）

形态特征：多年生常绿草本，高 30~100 cm。根状茎粗短，黑褐色，横生地下，节上生黑褐色的根。茎直立，单一或仅于基部分枝，直径 6~8 mm，中空，有节，表面灰绿色或黄绿色，有纵棱沟壑 0~30 条，粗糙。叶退化成鞘状，包于节上，鞘基和鞘齿形成黑色两圈，鞘片有央有一浅沟。孢子囊穗顶生，紧密，长圆形，顶端有尖头，无柄，长 12 mm。

节节草（*Equisetum ramosissimum*）

形态特征：多年生草本，茎二型；营养茎夏季生出，有棱脊梁 6~16 条，节上轮生小枝，小枝实心，有棱脊 3~4 条，通常不再分枝或有时可再分枝；叶退化，下部联合成鞘，鞘齿披针形，黑色，边缘灰白色，膜质。生孢子囊穗的茎，早春生出，不分枝，鞘长而大，棕褐色，肉质，顶端生有孢子囊穗。孢子囊穗长圆形，有总梗，钝头，黑色。孢子叶六角形，盾状着生，螺旋状排列，边缘着生长形孢子囊。

松科　Pinaceae

华北落叶松（*Larix principis-rupprechtii*）

形态特征：落叶乔木，高达 30 m，胸径 1m。树冠圆锥形，树皮暗灰色，呈不规则鳞状裂开，大枝平展，小枝不下垂或枝梢略垂。球果长卵形或卵圆形，长约 2~4 cm，径约 2 cm，种鳞 26~45 个，背面光滑无毛，边缘不反曲，苞鳞短于种鳞，暗紫色；种子灰白色，有褐色斑纹，有长翅。5 月开花，当年 10 月种熟。

青海云杉（*Picea crassifolia*）

形态特征：乔木。一年生枝淡绿色，两年生枝呈淡粉红色或褐黄色，常被白粉或无粉，老枝淡褐色至褐色；冬芽圆锥行，小枝基部宿存芽鳞的顶端常开展或反曲。叶四棱状条形，微弯或直，长 1.0~2.5 cm，宽约 2 mm，顶端钝或具钝尖头，横切面四棱形。球花单性，雌雄同株。球果圆柱形或长圆状圆柱形，长 7~11 cm，直径 2~4 cm，当年成熟。种子斜倒卵圆形，连翅长约 1.3 cm。种翅倒卵状，淡褐色。

樟子松（*Pinus sylvestris var. mongolica*）

形态特征：常绿乔木。树干挺直，3~4 m 以下的树皮黑褐色，鳞状深裂，上部树干和枝干为黄褐色。1~2 年枝淡黄褐色或黄褐色。叶 2 针一束，刚硬，常稍扭曲，长 7~9 cm，先端尖。雌雄同株，雄球花卵圆形，黄色，聚生在当年生枝的下部；雌球花球形或卵圆形，紫褐色，着生在当年生枝的顶端，常为 2 个。球果长卵形，长 5~7 cm。鳞盾呈斜方形，具纵脊横脊，鳞脐呈瘤状突起。种子小，种翅膜质。

油松（*P. tabulaeformis*）

形态特征：乔木。树皮灰褐色，呈不规则鳞甲状裂，裂隙红褐色。枝轮生，小枝粗壮，淡橙黄色或灰黄色；冬芽宽椭圆形，先端尖，红褐色。叶针形，2 针一束，深绿色，粗硬，长 10~15 cm，径约 1.5 mm，边缘有细齿，两面有气孔线；叶鞘初时淡褐色，渐变成暗灰色。雄球花圆柱形，1.2~1.8 cm 新枝上聚生成穗状；雌球花序阔卵形，长 7 mm，紫色，着生于当年新枝上。球果卵形或圆卵形，长 4~9 cm，有短梗。

柏科　Cupressaceae

侧柏(*Platycladus orientalis*)

形态特征:常绿乔木;小枝扁平,排成一平面,直展。鳞形叶交互对生,长 1~3 mm,位于小枝上下两面之叶的露出部分倒卵状菱形或斜方形,两侧的叶折覆着上下之叶的基部两侧,叶背中部均有腺槽。雌雄同株;球花单生短枝顶端。球果当年成熟,卵圆形,长 1.5~2 cm,熟前肉质,蓝绿色,被白粉,熟后木质,张开,红褐色;种鳞 4 对,扁平,中部种鳞各有种子 1~2 粒;种子卵圆形,无翅或有棱脊。

圆柏(*Sabina chinensis*)

形态特征:常绿乔木;有鳞形叶的小枝圆或近方形。叶在幼树上全为刺形,随着树龄的增长刺形叶逐渐被鳞形叶代替;刺形叶 3 叶轮生或交互对生,长 6~12 mm,斜展或近开展,下延部分明显处露,上面有两条白色气孔带;鳞形叶交互对生,排裂紧密,先端钝或微尖,背部面近中部有椭圆形腺体。雌雄异株。球果近圆形,直径 6~8 mm,有白粉,熟时褐色,内有 1~4(多为 2~3)粒种子。

叉子圆柏(*S. vulgaris*)

形态特征:匍匐灌木,或为直立灌木或小乔木,高不及 1 m。枝密集,斜上展,小枝细,近圆形,裂成薄片,1 年生的分枝圆柱形,径约 1 mm。叶两型:刺叶生于幼树上,常交互对生或 3 枚轮生,长 3~7 mm,上面凹;鳞叶常生于壮龄植株或老树上,交互对生,斜方形。球果生于下弯的小枝顶端,呈倒三角状球形,长 5~8 mm,径 5~9 mm。种子 1~4(5),多为 2~3,微扁,长 4~5 mm。花期 4~5 月,果期 9~10 月。

麻黄科 Ephedraceae

木贼麻黄（*Ephedra equisetina*）

形态特征：直立小灌木，高达 1 m，木质茎粗长，直立，稀部分匍匐状，基部径达 1~1.5 cm，中部茎枝一般径 3~4 mm；小枝细，多为 1.5~2.5 cm。叶 2 裂，长 1.5~2 mm，褐色，大部合生，上部约 1/4 分离。雄球花单生或 3~4 个集生于节上，苞片 3~4 对，基部约 1/3 合生，假花被近圆形，雄蕊 6~8 枚，雌花 1~2 个，珠被管长达 2 mm，稍弯曲。雌球花成熟时肉质红色，长卵圆形或卵圆形。

中麻黄（*E. intermedia*）

形态特征：灌木，高达 1 m 以上；茎直立，粗壮；小枝对生或轮生，圆筒形，灰绿色，有节，节间通常长 3~6 cm，直径 2~3 mm。叶退化成膜质鞘状，上部约 1/3 分裂，裂片通常 3 片（稀 2），钝三角形或三角形。雄球花常数个（稀 2~3）密集于节上呈团状，苞片 5~7 对交互对生或 5~7 轮（每轮 3 片）；雄花有雄蕊 5~8；雌球花 2~3 个生于节上，由 3~5 轮生或交互对生的苞片组成，苞片肉质，红色；种子通常 3 粒（稀 2 粒）。

膜果麻黄（*E. przewalskii*）

形态特征：灌木，轴根型根系，并具横行根蘖。株高通常 50~80 cm，少数能超过 2 m，木质茎明显，直立，茎的上部具密生分枝，形成密丛，丛茎可达 1 m。小枝绿色，节间粗长，直径 2~3 mm，长 2.5 cm。叶膜质鞘状，上部通常 3 裂。球花无梗，常数个密集成团状复穗状花序，对生或轮生于节上，球花苞片膜质，淡棕黄色，雌球花苞片几全部离生。种子通常 3 粒，长卵形。

草麻黄（*E. sinica*）

形态特征：矮小灌木，高 20~40 cm；无明显木质茎，由木质根茎上生出枝条，小枝绿色，对生或轮生，节间长 3~5 cm。叶膜质鞘状，顶端常 2 裂。雄球花有多数雄花，淡黄色，每花有雄蕊 7~8 枚；雌球花单生于枝顶，绿色，有苞片 4 对，雌花 2 个。雌球花成熟时苞片肉质，红色，长卵圆形或近球形；种子 2 粒。花期 5 月，果期 7 月。

杨柳科　Salicaceae

银白杨（*Populus alba*）

形态特征：高 15~30 m，树冠宽阔；树皮白色至灰白色，银白杨基部常粗糙。小枝被白绒毛。萌发枝和长枝叶宽卵形，掌状 3~5 浅裂，长 5~10 cm，宽 3~8 cm，顶端渐尖，基部楔形、圆形或近心形，幼时两面被毛，后仅背面被毛；短枝叶卵圆形或椭圆形，长 4~8 cm，宽 2~5 cm。叶缘具不规则齿芽；叶柄与叶片等长或较短，被白绒毛。雄花序长 3~6 cm，雌花序长 5~10 cm，柱头 2 裂。蒴果果期 5~6 月。

新疆杨（*P. alba var.pyramdalis*）

形态特征：乔木，高达 30 m；枝直立向上，形成圆柱形树冠。干皮灰绿色，老时灰白色，光滑，很少开裂。短枝之叶近圆表，有缺刻状粗齿，背面幼时密生白色绒毛，后渐脱落近无毛；长枝之叶边缘缺刻较深或呈掌状深裂，背面被白色绒毛。杨柳科树阴白杨种。落叶乔木，树冠圆柱形，侧枝向上集拢，树皮灰褐色。单叶互生。雌雄异株，柔荑花序，阳性，耐大气干旱及盐渍土，深根性，抗风力强。

二白杨（*P. gansuensis*）

形态特征：乔木，高 20 m，树干通直，树冠长卵形或狭椭圆形；树皮灰绿色，光滑，老树基部浅纵裂，带红褐色。枝条粗壮，近轮生状，斜上，与主干常成 45°角，雄株较开展，达 60°角，萌枝与幼枝具棱。萌枝或长枝叶三角形或三角状卵形，较大，长宽近等，长 7~8 cm，先端短渐尖，基部截形或近圆形，边缘近基部具钝锯齿；短枝叶宽卵形或菱状卵形，长 5~6 cm，宽 4~5 cm，先端渐尖楔形，边缘具细腺锯齿。

河北杨（*P. hopeiensis*）

形态特征：乔木，高达 30 m。树皮黄绿色至灰白色，光滑；树冠圆大。小枝圆柱形，灰褐色，无毛，幼时黄褐色，有柔毛。芽长卵形或卵圆形，被柔毛，无粘质。叶卵形或近圆形，长 3~8 cm，宽 2~7 cm，先端急尖或钝尖，发叶时下面被绒毛。雄花序长约 5 cm，花序轴被密毛，苞片褐色；雌花序长 3~5 cm，花序轴被长毛，苞片赤褐色，边缘有长白毛；子房卵形，柱头 2 裂。蒴果长卵形，2 瓣裂，有短柄。

箭杆杨（*P. nigra var. thevestina*）

形态特征：大乔木，高 30~40 m。树皮灰白色，较光滑。枝向上直立，树冠塔形狭窄；小枝无毛，圆形。叶互生，较小，阔卵形或菱形，基部圆形或阔楔形，先端急尖，边缘具钝齿，表面深绿色，背面浅绿，无毛；萌枝叶长宽近相箭杆杨等。柔荑花序，有时出现两性花。蒴果 2 裂，先端尖，果柄细长。花期 6 月，果期 6~7 月。

小青杨（*P. pseudo-simonii*）

形态特征：乔木，高达 20 m。树冠广卵形；树皮灰白色，老时浅沟裂；幼枝绿色或淡褐绿色，有棱，萌枝棱更显著，小枝圆柱形，淡灰色或黄褐色，无毛。芽圆锥形，较长，黄红色，有粘性。叶菱状椭圆形、菱状卵圆形、卵圆形或卵状披针形，长 4~9 cm，宽 2~5 cm，最宽在叶的中部以下，先端渐尖或短渐尖，叶柄圆形。子房圆形或圆锥形，无毛，柱头 2 裂。蒴果近无柄，长圆形，长约 8 mm。

小叶杨（*P. simonii*）

形态特征：落叶乔木，树高 15~25 m。幼树皮灰绿色，小叶杨老时暗灰色，纵沟裂。树冠卵圆形。幼枝和萌生枝常有明显棱角，呈红褐色，后变黄褐色，无毛。冬芽细长，棕褐色，光滑无毛，稍有粘质，长 1~1.5 cm，先端渐尖。叶菱状卵形、菱状椭圆形，边缘有细锯齿，上面淡绿色，下面灰绿白色；叶柄圆筒形。雄蕊通常 8~9 枚。柱头 2 裂。蒴果小，卵形，无毛，成熟时变黄色，2~3 瓣裂。种子具白色丝状长毛。

毛白杨（*P. tomentosa*）

形态特征：大乔木，树高达 25 m。树皮灰白色，老时深灰色，纵裂；幼枝有灰色绒毛，老枝平滑无毛，芽稍有绒毛。叶互生；长枝上的叶片三角状卵形，先端尖，基部平截或近心形，具大腺体 2 枚，边缘有复锯齿，上面深绿色，疏有柔毛，下面有灰白色绒毛，叶柄圆，长 2.5~5.5 cm 老枝上的叶片较小，边缘具波状齿，渐无毛；在短枝上的叶更小，卵形或三角形，有波齿，背面无毛。柔荑花序，雌雄异株。

垂柳(*Salix babylonica*)

形态特征：落叶乔木；小枝细长，下垂，无毛，有光泽，褐色或带紫色。叶矩圆形、狭披针形或条状披针形，先端渐尖或长渐尖，基部楔形，有时歪斜，边缘有细锯齿，两面无毛，下面带白色，有短柔毛。花序轴有短柔毛；雄花序长1.5~2 cm；苞片椭圆形，外面无毛，边缘有睫毛；雄蕊2枚，离生，基部有长柔毛，有2腺体；雌花序长达5 cm；苞片狭椭圆形；子房无毛，柱头2裂。蒴果长3~4 mm，带黄褐色。

旱柳(*S. matsudana*)

形态特征：乔木；高达18 m。树皮暗灰黑色，纵裂，枝直立或斜展，褐黄绿色，后变褐色，无毛，幼枝有毛；芽褐色，微有毛。叶披针形，先端长渐尖，基部窄圆形或楔形，上面绿色，无毛，下面苍白色，幼时有丝状柔毛，叶缘有细锯齿；托叶披针形或无，缘有细腺齿。花序与叶同时开放；雄花序圆柱形，雄蕊2枚，花丝基部有长毛，花药黄色；苞片卵形，黄绿色，先端钝，雌花序长2 cm，3~5片小叶生于短花序梗上。

乌柳(*S. cheilophila*)

种别名：筐柳、毛柳

形态特征：灌木或小乔木。枝细长，幼时被绢毛，后脱落，一二年生枝紫红色或紫褐色，有光泽。叶条形或条状披针形，长1.5~5 cm，宽3~7 mm，先端尖或渐尖，基部楔形，边缘常反卷，中上部有细腺齿，上面幼时被绢状柔毛，下面有明显的绢毛，叶柄长1~3 mm。花序先叶开放，圆柱形，长1.5~2.5 cm，直3~4 mm，花序轴具柔毛，苞片侧卵状椭圆形，黄褐色，雄蕊2枚，完全合生。

沙柳（*S. psammophila*）

种别名：北沙柳

形态特征：灌木，高 2~3 m。小枝带紫色，无毛。托叶条形，早落；叶条形或条状披针形，长 3~8 cm，宽 2~4 mm，边缘有稀疏细腺齿，上面淡绿色，下面灰白色，幼叶微有毛；叶柄长 1~4 mm，无毛。花序轴被绒毛；苞片宽卵形、长圆形，先端黑色，边缘及两面均被长柔毛；雄花序长 2~2.5 cm，雄蕊花丝合生；雌花序长约 1.5 cm，子房长卵形。蒴果密被柔毛。

小红柳（*S. microstachya var. bordensis*）

种别名：小穗柳

形态特征：灌木，高 1~2 m。小枝细长，常弯曲或下垂，红色或红褐色，幼时被绢毛，后渐脱落。叶条形或条状披针形，长 1.5~4.5 cm，宽 2~5 mm，先端渐尖，基部楔形，边缘全缘或有不明早的疏齿，幼时两面密被绢毛，后渐脱落，叶柄长 1~3 mm。花序与叶同时开放，细圆柱形，长 1~2 cm，径 3~4 mm；苞片淡褐色或黄绿色，倒卵形或卵状椭圆形，雄蕊 2 枚，花丝完全合生，花红色。

胡桃科　Juglandaceae

胡桃（*Juglans regia*）

形态特征：落叶乔木，高达 35 m，树皮灰白色，浅纵裂，枝条髓部片状，幼枝先端具细柔毛；2 年生枝常无毛。羽状复叶长 25~50 cm，小叶 5~9 个，稀有 13 个，长 5~15 cm，宽 3~6 cm，先端急尖或渐尖，小叶柄极短或无。雄柔荑花序长 5~10 cm，雄花有雄蕊 6~30 个，萼 3 裂；雌花 1~3 朵聚生，花柱 2 裂，赤红色。果实球形，直径约 5 cm，灰绿色。幼时具腺毛，老时无毛，内部坚果球形。花期 3~4 月，果期 8~9 月。

榆科　Ulmaceae

榆树（*Ulmus pumila*）

形态特征：落叶乔木,高达 25 m,胸径 1 m。叶革质,椭圆形、卵形或倒卵形,较小,长 2~5 cm,宽 2~2.5 cm,先端尖或钝尖,基部偏斜,不对称,一边楔形,一边圆形,边缘具小锯齿。花簇生于当年枝的叶腋;花被 5 裂至基部或近基部;雄蕊与花被同数,伸出花被外;子房上位,1 室,花柱 2 个。翅果椭圆状卵形,长 8~13 mm,无毛。种子（果核）位于翅果中部或稍上处,长 3~4 mm。花期 8~9 月,果期 10 月。

大麻科　Cannabaceae

大麻（*Cannabis sativa*）

形态特征：一年生草本,高 1~3 m。根木质。茎直立,具纵沟。掌状复叶互生或下部的叶为对生,小叶,披针形,长 7~15 cm,先端渐尖,基部渐狭,边缘具粗锯齿;叶柄长 4~14 cm。花单性,雌雄异株;雄花黄绿色,排列成长而疏散的圆锥花序,花被片 5 裂,雄蕊 5 枚;雌花序短穗状,生于叶腋,绿色,每花外具 1 卵形苞片,花被片 1 裂,雌蕊 1 枚,子房上位,球形,花柱二歧。瘦果扁卵圆形。花期 6~8 月,果期 8~10 月。

桑科（Moraceae）

桑树（*Morus alba*）

形态特征：落叶乔木,高 16 m,胸径 1 m。树冠倒卵圆形。叶卵形或宽卵形,先端尖或渐短尖,基部圆或心形,锯齿粗钝,幼树之叶常有浅裂、深裂,上面无毛,下面沿叶脉疏生毛,脉腋簇生毛。聚花果（桑葚）紫黑色、淡红或白色,多汁味甜。花期 4 月;果熟 5~7 月。

蓼科 Polygonaceae

东北木蓼(*Atraphaxis manshurica*)

形态特征：灌木，高约 1 m，上部多分枝。树皮灰褐色。叶近无柄，倒披针形或条形，长 1.5~3.0 cm，宽 3~12 mm，先端锐尖或稍钝，基部渐狭呈楔形，全缘，托叶鞘筒状；膜质，顶端 2 裂。花序总状，顶生，苞片矩圆状卵形，膜质，花常 2~4 朵生于一苞片中，花梗关节在中上部，花被 5 片，粉红色，内轮 3 片在果期增大，宽椭圆形，外轮 2 片较小，矩圆形。瘦果卵形，长 3~4 mm，有三棱，顶端尖。

沙木蓼(*A. bracteata*)

形态特征：灌木，高约 50 cm。老枝灰褐色，外皮常呈条状剥落，嫩枝淡褐色或灰黄色。叶卵形或宽椭圆形，先端尖，基部楔形，边缘呈波状皱曲，黄绿色，托叶鞘褐色。总状花序顶生或侧生，花粉红色，每 2~3 朵生于一褐色膜质的苞腋内；花被片 5 裂，分为 2 轮，内轮花被片果时为圆形或心形，长等于或小于宽。瘦果具 3 棱，暗褐色，略有光泽。

白皮沙拐枣(*Calligonum leucocladum*)

形态特征：灌木，高 1~2 m。老枝灰白色；小枝细长，直或弯曲，节间长 3~4 cm。叶条形，长 2~5 mm，易脱落。花常 2 朵腋生，花梗长 2~4 mm，中部以下具关节；花被片卵圆形，不等长，背部绿色，边缘白色。果实卵圆形，长 8~20 mm，少数较小或较大，直或微扭曲，翅柔软，花期淡黄或淡红色，果期棕色或淡褐色，两端圆，表面平坦或微卷，边全缘或具细齿。

红果沙拐枣（*C. rubicundum*）

形态特征：灌木，高可达 1.5 m 枝呈"之"字形拐曲，常为红褐色，其果实似枣，熟时鲜红色。抗风力强，耐干旱，是流动沙地固定沙丘的优良植物。

荞麦（*Fagopyrum esculentum*）

形态特征：一年生草本植物，直立茎下部不分蘗，多分枝，光滑，淡绿色或红褐色，有时有稀疏的乳头状突起。叶心脏形如三角状，顶端渐尖，基部心形或戟形，全缘。托叶鞘短筒状，顶端斜而截平，早落。花序总状或圆锥状，顶生或腋生。春夏间开小花，花白色；花梗细长。果实为干果，卵形、黄褐色、光滑。茎紫红色，叶子三角形，开白色小花，子实黑色，种子是三角形，被一个硬壳包括，去壳后磨面食用。

苦荞麦（*F. tataricum*）

形态特征：一年生草本植物，高 30~60 cm。茎直立，具分枝。下部叶具长柄，叶片宽三角状戟形，全缘或微波状；下部叶较小。总状花序腋生或顶生，花被白色或淡粉红色。小坚果圆锥状卵形，具三棱，灰褐色。花果期 6~9 月。

萹蓄（*Polygonum aviculare*）

形态特征：一年生草本，高 10~40 cm。茎丛生、平卧、斜展或直立。叶片矩圆形或披针形，全线；托叶鞘膜质，下部褐色，上部白色透明，有不明显脉纹。花 1~5 朵簇生叶腋，遍布于全株；花被 5 深裂，裂片椭圆形，绿色，边缘白色或淡红色；雄蕊 8；花技 3。瘦果卵形，有 3 棱，黑色或褐色，生不明显小点，无光泽。

红蓼（*P. orientale*）

形态特征：一年生草本。茎直立，粗壮，高 1~2 m，上部多分枝，密被开展的长柔毛。叶宽卵形、宽椭圆形或卵状披针形，长 10~20 cm，宽 5~12 cm；叶柄长 2~10 cm，具开展的长柔毛；托叶鞘筒状，膜质，长 1~2 cm。总状花序呈穗状，顶生或腋生，长 3~7 cm；雄蕊 7，比花被长；花盘明显；花柱 2，中下部合生，比花被长，柱头头状。瘦果近圆形，双凹，直径长 3~3.5 mm。花期 6~9 月，果期 8~10 月。

西伯利亚蓼（*P. sibiricum*）

形态特征：多年生草本，高 10~25 cm。根状茎细长。茎外倾或近直立，自基部分枝，无毛。叶片长椭圆形或披针形，无毛，长 5~13 cm，宽 0.5~1.5 cm，顶端急尖或钝，基部戟形或楔形，边缘全缘，叶柄长 8~15 mm；托叶鞘筒状，膜质，上部偏斜，开裂，无毛，易破裂。花序圆锥状，顶生。瘦果卵形，具 3 棱，黑色，有光泽，包于宿存的花被内或凸出。花果期 6~9 月。

波叶大黄(*Rheum undulatum*)

形态特征：多年生草本，高可达1 m以上。根茎肥厚，表面黄褐色。茎粗壮，直立，具细纵沟纹，无毛，通常不分枝，中空。基生叶有长柄；叶片卵形至卵状圆形，长10~13 cm，先端钝，基部心形，边缘波状，下面稍有毛；茎生叶较小，具短柄或几乎无柄，托叶鞘长卵形，暗褐色，抱茎。圆锥花序顶生。瘦果具3棱，有翅，基部心形，具宿存花被。花期夏季。

藜科　Chenopodiaceae

沙蓬(*Agriophyllum squarrosum*)
种别名：沙米、登相子、灯索

形态特征：一年生草本，高20~100 cm。幼时全林密被分枝毛，后脱落。茎直立，坚硬，多分枝。叶互生，无柄，披外形至条形，长1~8 cm，宽4~10 mm，先端渐尖，具刺尖，基部渐狭，全缘，叶脉凸出，3~9条。花序穗状，无总梗，通常1~3个着生于叶腋；苞片宽卵形。胞果卵圆形，扁平，除基部外，周围略具翅，果喙深裂成两个条状小喙，其先端外侧二小齿；种子圆形、扁平。

中亚滨藜(*Atriplex centralasiatica*)

形态特征：一年生草本。高20~40 cm，通常自基部分枝。叶互生，有短柄，叶片卵状三角形至菱状卵形，长2~3 cm，宽1~2.5 cm，先端微钝，基部圆形至宽楔形，边缘具疏锯齿，近基部的1对锯齿常较大而呈裂片状，上面灰绿色，下面密桩白粉，呈灰白色.花腋生，集成团伞花序，单性，雌雄同株，雄花花被5裂，雄蕊5。胞果扁平，宽卵形或圆形。种子直立，红褐色或黄褐色，直径2~3 mm。

西伯利亚滨藜(*A. sibirica*)

形态特征：一年生草本。20~50 cm,茎钝四棱形,直立,具纵条纹。由基部分枝,分枝明显斜生。全株被白粉粒。单叶互生,大小不等,具短叶柄;叶片菱状卵形或卵状三角形,基部楔形,先端钝,边缘稀具不整齐的波状钝齿。花单性,雌雄同株。花簇生于叶腋,呈团伞状,生于茎上部的形成短穗状花序。雄花萼 5 片,雄蕊 4~5 枚;雌花无花被,由 2 个合生苞片所包围。种子扁球形,红褐或黄褐色。

雾冰藜(*Bassia dasyphylla*)

形态特征：一年生草本。高 5~80 cm,直立,茎具条纹,多分枝;全株呈球形或卵状,密被水平伸展的白色长柔毛。叶互生,肉质,条状半圆柱形或圆柱形,先端钝圆,基部渐狭,无柄。花两性,每 1~2 朵集生于叶腋,仅 1 花发育,花被 5 浅裂,圆壶形,具密毛,果时花被片背部生 5 个锥刺状附属物,呈 5 角星状,雄蕊 5 枚,伸出花被外;花柱甚短,柱头 2~3 个。胞果扁卵形;种子小,近圆形。

梭梭(*Haloxylona mmodendron*)

形态特征：小半乔木,有时呈灌木状,高 1~5m 或更高。树冠直径 1.5~2.5m。树干粗壮,常具粗瘤,树皮灰黄色;二年生枝灰褐色,有环状裂缝;当年生枝深绿色。叶对生,退化成鳞片状宽三角形。花小,单生于叶腋,黄色,两性,小苞片宽卵形,边缘膜质;花被片 5,来自背部横生膜质翅。胞果半圆球形,顶稍凹,果皮黄褐色,肉质;种子横生,直径 2.5 mm。

甜菜（*Beta vulgaris*）

形态特征：两年生草本植物。叶长 5~20 cm，叶形多变异，有长圆形、心脏形或舌形，叶面有皱纹或平滑；花小，绿色，每朵直径仅 3~5 mm，5 瓣，风媒。果实球状褐色，通常数个联生成球果；主根为肉质块根，有圆锥形，也有纺锤形和楔形，皮有红色、紫色、白色、浅黄色等不同的品种。

驼绒藜（*Ceratoides lateens*）

形态特征：半灌木，高 30~100 cm，多分枝，有星状毛。叶互生，条形、长圆披针形，长 1~2 cm，宽 2~5 mm，先端尖或钝，基部楔形，全缘。花单性，雌雄同株，雄花在枝端集成穗状花序；雌花腋生，无花被；苞片 2，全生成管，果期管外具 4 束与管长相等的长毛。胞果椭圆形或倒卵形，种子与胞果同形。

华北驼绒藜（*C. arborescens*）

形态特征：半灌木，高 1~2 m。枝条丛生，分枝多集中于上部，全体被星状毛。叶互生，披针形，长 2~8 cm，宽 1~2.5 cm，先端锐尖或钝，基部楔形至圆形，全缘，具明显的羽状叶脉。花单性，雌雄同株，雄花序细长而柔软，长 6~9 cm；雌花昏倒卵形，长约 4 mm，花管裂片短，其长为管长的 1/4~1/5，果熟时管外两侧的中上部具 4 束长毛，下部有短毛。胞果倒卵形，被毛。

尖头叶藜（*Chenopodium acuminatum*）

形态特征：一年生草本，高 20~80 cm。茎直立，多分枝或不分枝，无毛，有绿色条棱。叶互生，有柄，叶片卵形、宽卵形或三角状卵形，长 2~4 cm，宽 1.5~3 cm，先端圆或急尖，基部广楔形、圆形或近截形，全缘，边缘半透明，表面绿色，光滑无毛，背面多少有白粉。花两性，花数朵聚成团伞花序，穗状花序或圆锥花序，花被片 5 裂，胞果上下扁，成扁球形。种子横生，直径约 1 mm。

刺藜（*C. aristatum*）

形态特征：一年生草本植物，高 15~40 cm。茎直立，多分枝，有条纹，老时带红色，通常无毛或有疏毛。叶互生，有短柄；叶片狭披针形至线形，长 2~5 cm，宽 4~10 mm，先端渐尖，基部狭窄，全缘，主脉明显，黄白色。花序生于枝端和叶腋，为复二歧聚伞花序，最末端的分枝针刺状；花小形，两性，近无柄；花被片 5 裂，胞果圆形，先端压扁，不全包于花被内，果皮膜质，与种子贴生。种子横生。

藜（*C. album*）

形态特征：一年生草本，高 60~120 cm。茎直立，粗壮，有棱和绿色或紫红色的条纹，多分枝；枝上升或开展。叶有长叶柄；叶片菱状卵形至披针形，长 3~6 cm，宽 2.5~5 cm，先端急尖或微钝，基部宽楔形，边缘常有不整齐的锯齿，下面生粉粒，灰绿色。花两性，数个集成团伞花簇，多数花簇排成腋生或顶生的圆锥状花序；花被片 5 裂；雄蕊 5 枚；柱头 2 个。胞果完全包于花被内或顶端稍露，种子横生。

菊叶香藜（*C. foetidum*）

形态特征：一年生草本，高 20~60 cm，有强烈气味，全体有具节的疏生短柔毛。茎直立，具绿色条，通常有分枝。叶片矩圆形，长 2~6 cm，宽 1.5~3.5 cm，边缘羽状浅裂至羽状深裂，先端钝或渐尖，有时具短尖头，基部渐狭，上面无毛或幼嫩时稍有毛，下面有具节的短柔毛并兼有黄色无柄的颗粒状腺体，很少近于无毛；叶柄长 2~10 mm。复二歧聚伞花序腋生；花两性；胞果扁球形，果皮膜质。种子横生。

灰绿藜（*C. glaucum*）

形态特征：一年生草本，高 10~45 cm。茎通常由基部分枝，斜上或平卧，有沟槽与条纹。叶片厚，带肉质，椭圆状卵形至卵状披针形，长 2~4 cm，宽 5~20 mm，顶端急尖或钝，边缘有波状齿，基部渐狭，表面绿色，背面灰白色、密被粉粒，中脉明显；叶柄短。花簇短穗状，腋生或顶生；花被裂片 3~4 裂，少为 5 裂。胞果伸出花被片，果皮薄，黄白色；种子扁圆，暗褐色。

杂配藜（*C. hybridum*）

形态特征：高 40~120 cm。茎直立，具淡黄色或紫色条棱。叶宽卵形至卵状三角形，两面均呈亮绿色，基部圆形、截形或略呈心形，边缘掌状浅裂，轮廓略呈五角形；上部叶较小，多呈三角状戟形。花两性兼有雌性，排成圆锥状花序；花被裂片 5 裂；雄蕊 5 枚。胞果双凸镜状。种子直径通常 2~3 mm，黑色，表面具明显的圆形深洼或呈凹凸不平。

小藜（*C. serotinum*）

形态特征：幼苗子叶线形，肉质，基部紫红色，有短叶柄。初生叶线形，先端钝，基部楔形，全缘，叶下面略呈紫红色，有短柄。后生叶披针形，常于基部有2个较短的裂片，叶缘具波状齿。成株株高20~50 cm。茎直立，有分枝，有绿色纵条纹，幼茎常密被粉粒。叶互生，有柄，长圆状卵形，长2~5 cm，宽1~3 cm，先端钝，边缘有波状齿。雄蕊5枚，长于花被。柱头2个，线形。胞果包于花被内，果皮膜质。

烛台虫实（*Corispermum candelabrum*）

形态特征：植株高6~60 cm，通常高约30 cm，茎直立，圆柱形，直径2~5 mm，果时绿色或紫红色，毛稀疏；分枝多集中于茎基部，上升，有时呈灯架状弯曲。叶条形至宽条形，长达4.5 cm，宽2~5.5 mm，先端渐尖具小尖头，基部渐狭，1脉。穗状花序顶生和侧生，雄蕊5枚，较花被片长。果实矩圆状倒卵形或宽椭圆形。

绳虫实（*C. declinatum*）

形态特征：一年生植物，高15~50 cm。茎直立，稍细弱，由基部多分枝，下部枝较长，斜升。叶条形，扁平，长2~3 cm，宽1.5~3 mm，先端渐尖，基部渐狭，1脉。穗状花序顶生和侧生，雄蕊1~3。胞果矩圆形或倒卵形，长3~4 mm，宽约2 mm，中部以上较宽，上端锐尖，基部圆楔形，背面凸出，中央稍乎，腹面稍凹，果核平滑或具瘤状突起；喙长约0.5 mm；果超窄或近无翅。

毛果绳虫实（*C. declinatum*）

形态特征：果实被星状毛。主要分布于我国的半干旱草原地带，也进入部分半湿润地区。多生长在疏松的沙质土壤、固定沙丘、河滩沙质或沙砾质地、干河床、山前洪积扇、黄土丘陵等地区，也是农田或撂荒地的杂草。

软毛虫实（*C. puberulum*）

形态特征：一年生草本，高约40 cm，茎粗壮，基部附近分枝较多，枝强壮，开展，淡绿色，具条纹，疏生毛或光滑。叶披针形，锐尖或渐尖，无柄，具一中脉，长1.5~2 cm，宽3~5 mm。花穗粗壮，圆柱形，长短不等，花甚密，苞叶椭圆形或披针形，先端尖或渐尖，具较宽的膜质白边，花被片1~3裂，不等大，雄蕊通常1枚，花丝扁平，果实椭圆形或近圆形，翅宽为种子宽的1/2左右，两面被星状毛。

白茎盐生草（*Halogeton arachnoideus*）

形态特征：一年生草本。高10~40 cm。茎直立，自茎部分枝，枝条灰白色，秋季带紫红色，幼期密被蛛丝状毛。叶肉质，圆柱形，长0.3~1 cm，直径1~2 mm，先端钝圆，有时具小尖头，叶腋簇生绵毛。花杂性，2~3朵簇生于叶腋，小苞片2枚，肉质，花被片5深裂，背面有一条明显的脉，果时近顶端背面横生出5片半圆形膜质的翅，雄蕊5枚，雌花花柱甚短，柱头2个，丝状。胞果近球形或球状卵形，压扁。

盐爪爪（*Kalidium foliatum*）

形态特征：半灌木，高 20~60 cm；茎直立，斜升或平卧，多分枝，老枝灰褐色，幼枝带黄白色。叶互生、圆形，长 4~10 mm，宽 1~2.5 mm，先端钝或稍尖，基部延，半抱茎，肉质，灰绿色。穗状花序圆柱状或形，长 81~15（20）cm，直径 3~4 mm，每 3 朵花生于一鳞状苞片内；雄蕊 2 枚，生出于花被外；子房卵形，柱头 2 枚，钻状。胞果圆形，直径约 1 mm，红褐色，密被乳头状突起。种子与胞果同形。

细枝盐爪爪（*K. gracile*）

形态特征：小灌木，高 20~40 cm。茎直立，多分枝，互生，老枝灰黄色，秋季红褐色，幼枝纤细，黄绿色或黄褐色。叶不发达疣状，肉质，黄绿色，先端钝，叶基狭窄，下延。穗状花序顶生，细弱，圆柱状，长 1~3 cm，直径 1.5 mm 左右，每一鳞片状苞内着生 1 朵花。胞果皮膜质，密被乳头状突起。种子卵圆形，两侧压扁，胚马蹄形，淡红褐色。

木地肤（*Kochia prostrate*）

形态特征：半灌木，高 10~60 cm。枝被密绒毛或近无毛。叶互生，条形，稍扁平，长 0.5~2 cm，宽 0.5~1.5 cm，先端锐尖或渐尖，两面有绒毛，无柄。花单生或 2~3 朵集生于叶腋，或于枝端构成复穗状花序，花无梗，无苞，花被球形，具密绒毛，5 深裂，果期自背部横生 5 个干膜质匙；雄蕊 5 枚；花柱短，柱头 2 个，有羽毛状突起。胞果扁球状，紫褐色；种子丛生，近圆形。花果期 6~9 月。

地肤(*K. scoparia*)

形态特征：株丛紧密，株形呈卵圆至圆球形、倒卵形或椭圆形，分枝多而细，具短柔毛，茎基部半木质化。单叶互生，叶线性、线形或条形。植株为嫩绿，秋季叶色变红。花极少，花期9~10月，无观赏价值，脆果扁球形。

扫帚苗(*K. scoparia f. trichophylla*)

形态特征：一年生草本，生于村边、屋旁、原野、田间，或栽培。高达1 m。茎直立，多分枝，秋季常变为红色，幼枝有白色短柔毛。先端尖，基部渐窄，全缘，两面密被白色柔毛，基脉3条明显，花被5裂，裂片卵状三角形，结果时自背部生出三角形横突起或翅；雄蕊5个，伸出冠外。单叶互生，无柄。叶片窄披针形至线状披针形。秋季开黄绿色小花，两性或雌性，单生或2朵并生于叶腋。

碱地肤(*K. scoparia var. sieversiana*)

形态特征：一年生草本。高10~60(100) cm。茎直立，自基部分枝，枝斜升，黄绿色或稍带浅红色，枝上端密被白色柔毛，中、下部无毛，秋后植株全部变为红色。叶互生，无柄，倒披针形、披针形或条状披针形，长2~5 cm，宽3~5 mm，先端尖或稍钝，全缘，两面有毛或无毛。花两性或雌性，通常1~2朵集生于叶腋的束状密毛丛中，多数花于枝上端排列成穗状花序。花被片5裂，胞果扁球形，包于花被内。

盐角草(*Salicornia europaea*)

种别名:海蓬子

形态特征:一年生肉质草本,高达40 cm;小枝对生,具节,苍绿色或秋后变为紫红色。叶不发育,鳞片状。花两性,每3朵成一簇,陷入肉质的花序轴内;雄蕊1~2枚;柱头乳头状。胞果;种子有钩状刺毛。花果期6~8月。

木本猪毛菜(*Salsola arbuscula*)

形态特征:小灌木,高40~100 cm。多分枝,老枝灰褐色,粗糙,有纵裂纹,幼枝苍白色,有光泽。叶狭条形或半圆形柱形,长0.5~3 cm,宽1~2 mm,肉质,灰绿色或绿色。序状花序,生于枝顶部,苞片条形,小苞片长卵形,长于花被;花被片5裂,矩圆形,翅膜质,黄褐色,呈莲座状;花药顶部有附属物,狭披针形柱头钻形。胞果倒圆锥形,果皮膜质,黄褐色。种子横生。

珍珠猪毛菜(*S. passerine*)

形态特征:半灌木,高15~30 cm,植株密生丁字毛,自基部分枝;老枝木质,灰褐色,伸展;小枝草质,黄绿色,短枝缩短成球形。叶片锥形或三角形,长2~3 mm,宽约2 mm,3个为肾形,2个较小为倒卵形,花被果时(包括翅)直径7~8 mm;花被片在翅以上部分,生丁字毛,向中央聚集成圆锥体;花药矩圆形,花药附属物披针形,顶端急尖;柱头丝状。种子横生或直立。花期7~9月,果期8~9月。

刺沙蓬(*S. ruthenica*)

形态特征：一年生草本，高 15~50 cm。茎直立或斜升，由基部分枝，坚硬，具白色或紫红色条纹。叶互生，条状圆柱形，肉质，长 1~4 cm，先端有白色硬刺尖。花 1~2 朵生于苞腋，通常在茎及枝的上端排列成为穗状花序；花被片 5 枚，透明膜质，结果时于背侧中部横生 5 个翅，淡紫红色，其中 3 个大型翅为扇形。胞果倒卵形。

菠菜(*Spinacia oleracea*)

形态特征：一年生草本，全体光滑，柔嫩多水分。幼根带红色。叶互生；基部叶和茎下部叶较大；茎上部叶渐次变小，戟形或三角状卵形；花序上的叶变为披针形；具长柄。花单性，雌雄异株；雄花排列成穗状花序，顶生或腋生，花被 4 裂，黄绿色，雄蕊 4 枚，伸出；雌花簇生于叶腋，花被坛状，有 2 齿，花柱 4 个，线形，细长，下部结合。胞果，硬，通常有 2 个角刺。花期夏季。

翅碱蓬(*Suaeda heteroptera*)

形态特征：一年生草本，高 20~80 cm，绿色，晚秋变红紫色。叶条形，半圆柱形，肉质，长 1~3 cm，宽 1~2 mm，先端尖或钝，无柄。花两性或兼有雌性，3~5 朵簇生于叶腋，构成间断穗状花序；小苞片短于花被，膜质，白色；花被半球形，花被片基部合生，果期背部增厚，基部生三角状或狭翅状突起；雄蕊 5 枚，花药卵形或矩圆形；柱头 2 个。胞果包于花被内，成熟时果皮开裂；种子横生，长 0.8~1.5 mm。

碱蓬(S. glauca)

形态特征：一年生草本，高30~150 cm。茎直立，有条棱，上部多分枝，核细长，斜伸或开展。叶互生；有柄；叶片线形，半圆柱状，肉质，长1.5~5 cm，宽约1.5 mm，先端尖锐，灰绿色，光滑或微被白粉。花两性或兼有雌性，单生或2~5朵，集生于叶腋的短柄上，排列成聚伞花序；两性花花被环状；雌花的花被近球形；雄蕊5枚，花丝很短；雌花的花柱伸出较长，柱头2个。胞果扁球形。

平卧碱蓬(S. prostrate)

形态特征：一年生草本，高20~50 cm，无毛。茎平卧或斜升，基部有分枝并稍木质化，具微条棱，上部的分枝近平展并几等长。叶条形，半圆柱状，灰绿色，长5~15 mm，宽1~1.5 mm，先端急尖或微钝，基部稍收缩并稍压扁；侧枝上的叶较短，等长或稍长于花被。团伞花序2至数花，腋生；花两性，花被绿色，稍肉质，5深裂，花丝稍外伸；柱头2，黑褐色，花柱不明显。胞果顶基扁。种子双凸镜形或扁卵形。

盐地碱蓬(S. salsa)

形态特征：一年生草本。高20~80 cm，绿色，晚秋变紫红色。直根系，入土深度达30~50 cm，主根不发达，侧根较多，主要集中在15~25 cm土层中。茎直立，无毛，多分枝，斜升。叶条形，半圆柱状，肉质，长1~3 cm，宽1~2 mm，先端尖或微钝。花两性或兼有雌性，团伞花序，通常3~5朵簇生于叶腋，构成间断的穗状花序，雄蕊5枚，柱头2个。胞果包于花被内，果皮膜质。种子横生，歪卵形或近圆形。

苋科 Amaranthaceae

反枝苋（*Amaranthus retroflexus*）

形态特征：一年生草本，茎直立，高 20~80 cm，有分枝，有时达 1.3 m；茎直立，粗壮，淡绿色，有时具带紫色条纹，稍具钝棱，密生短柔毛。叶互生有长柄，叶片菱状卵形或椭圆状卵形，长 5~12 cm，宽 2~5 cm，先端锐尖或尖凹，有小凸尖，基部楔形，有柔毛。圆锥花序顶生及腋生，直立，直径 2~4 cm，由多数穗状花序形成，顶生花穗较侧生者长。胞果扁卵形，环状横裂，包裹在宿存花被片内。种子近球形。

鸡冠花（*Celosia cristata*）

形态特征：一年生草本，高 20~90 cm。茎直立，粗壮，通常呈红色或紫红色，有棱纹，无毛。叶互生，卵状长圆形或卵状披针形，长 5~10 cm，宽 2~6 cm，先端渐尖或长尖，基部狭楔形，全缘。花序顶生，扁平鸡冠状（半野生状态的有时不形成鸡冠军状），中部以下多花，花色多样而艳丽，有紫、红、淡红、黄或杂色；小花苞片 3 个，干膜质；花被片 5 裂，披针形，雄蕊 5 枚。胞果卵形。

紫茉莉科 Nyctaginaceae

紫茉莉（*Mirabilis jalapa*）

形态特征：一年生草本，高 20~100 cm。茎直立，多分枝，无毛或疏生毛。叶对生，卵形或卵状三角形，长 3~12 cm，宽 3~8 cm，先端渐尖，基部截形或心形，全缘，无毛；叶柄长 1~4 cm。花单生，苞片 5 个，萼片状，长约 1 cm；花被花冠状，白色、红色、黄色或粉红色，有的带有条纹，汛斗状，花被管长 2~5 cm，顶端平展，5 裂，基部球形而包信子房；雄蕊常 5~6 枚，瘦果卵形或近球形，黑色，有棱。

马齿苋科　Portulacaceae

马齿苋（*Portulaca oleracea*）

形态特征：一年生草本，肉质，无毛。茎匍匐状斜升，带紫色。叶互生或近对生，叶片肉质肥厚，楔状长圆形、倒卵形或匙形，长1~2.5 cm。花3~5朵簇生枝端，直径3~4 mm，无梗；苞片4~5个，膜质；萼片2片；花瓣5瓣，黄色；雄蕊10~12枚；子房半下位，1室，柱头4~6裂，线形。蒴果圆锥形，盖裂。种子多数，肾状卵形，极小，黑色，有小疣状突起。花期6~9月，果期7~10月。

大花马齿苋（*P. grandiflora*）

形态特征：1年生或多年生肉质草本（市面常见植株为多年生，种子繁殖多为一年生），株高15~20 cm。茎细而圆，茎叶肉质，平卧或斜生，节上有丛毛。叶散生或略集生，圆柱形，长1~2.5 cm。花顶生，直径2.5~5.5 cm，基部有叶状苞片，花瓣颜色鲜艳，有白、黄、红、紫等色。蒴果成熟时盖裂，种子小巧玲珑，银灰色。园艺品种很多，有单瓣、半重瓣、重瓣之分。

石竹科　Caryophyllaceae

石竹（*Dianthus chinensis* var. *chinensis*）

形态特征：多年生草本植物，但一般作一、二年生栽培。北方秋播，来春开花；南方春播，夏秋开花。株高30~40 cm，直立簇生。茎直立，有节，多分枝，叶对生，条形或线状披针形。花萼筒圆形，花单朵或数朵簇生于茎顶，形成聚伞花序，花径2~3 cm，花色多样，单瓣5枚或重瓣，先端锯齿状，微具香气。花瓣绚丽多彩。蒴果矩圆形或长圆形，种子扁圆形，黑褐色。

草原石头花(*Gypsophila davurica*)

形态特征:多年生草本,高20~50 cm。茎多数丛生,直立或斜升。叶条状披针形,长3~6 cm,宽2.5~8 mm,先端锐尖,基部渐狭,无柄。聚伞花序疏散或紧密,顶生或腋生,具多数花;花萼钟形,具5条紫色隆起的脉,顶端5齿裂;花瓣5片,粉红色;雄蕊10枚;子房近球形,花柱2个。蒴果卵形,顶端4齿裂。种子肾形,褐色。

圆锥石头花(*G. paniculata*)

种别名:满天星

形态特征:多年生草本。根粗壮。茎直立或基部上升,基部木质化,茎单生,稀数个丛生,多分枝。叶腋具有不育的短小叶枝,基生叶早枯;茎生叶披针形或条状披针形,长1~5 cm,宽2.5~8 mm,先端渐尖。聚伞状阔圆锥形花序顶生或腋生,花序分枝较多,花多,松散;苞片披针形,边缘宽膜质;花梗丝状;花萼近球形,长约1 mm,先端分裂,裂深达萼长一半;蒴果近球形。

女娄菜(*Mellandrium apricum*)

形态特征:女娄菜全株密生短柔毛。茎直立,由基部分枝,高20~70 cm。叶卵状披针形至线状披针形,长3~7 cm,宽4~10 mm,顶端尖锐;无柄或下部叶的基部渐狭呈叶柄状。聚伞花序伞房状,顶生和腋生,2~3回分枝,每枝上有花2~3朵;苞片线形;花萼椭圆形,长6~8 mm,具10条纵脉,结果后呈卵形或杯形,密生短柔毛,顶端5裂;5瓣,粉红色或白色;花柱3枚。蒴果形,6齿裂。

银柴胡

(*Stellaria dichotoma* var. *lanceolata*)

形态特征:多年生草本,高 20~40 cm。主根圆柱形,直径 1~3 cm,外皮淡黄色,顶端有许多疣状的残茎痕迹。茎直立,节明显,上部二叉状分歧,密被短毛或腺毛。叶对生;无柄;茎下部叶较大,披针形,长 4~30 mm,宽 1.5~4 mm,先端锐尖。花单生,花梗长 1~4 cm;花小,白色;萼片 5 片,绿色;雄蕊 10 枚,稍长于花瓣;雌蕊 1 枚,子房上位,近于球形,花柱 3 个,细长。蒴果近球形,成熟时顶端 6 齿裂。

麦瓶草(*Silene conoidea*)

形态特征:主根粗,带木质。茎直立,或下部倾斜,上中部分枝较多。叶对生;基生叶略呈匙形,中上部叶披针形,先端尖,基部阔,半抱于茎。聚伞花序顶生;萼钟状,上部狭,基部膨大,先端 5 裂。裂片钻状披针形,萼脉 30 条;花瓣 5 片,紫色,倒卵形,先端有时有微凹,基部具爪,爪有两耳,和瓣片相连处有鳞片 9 枚;雄蕊 10 枚;子房长卵形,花柱 3 个。蒴果圆卵形或圆锥形,先端 5 裂。种子肾形。

毛萼麦瓶草(*S. repens*)

形态特征:多年生草本,高 15~50 cm;全珠被短柔毛。根状茎细长,匍匐地面。茎数个丛生,直立或上升,具分枝。叶线状披针形、狭披针形或倒披针形,长 2~7 cm,宽 2~8 mm。花数朵,集生于茎上部,形成聚伞状狭圆锥花序;苞片叶状;萼筒状棍棒形,先端膨大;花瓣白色、淡绿色,稀为淡黄色,先端 2 深裂;雄蕊 10,稍超出花冠;花柱 3,超出花冠。蒴果卵形。种子圆肾形。

毛茛科 Ranunculaceae

甘青侧金盏花(*Adonis bobroviana*)

形态特征:根状茎长10 cm以上,粗约1.2 cm,上部分枝。茎高达30 cm,有极短的腺毛(在茎上部最密),常自下部分枝,枝直展或斜展。基生叶和茎下部叶鳞片状,长2~3 cm。茎中部以上叶发育,有极短柄或无柄,卵形或狭卵形,2~3回羽状细裂。花直径2~4 cm;萼片5片,带紫色,菱状卵形,有少数腺毛;花瓣9~13片,黄色,外面带紫色,倒披针形或长圆形。瘦果倒卵球形,宿存花柱短,向下钩状弯曲。

芹叶铁线莲(*Clematis aethusifolia*)

种别名:透骨草

形态特征:草质藤本。直根细长。枝纤细,长2 m,径约2 mm,疏被短柔毛或近无毛。叶对生,三至四回羽状细裂,长7~14 cm;羽片3~5对,末回裂片披针状条形;叶柄长约2 cm,疏被柔毛。聚伞花序腋生,具1~3花;花梗细长,长9 cm;花萼钟状,淡黄色,萼片4片,矩圆形,长1~1.8 cm;无花瓣;雄蕊多数,长为萼片之半。瘦果倒卵形,扁,红棕色,羽毛状花柱长3 cm。

短尾铁线莲(*C. brevicaudata*)

形态特征:藤本。枝条暗褐色,疏生短毛。叶对生,一至二回三出或羽状复叶,小叶卵形至披针形,长1.5~6 cm,先端渐尖成尾状,基部圆形,边缘具缺刻状牙齿,有时3裂,两面散生短毛或近无毛。复聚伞花序腋生或顶生;花直径1~1.5 cm;萼片4片,展开,白色或带淡黄色,狭倒卵形,长约6 mm,外面沿边缘密生短毛;无花瓣;雄蕊多数,无毛。瘦果宽卵形,宿存羽毛状花柱长达2.8 cm。

灌木铁线莲（*C. fruticosa*）

形态特征：直立小灌木，高达 1 m 多。枝有棱，紫褐色，有短柔毛，后变无毛。单叶对生或数叶簇生，叶柄长 0.3~1 cm 或几无柄，叶片绿色，薄革质，1.5~4(~6) cm，宽 0.5~1.5(~3) cm，顶端锐尖，边缘疏生锯齿状牙齿，有时 1~2 个，下半部常成羽状深裂以至全裂。花单生，或聚伞花序有 3 花，腋生或顶生；萼片 4，斜上展呈钟状，黄色；雄蕊无毛，花丝披针形，比花药长。瘦果扁，宿存花柱长达 3 cm，有黄长柔毛。

黄花铁线莲（*C. intricate*）

种别名：透骨草

形态特征：多年生草质藤本植物。茎攀援，多分枝。叶对生，二回羽状复叶，灰绿色。聚散花序腋生，通常具 2~3 花，花萼黄色 4 枚，雄蕊多敬。瘦果顶端宿存羽毛状花柱，长达 5 cm，瘦果多数聚集呈丝绒般球状。花期 7~8 月，果期 8 月。

翠雀（*Delphinium grandiflorum*）

别称：大花飞燕草

形态特征：多年生草本，高 35~65 cm。全株被柔毛。茎具疏分枝，圆锥状花序。叶互生，掌状深裂，基生叶和茎下部叶具长柄；叶片圆肾形，三全裂，长 2.2~6 cm，宽 4~8 cm，裂片细裂，小裂片条形，宽 0.6~2.5 mm。总状花序具 3~15 花；萼片 5 片，花瓣状，蓝色或紫蓝色；退化雄蕊 2 枚；雄蕊多数；心皮 3 个，离生。盛花时更加一群蓝色小鸟从天而降，十分动人。蓇葖果 3 个聚生。

圆叶碱毛茛（*Halerpestes cymbalaria*）
种别名：水葫芦苗

形态特征：多年生草本，具匍匐茎。叶均基生，叶片近圆形、肾形或宽卵形，长 0.4~2.5 cm，宽 0.4~2.8 cm，3 或 5 浅裂，有时 3 裂近中部，基部宽楔形、截形或心形，基出脉 3 条；叶柄长 3~13 cm。花茎高 4.5~16 cm；苞片条形；花径约 7 mm；萼片 5 片，淡绿色，无毛；花瓣 5 片，黄色，狭椭圆形，基部具蜜槽；雄蕊和心皮均多数。聚合果卵球形，长达 6 mm；瘦果紧密排列，扁，具纵肋。

长叶碱毛茛（*H. ruthenica*）

形态特征：多年生草本。花期 5~6 月，果期 7~8 月。以种子及匍匐茎进行繁殖。成株有细长的匍匐茎，长 3~30 cm，于节处生根，叶簇生，叶片卵形或卵状椭圆形，长 1.5~5 cm，宽 0.8~2.5 cm。花葶高 10~20 cm，有 1~3 花。花瓣黄色，6~12 片，倒卵形。子实聚合果卵球形，长 3~12 mm，宽约 8 mm，瘦果极多，斜倒卵形，基部渐狭，长 2~3 mm，无毛，边缘有狭棱，两面有 3~5 条分歧的纵肋，喙短而直。

芍药（*Paeonia lactiflora var. lactiflora*）

形态特征：多年生宿根草本花卉。它的主根肉质，粗壮，纺锤形和长柱形，粗 0.6~3.5 cm，浅黄褐色或灰紫色。混合芽，丛生在根颈上，肉质，水红色至浅紫红色，也有黄色的，外有鳞片保护。二回三出羽状复叶，长 20~24 cm，小叶有椭圆形、狭卵形、披针形等。花蕾形状有圆桃、平圆桃、扁圆桃、尖圆桃等数种。外轮萼片叶状，内萼片 3 枚，花瓣 5~10 枚，白色或粉红色。蓇葖果。

展枝唐松草(*Thalictrum squarrosum*)

形态特征：多年生草本。无毛，高达100 cm，叶集生于茎中部，三至四回三出羽状复叶，小叶卵形或倒卵形，全缘或3浅裂，裂片钝或尖，有时具1~2锯齿，长8~25 mm，宽3~18 mm，叶柄基部具短鞘；托叶膜质，撕裂状。圆锥花序二叉状分枝，开展，花柄长1.5~3 cm，在果时达3.5~6 cm；萼片长3.5 mm，椭圆形，雄蕊5~10枚，花丝丝状，花药线形，心皮1~3个，无柄。瘦果无柄，直或微弯，长圆状倒卵形。

箭头唐松草(*T. simplex*)

形态特征：多年生草本。植株无毛，茎直立，高达100 cm，具纵棱。中下部叶为2~3回三出羽状复叶，叶柄长3~7 cm 叶集生于茎中部；茎上部叶为一回三出羽状复叶。小叶狭卵形或狭倒卵形，3裂，裂片尖；托叶膜质，撕裂状。圆锥花序狭窄，雄蕊11~15枚，花丝丝状，花药黄色，心皮3~8个。瘦果狭卵形，有8条纵勒。

小檗科　Berberidaceae

西伯利亚小檗(*Berberis sibirica*)

形态特征：落叶灌木，高0.5~1m。老枝暗灰色，无毛，幼枝被微柔毛，具条棱，带红褐色；茎刺3~5~7分叉。叶纸质，倒卵形，倒披针形或倒卵状长圆形，长1~2.5 cm，宽5~8 mm，先端圆钝，具刺尖，叶缘有时略呈波状，每边具4~7硬直刺状牙齿；叶柄长3~5 mm。花单生；萼片2轮；花瓣倒卵形。浆果倒卵形，红色，长7~9 mm，直径6~7 mm，顶端无宿存花柱，不被白粉。花期5~7月，果期8~9月。

罂粟科　Papaveraceae

角茴香（*Hypecoum erectum*）
种别名：山黄连、野茴香

形态特征：一年生草本，高 5~30 cm。茎圆柱形，二歧式分枝。基生叶多数，丛生；叶柄细长，基部扩大成鞘；叶片披针形，长 3~8 cm，多回羽状分裂，末回裂片线形，茎生叶与基生叶同形。二歧聚伞花序具多花，花大；苞片钻形；萼片 2 片，狭卵形；花瓣 4 片，淡黄色。蒴果长角果状，先端渐尖，两侧压扁，成熟时分裂成 2 果瓣，种子多数，近四棱形，两面具十字形突起，深褐色。

虞美人（*Papaver rhoeas*）

形态特征：一年生草本。茎高 30~80 cm，分枝，有伸展的糙毛。叶互生，羽状深裂，裂片披针形或条状披针形，顶端急尖，边缘生粗锯齿，两面有糙毛。花蕾卵球形，有长梗，未开放时下垂；萼片绿色，椭圆形，长约 1.8 cm，花开后即脱落；花瓣 4 片，紫红色，基部常具深紫色斑，宽倒卵形或近圆形，长约 3.5 cm；雄蕊多数，花丝深红紫色，花药黄色；雌蕊倒卵球形，长约 1 cm，柱头辐射状。

十字花科　Cruciferae

油菜（*Brassica campestris*）

形态特征：一年生草本。直根系。茎直立，分枝较少，株高 30~90 cm。叶互生，分基生叶和茎生叶两种。基生叶不发达，匍匐生长，椭圆形，长 10~20 cm，有叶柄，大头羽状分裂，顶生裂片圆形或卵形，侧生琴状裂片 5 对，密被刺毛，有蜡粉。茎生叶和分枝叶无叶柄。总状无限花序，着生于主茎或分枝顶端。花黄色，花瓣 4 片，为典型的十字型。雄蕊 6 枚。长角果条形，长 3~8 cm。种子球形。

甘蓝(*B. oleracea*)

形态特征:一、两年生草本植物,其食用部分为肉质球茎,质脆嫩,可鲜食及腌制。茎蓝是甘蓝中能形成肉质茎的一个变种,与结球甘蓝相比,其食用部位不同。

青菜(*B. chinensis*)

形态特征:根粗,常成纺锤形块根,顶端常有短根茎。基生叶倒卵形,长20~30 cm,深绿色,有光泽,叶全缘,中脉白色,叶柄长3~5 cm。总状花序顶生,圆锥状,花浅黄色,长约1 cm。长角果线形,种子球形。花期4月,果期5月。

芥菜(*B. juncea*)

形态特征:一年生或两年生草本。起源于亚洲,是中国著名的特产蔬菜,欧美各国极少栽培。芥菜的主侧根分布在约的土层内,茎为短缩茎。叶片着生短缩茎上,有椭圆、卵圆、披针等形状。叶色绿、深绿、浅绿、黄绿、绿色间紫色或紫红。叶面平滑或皱缩。叶缘锯齿或波状,全缘或有深浅不同、大小不等的裂片。花冠十字形,黄色,四强雄蕊,异花传粉,但自交也能结实。种子圆形或椭圆形。

卷心菜(*B. oleracea var.capitata*)

别称：结球甘蓝，洋白菜、圆白菜、包心菜

形态特征：为甘蓝（*Brassica oleracea* L.）的变种。又名卷心菜、洋白菜、疙瘩白、包菜、圆白菜、包心菜、莲花白等。两年生草本，被粉霜。矮且粗壮一年生茎肉质，不分枝，绿色或灰绿色。基生叶多数，质厚，层层包裹成球状体，扁球形，直径 10~30 cm 或更大，乳白色或淡绿色。

白菜(*B. rapa*)

形态特征：包括结球及不结球两大类群。结球白菜统称北京白菜（*B. pekinensis*）又叫大白菜，叶浅绿色，有皱，叶球抱合紧密。其中一个类型天津白菜，叶球细长，圆柱状，高 45 cm。不结球白菜统称中国白菜（*B. chinensis*），又称中国芥菜、小白菜，叶光泽，深绿色；叶柄厚，白色，脆；不形成叶球；黄色的菜心很受欢迎。

芜菁(*B. campestris*)

中文别名：蔓菁、大头菜

形态特征：两年生草本，高达 90 cm。块根肉质，球形、扁圆形或有时长椭圆形，须根多生于块根下的直根上。茎直立，上部有分枝，基生叶绿色，羽状深裂，长而狭，长 30~50 cm，其中 1/3 为柔弱的叶柄而具有少数的小裂片或无柄的小叶，顶端的裂片最大而钝，边缘波浪形或浅裂，其他裂片越下越小，上面有少许散生的白色刺毛。总状花序长，花小，鲜黄色。长角果圆柱形。

荠菜（*Capsella bursa-pastoris*）

形态特征：一年生或二年生草本植物。茎直立，有分枝，高 5~50 cm。全株稍有单毛及星状毛。基生叶丛生，呈莲座状，平铺地面，具长柄，大头羽状分裂，不整齐羽状分裂或不分裂，连叶柄长 3~10 cm，宽 8~20 mm；茎生叶无柄，狭披针形，长 1~4 cm，宽 2~13 mm，先端锐尖，基部箭形且抱茎，全缘或具疏细齿。总状花序顶生和腋生。短角果倒三角形或倒心形。

芝麻菜（*Eruca sativa*）

种别名：芸芥

形态特征：一年生草本植物，直根发达，根系入土深，成株株高 30~40 cm，茎圆形，上有细茸毛，茎粗 0.2~0.4 cm，叶羽状，深裂，叶缘波状，叶长 10~15 cm，宽 5~8 cm，叶柄长 5~7 cm；花黄色。

独行菜（*Lepidium apetalum*）

种别名：辣辣

形态特征：一年生或两年生草本，高 5~30 cm；茎直立或斜升，多分枝，被微小头状毛。基生叶莲座状，平铺地面，羽状浅裂或深裂，叶片狭匙形，长 2~4 cm，宽 5~10 mm，叶柄长 1~2 cm；茎生叶狭披针形至条形，长 1.5~3.5 cm，宽 1~4 mm，有疏齿或全缘；总状花序顶生；雄蕊 2 枚，稀 4 枚，位于子房两侧，伸出萼片外。短角果扁平。种子近椭圆形，长约 1 mm。

宽叶独行菜（*L. latifolium*）
种别名：羊辣辣、大辣辣

形态特征：多年生草本，高 30~150 cm，全株浅灰绿色或浅绿色。直根系，入土深 30~110 cm，主要集中在 20~30 cm 土层中。茎直立，上部分枝，无毛或疏被柔毛。基生叶和下部叶矩圆形或椭圆形，长 4~13 cm，宽 2~5 cm，先端钝，基部渐狭，边缘有粗锯齿，中部叶无柄，矩圆状披针形或卵状披针形，先端钝或尖，上部叶无柄。总状花序顶生。短角果宽卵形或近圆形。

燥原荠（*Ptilotricum canescens*）
形态特征：半灌木状草本，高 10~20 cm，全株密被灰色星状毛，茎直立，从下部分枝。叶无柄，密生，线形，长 1.5~2 cm，宽 1~2 mm，基部渐狭，先端急尖，密被灰色星状毛。总状花序顶生，果期伸长，花白色；萼片直立；雄蕊 6 枚，无牙齿，花丝及瓣爪下部皆有颗粒状附属物；长雄蕊无蜜腺，在短雄蕊基部两侧各有 1 半月状蜜腺；子房无柄，密被灰色星状毛，花柱无毛。短角果椭圆形或椭圆状卵形。

沙芥（*Pugionium cornutum*）
形态特征：两年生草本。高 50~120 cm，根圆柱形，肉质。茎直立，无毛，多分枝。基生叶莲座状，肉质，条状矩圆形，长 10~25 cm，宽 3~4.5 cm，羽状全裂，具 3~6 对裂片，裂片卵形，矩圆形或披针形，茎生叶羽状全裂，裂片条状披针形，茎上部叶条状披针形或条形。总状花序顶生或腋生，组成圆锥状花序。短角果两侧具长翅，翅披针形，长 2~3 cm，宽 3~5 mm，果核扁椭圆形，表面有刺状的突起。

宽翅沙芥（*P. dolabratum*）

种别名：斧形沙芥

生境：在内蒙古生长于草原、荒漠草原及草原化荒漠地带的半固定沙地。

形态特征：一年生草本植物。

药用部位：全草及根入中药，根入蒙药。

药用功能：行气，止痛，消食，解毒。治消化不良，胸胁胀满，食物中毒。

萝卜（*Raphanus sativus*）

形态特征：两年生草本；根肉质，一般为圆锥形、球形或圆柱形，白色、绿色或红色等，变化较多。茎直立，高达 1 m，常分枝。基生叶和茎下部叶大头羽裂，连叶柄长达 30 cm，顶生裂片卵形，侧生裂片 2~6 对，向基部渐小，边缘具锯齿或缺刻，稀全缘，疏生单毛或无毛；茎上部叶矩圆形。总状花序顶生；萼片 4 片，两轮；花瓣 4 片，粉红色或白色，宽倒卵形。长角果肉质，圆柱形。种子近球形。

蚓果芥（*Torularia humilis*）

形态特征：多年生草本，高 5~30 cm，被 2 叉毛，并杂有 3 叉毛，毛的分枝弯曲，有的在叶上以 3 叉毛为主；茎自基部分枝，有的基部有残存叶柄。基生叶窄卵形，早枯；下部的茎生叶变化较大，叶片宽匙形至窄长卵形，长 5~30 mm，宽 1~6 mm，顶端钝圆，基部渐窄，近无柄，或具 2~3 对明显或不明显的钝齿；中、上部的条形；最上部数叶常入花序而成苞片。花序呈紧密伞房状。长角果筒状。种子长圆形。

景天科 Crassulaceae

瓦松(*Orostachys fimbriatus*)

形态特征：多年生植物，广泛分布在深山向阳坡面，岩石隙间，古老屋瓦缝中也有生长，耐旱耐寒。早春积雪溶化，丛生山间，鳞茎如松树的球果，随气温暖和，鳞片开裂如瓦，呈莲花状。球体中间抽茎高 30~40 cm，茎的周围排列长穗状小花序，远望整体如松，故此得名。鳞茎叶肉质、肥厚、多浆，鳞片呈长椭圆形，先端尖锐，表面平滑，叶面带紫色无明显的主根，须根繁盛。花瓣分 5 片。

费菜(*Sedum aizoon*)

种别名：见血散、土三七

形态特征：多年生肉质草本。根状茎粗而木质。茎直立，高 15~40 cm，圆柱形，无毛。叶互生，倒卵形，或长椭圆形，长 2.5~5 cm，宽 5~12 mm，中部以上最广，先端稍圆，基部楔形，边缘近先端处有齿牙，几无柄。聚伞花序顶生，疏松；萼片 5 片，披针形，钝头；花瓣 5 片，橙黄色，披针形，锐头；雄蕊 10 片，几与花瓣等长；鳞片小；雌蕊 5 片，离生，较雄蕊稍长。蓇葖果星芒状开展，带红色或棕色。

虎耳草科 Saxifragaceae

香茶藨子(*Ribes odoratum*)

形态特征：落叶灌木，高可达 2 m，干皮黑褐色片状剥裂。小枝褐色，有毛无刺。单叶互生，叶片卵圆形，长 4~10 cm，宽 3~6 cm，上部 3~5 深裂，裂片先端具粗齿，叶基楔形，全缘，两面无毛或仅叶背具细毛和锈斑。叶具长叶柄。总状花序有花 5~10 朵，两性花，具叶状苞片，花萼管状，黄色，上部 5 裂外翻。花瓣小，红色，与萼裂互生，花丝条片状，与花瓣互生。花部 5 数，浆果球形。

蔷薇科 Rosaceae

花红（*Malus asiatica*）
种别名：沙果、林檎、文林郎果
形态特征：蔷薇科，苹果属，小乔木，高4~6 m。小支粗状，幼时密被绒毛；老枝暗紫色，无毛。叶椭圆形到卵形，长5~11 cm，先端尖，基部圆形或广楔形，缘有细锐锯齿，北面密被短绒毛。花粉红色，径3~4 cm，花柱常为4个。果卵形或近球形，径4~5 cm，黄色或带红色，具隆起宿存萼。

苹果（*Malus pumila*）
形态特征：蔷薇科，苹果属，乔木，高达15 m，树干灰褐色，老皮有不规则的纵裂或片状剥落，小枝幼时密生绒毛，后变光滑，紫褐色。叶序为单叶互生，椭圆形到卵形，长4.9~10 cm，先端尖，缘有圆钝锯齿，暗绿色。花白色带红晕，径3~5 cm，花梗与花萼均具有灰白色绒毛，萼叶长尖，宿存，雄蕊20，花柱5个，大多数品种自花不育，需种植授粉树。果为略扁之球形，直径多5 cm以上。

海棠花（*Malus spectabilis*）
形态特征：乔木，高可达8 m；小枝粗壮；圆柱形，幼时具短柔毛，逐渐脱落，老时红褐色或紫褐色，无毛；冬芽卵形，先端渐尖，微被柔毛；紫褐色，有数枚外露鳞片。叶片椭圆形至长椭圆形，长5~8 cm，宽2~3 cm，先端短渐尖或圆钝，基部宽楔形或近圆形，边缘有紧贴细锯齿，有时部分近于全缘，花序近伞形，果实近球形，直径2 cm，黄色。

鹅绒委陵菜（*Potentilla anserine*）

种别名：曲尖委陵菜、仙人果

形态特征：多年生匍匐草本。根肥大，富含淀粉。纤细的匍匐枝沿地表生长，可达97 cm，节上生不定根、叶与花梗。羽状复叶，基生叶多数，叶丛直立状生长，叶柄长4~6 cm，小叶15~17枚，无柄，长圆状倒卵形、长圆形，边缘有尖锯齿，背面密生白绢毛。花鲜黄色，单生于由叶腋抽出的长花梗上。瘦果椭圆形，宽约1 mm，褐色，表面微被毛。

星毛委陵菜（*P. acaulis*）

种别名：无茎委陵菜

形态特征：多年生矮小草本，植株全部被星状毛、叶丛高1.2~3(5)cm，生殖枝高1.5~7(10)cm，具细长横行根状茎，褐色，自节上分生新植株。主茎甚短，自基部分枝，掌状三出复叶，小叶倒卵形，基部楔形，边缘具钝齿，灰绿色，托叶革质，与叶俩合生。花黄色，单生或由2~5朵形成聚伞花序。瘦果椭圆形，褐色。

二裂委陵菜（*P. bifurca*）

种别名：痔疮草，叉叶委陵菜

形态特征：多年生草本或亚灌木。根圆柱形，纤细，木质。花茎直立或上升，高5~20 cm，密被疏柔毛或微硬毛。羽状复叶，有小叶5~8对，最上面2~3对小叶基部下延与叶轴汇合，连叶柄长3~8 cm；叶柄密被疏柔毛或微硬毛，小叶片无柄，对生稀互生，椭圆形或倒卵椭圆形，长0.5~1.5 cm，宽0.4~0.8 cm，顶端常2裂，稀3裂，基部楔形或宽楔形。疏散；瘦果表面光滑。

委陵菜(*P. chinensis*)

种别名:白草,生血丹,扑地虎

形态特征:委陵菜多年生草本,高30~60 cm。根肥大,圆锥状。茎直立,密生灰白色绵毛。单数羽状复叶,基生叶有小叶8~11对,顶端小叶最大,两侧小叶向下渐次变小,小叶狭长椭圆形,长2~5 cm,宽8~15 mm,边缘羽状深裂。裂片三角状披针形,边缘向下反卷,上面被短柔毛,下面密生白绵毛。花多数,顶生,呈伞房状聚伞花序;瘦果卵圆形,长约2 mm,褐色,光滑。

多茎委陵菜(*P. multicaulis*)

种别名:猫爪子(陕西)

形态特征:多年生草本。根粗壮,圆柱形。花茎多而密集丛生,上升或铺散,长5~35 cm,常带暗红色,被白色长柔毛或短柔毛。基生叶为羽状复叶,有小叶4~6对稀达8对,间隔0.3~0.8 cm,连叶柄长3~10 cm,叶柄暗红色,被白色长柔毛,上部小叶远比下部小叶大,长0.5~2 cm,宽0.3~0.8 cm;基生叶托叶膜质,棕褐色。聚伞花序多花,瘦果卵球形有皱纹。

匍匐委陵菜(*P. reptans*)

形态特征:多年生草本,长25~50 cm,有根状茎。茎匍匐,节上生根,有疏柔毛。基生叶,掌状,小叶5~7个;倒卵状披针形或长圆状倒卵形,长1~3 cm,宽0.6~1.2 cm,基部楔形,边缘有钝锯齿,两面有疏柔毛,下面较密;叶柄细长,有疏柔毛;托叶膜质,褐色;茎生叶与基生叶相似,小叶3~5个,托叶草质,长圆状披针形或卵形,有疏柔毛。花大,有疏柔毛;瘦果长圆状卵形,褐色。

西山委陵菜(*P. Sischanensis*)

形态特征：多年生草本。根粗壮，圆柱形，木质化。花茎丛生，直立或上升，高10~30 cm，被白色绒毛及稀疏长柔毛，老时脱落。基生叶为羽状复叶，亚革质，有小叶3~5对，稀达8对，间隔0.5~1.8 cm，连叶柄长3~25 cm，稀达30 cm，叶柄被白色绒毛及稀疏长柔毛；小叶对生稀下部小叶互生，卵形，长椭圆形或披针形，长0.5~3 cm，宽0.4~1.5 cm，边缘羽状深裂几达中脉，聚伞花序疏生，瘦果卵圆形。

杏(*Armeniaca vulgaris*)

种别名：杏子

形态特征：落叶小乔木，高4~10 m。单叶互生，卵形至近圆形，长5~9 cm，宽4~8 cm，先端有短尖头或渐尖，基部圆形或微心形，边缘有圆钝锯齿，两面无毛或下面主脉具疏柔毛及脉间有髯毛；叶柄长2~3 cm，近顶端有2个腺体。花单生，先叶开放，直径2~3 cm，无梗或有极短梗；核果卵圆形，直径约2.5 cm，黄白色或黄红色，常有红晕，微被短柔毛或无毛。

紫叶李(*Prunus cerasifera*)

形态特征：又名红叶李，为蔷薇科李属落叶小乔木，高可达8 m，干皮紫灰色，小枝淡红褐色，均光滑无毛，单叶互生，叶卵圆形或长圆形状披针形，长4.5~6.0 cm，宽2~4 cm，先端短尖，基部楔形，缘具尖细锯齿，羽状脉5~8对，两面无毛或背面脉腋有毛，色暗绿色或紫红，叶柄光滑多无腺体，花单生或2朵簇生，白色，雄蕊约25枚，略短于花瓣，花部无毛，核果扁球形。

山桃（*Amygdalus davidiana*）

形态特征：落叶乔木，可高达 10 m。树皮暗紫色或灰褐色，枝条多直立。小枝纤细，无毛。腋芽 3 个，并立，中间为叶芽，两侧为花芽。叶卵状披针形，长 6~10 cm，宽 2~4 cm，先端长渐尖，基部宽楔形，边缘具细锐锯有或无腺点。花单生，先叶开放，近无梗，直径 2~3 cm，萼筒钟状，无毛，裂片。

蒙古扁桃（*A. mongolica*）

形态特征：灌木，高 1~2 m；枝条开展，多分枝，小枝顶端转变成枝刺；嫩枝红褐色，被短柔毛，老时灰褐色。短枝上叶多簇生，长枝上叶常互生；叶片宽椭圆形、近圆形或倒卵形，长 8~15 mm，宽 6~10 mm，先端圆钝，有时具小尖头，基部楔形，两面无毛，叶边有浅钝锯齿，侧脉约 4 对，下面中脉明显突起；叶柄长 2~5 mm，无毛。花梗极短；萼筒钟形，长 3~4 mm，无毛；果实宽卵球形。

柄扁桃（*A. pedunculata*）

形态特征：灌木，高 1~1.5 m。多分枝，枝开展，老枝灰褐色，嫩枝浅褐色，常被短柔毛，在枝上常 3 个芽并生，中间是叶芽，两侧是花芽。单叶互生或簇生于短枝上，叶片倒卵形，椭圆形，近圆形或倒披针形，长 1~3 cm，宽 0.7~2 cm，先端锐尖或圆钝，基部宽楔形，边缘有锯齿，叶柄长 2~4 mm，托叶条裂，边缘有腺体。花单生于短枝上，直径 1~1.5 cm，花梗长 2~4 mm；萼筒宽钟状，核果近球形。

桃（A. persica）

形态特征：乔木，高 3~8 m；树冠宽广而平展；树皮暗红褐色，老时粗糙呈鳞片状；小枝细长，无毛，有光泽，绿色，向阳处转变成红色，具大量小皮孔；冬芽圆锥形，顶端钝，外被短柔毛，常 2~3 个簇生，中间为叶芽，两侧为花芽。叶片长圆披针形、椭圆披针形或倒卵状披针形，长 7~15 cm，宽 2~3.5 cm，先端渐尖，基部宽楔形，上面无毛，叶边具细锯齿或粗锯齿。

李（P. salicina）

形态学特征：小乔木，高 9~12 m，树冠广球形；树皮灰褐色，起伏不平；小枝平滑无毛，灰绿色，有光泽；叶片长圆倒卵形或长圆卵圆形，长 6~12 cm，宽 3~5 cm，先端渐尖或急尖，基部楔形，侧脉 6~10 对，与主脉呈 45°角，急剧地弯向先端，边缘具圆钝重锯齿，花通常 3 朵并生；萼筒钟状，无毛，核果球形、卵球形、心脏形或近圆锥形。

山杏（A. sibirica）

形态特征：小乔木，高 1.5~5 m；树皮暗灰色，纵裂，小枝暗紫红色，被短柔毛或近无毛，有光泽。单叶，互生，宽卵形至近圆形，长 3~6 cm，宽 2~5 cm，先端渐尖或短骤尖，基部截形，近心形，边缘有钝浅锯齿，两面近无毛；叶柄长 1~3 cm，被短柔毛或近无毛；托叶膜质，极微小，条状披针形，边缘有腺齿，被毛，早落。花单生；萼筒钟状，萼片 5 片，果近球形。

榆叶梅（*Amygdalus triloba*）

形态特征：因叶似榆叶而得名，是中国北方地区普遍栽培的早春观花树种。落叶灌木，高 3~5 m，小枝细，无毛或幼时稍有柔毛。叶椭圆形至倒卵形。呈半球形的植株全部布满色彩艳丽的花朵，十分美丽且壮观。榆叶梅品种极为丰富，据调查，北京具有 40 多个品种，且有花瓣达到 100 枚以上者，还有长梗等类型。枝细小光滑，于红褐色，主干树皮剥裂。花有单瓣、重瓣和半重瓣之分。

杜梨（*Pyrus betulifolia*）

种别名：棠梨、土梨、海棠梨

形态特征：乔木，高达 10 m，树冠开展，枝常具刺；小枝嫩时密被灰白色绒毛，两年生枝条具稀疏绒毛或近于无毛，紫褐色；冬芽卵形，先端渐尖，外被灰白色绒毛。叶片菱状卵形至长圆卵形；长 4~8 cm；宽 2.5~3.5 cm，先端渐尖，基部宽楔形，稀近圆形，边缘有粗锐锯齿，伞形总状花序；有花 10~15 朵；总花梗和花梗均被灰白色绒毛，果实近球形；直径 5~10 mm，2~3 室，褐色。

白梨（*P. bretschneideri*）

形态特征：乔木，高达 5~8m，树冠开展；小枝粗壮，圆柱形，微屈曲，嫩时密被柔毛，不久脱落，两年生枝紫褐色，具稀疏皮孔；冬芽卵形，先端圆钝或急尖，鳞片边缘及先端有柔毛，暗紫色6叶片卵形或椭圆卵形，长 5~11 cm，宽 3.5~6 cm，先端渐尖稀急尖，基部宽楔形，稀近圆形，边缘有尖锐锯齿，齿尖有刺芒，微向内合拢，嫩时紫红绿色；伞形总状花序，果实卵形或近球形。

月季(*Rosa chinensis*)

形态特征:茎为棕色偏绿,具有钩刺或无刺,但也有几乎没有刺的月季。小枝绿色,叶为墨绿色,叶互生,奇数羽状复叶,小叶一般3~5片,宽卵形(椭圆)或卵状长圆形,长2.5~6 cm,先端渐尖,具尖齿,叶缘有锯齿,两面无毛,光滑;托叶与叶柄合生,全缘或具腺齿,顶端分离为耳状。花生于枝顶,花朵常簇生,稀单生,果卵球形或梨形,长1~2 cm,萼片脱落。"种子"为瘦果,栗褐色。

多花蔷薇
(*R. multiflora* var. *cathayensis*)

形态特征:落叶蔓性灌木,高达2~3 m,茎枝具扁平皮刺,奇数羽状复叶互生,有小叶5~9枚,卵形或椭圆形,缘具锐齿,先端钝圆具小尖,基部宽楔形或圆形,叶表绿色有疏毛,叶背密被灰白绒毛,托叶下常有刺,花多朵呈密集圆锥状伞房花序,单瓣或半重瓣,白色或略带粉晕,花径2~3 cm,微有芳香,花柱伸出花托口外,与雄蕊近等长,子房下位,蔷薇果球形,径约6 mm,熟时褐红色。

玫瑰(*R. rugosa*)

形态特征:直立灌木,高约2 m;枝干粗壮,有皮刺和刺毛,小枝密生绒毛。羽状复叶;小叶5~9片,椭圆形或椭圆状倒卵形,长2~5 cm,宽1~2 cm,边缘有钝锯齿,质厚,上面光亮,多皱,无毛,下面苍白色,有柔毛及腺体;叶柄和叶轴有绒毛及疏生小皮刺和刺毛;托叶大部附着于叶柄上。花单生或3~6朵聚生;花梗有绒毛和腺;蔷薇果扁球形,直径2~2.5 cm,红色,平滑,具宿存萼裂片。

黄刺玫（*R. xanthine*）

形态特征：直立灌木，高 2~3 m；小枝无毛，有散生皮刺，无针毛。小叶 7~13，连叶柄长 3~5 cm；小叶片宽卵形或近圆形，稀椭圆形，边缘有圆钝锯齿，上面无毛，幼嫩时下面有稀疏柔毛，逐渐脱落；叶轴、叶柄有稀疏柔毛和小皮刺；托叶条状披针形，大部分贴生于叶柄，离生部分呈耳状，边缘有锯齿和腺毛。蔷薇果近球形或倒卵形，紫褐色或黑褐色。

珍珠梅（*Sorbaria sorbifolia*）

形态特征：别名：喷雪花。落叶灌木，高 2~3 m。枝开展；小枝弯曲，无毛或微被短柔毛，幼时嫩绿色，老时暗黄褐色或暗红褐色。冬芽卵形，称端圆钝，无毛或被疏柔毛，紫褐色，具数枚鳞片。奇数羽状复叶，小叶 7~17 枚，连叶柄长 13~23 cm，叶轴微被短柔毛；托叶叶质，卵状披针形至三角状披针形，边缘有不规则锯齿或全缘，长 8~13 mm，宽 8 mm；圆锥花序，蓇葖果长圆形。

豆科　Leguminosae

蒙古沙冬青
（*Ammopiptanthus mongolicus*）

形态特征：常绿灌木，高 1~2 m，多分枝，树皮黄色；枝黄绿色或灰黄色，幼枝密被灰白色平伏绢毛。叶为掌状三出复叶，少为单叶，或三角状披针形，叶柄密被银白色绢毛；托叶小，与叶柄连合而抱茎；小叶菱状椭圆形或卵形，先端锐尖、钝或微凹，两面密被银灰色毡毛。总状花序顶生，具 8~10 朵花，苞片卵形，被白色绢毛；荚果扁平，线状长圆形，无毛，先端有短尖，含种子 2~5 粒；种子球状肾形。

紫穗槐（*Amorpha fruticosa*）

形态特征:豆科紫穗槐属,落叶灌木。高1~4 m,丛生、枝叶繁密,直伸,皮暗灰色,平滑,小枝灰褐色,有凸起锈色皮孔,幼时密被柔毛;侧芽很小,常两个叠生。叶互生,奇数羽状复叶,小叶11~25片,卵形,狭椭圆形,先端圆形,全缘,叶内有透明油腺点。总状花序密集顶生或要枝端腋生,花轴密生短柔毛。荚果弯曲短,穗状花序常1至数个顶生和枝端腋生,荚果下垂,表面有凸起的疣状腺点。

花生（*Arachis hypogaea*）

别称:落花生,长生果,地豆

形态特征:圆锥根系,主茎直立,绿色,有的品种带有不同深浅的花青素,1次分枝上着生2次分枝和花序。叶互生,为4小叶偶数羽状复叶,有叶柄和托叶,小叶片椭圆、长椭圆、倒卵和宽倒卵形,也有细长披针形小叶,叶面较光滑,叶背略显灰色,主脉明显,有茸毛,叶柄和小叶基部都有叶枕,总状花序,荚果。

沙打旺（*Astragalus adsurgens*）

种别名:直立黄芪、斜茎黄芪、麻豆秧

形态特征:多年生草本。高50~70 cm,全株被丁字形茸毛。主根粗长,侧根较多,主要分布于20~30 cm土层内,根幅达150 cm左右,根上着生褐色根瘤。茎直立或倾斜向上,丛生,分枝多,主茎不明显,一般10~25个。叶为奇数羽状复叶,有小叶3~27枚,长圆形,托叶膜质,卵形。总状花序,多数腋生,每个花序有小花17~79朵,花蓝色、紫色或蓝紫色。

乳白黄芪（A. galactites）
别称：白花黄芪

形态特征：多年生草本，高 5~15 cm，根粗壮，茎极短缩。羽状复叶有 9~37 片小叶；叶柄较叶轴短；托叶膜质，密被长柔毛，下部与叶柄贴生，上部卵状三角形；小叶长圆形或狭长圆形，稀为披针形或近椭圆形，长 8~18 mm，宽 15~16 mm，先端稍尖或钝，基部圆形或楔形，上面无毛，下面被白色伏贴毛。果实子房无柄，有毛，花柱细长。荚果小，卵形或倒卵形。

草木犀状黄芪（A. melilotoides）

形态特征：多年生草本。主根粗壮。茎直立或斜生，高 30~50 cm，多分枝，具条棱，被白色短柔毛或近无毛。羽状复叶有 5~7 片小叶，长 1~3 cm；叶柄与叶轴近等长；托叶离生，三角形或披针形，长 1~1.5 mm；小叶长圆状楔形或线状长圆形，长 7~20 mm，宽 1.5~3 mm，先端截形或微凹，基部渐狭，具极短的柄，两面均被白色细伏贴柔毛。总状花序生多数花，稀疏；荚果宽倒卵状球形或椭圆形；种子肾形。

狭叶锦鸡儿（Caragana stenophylla）

形态特征：矮灌木，高 15~70 cm。树皮黄褐色或灰褐色，有光泽。枝细长，有棱。托叶和叶轴在长枝上宿存，硬如针刺；短枝上的叶无叶轴。小叶 4 枚，假掌状排列，条状倒披针形，长 4~9(12) mm，宽 1~2 mm，先端钝或锐尖，有小刺尖，基部渐狭，两面疏被柔毛或近无毛。花单生，长 10~15(20) mm 叶短；花萼筒状，花冠蝶形，黄色，瓣圆形或宽倒卵形，子房无毛。荚果圆筒形，两端渐尖。

宁夏黄芪（*A. alaschanensis*）

形态特征：多年生草本。茎极短，丛生，被毡毛状白毛。奇数羽状复叶具小叶 11~27 片，小叶片倒卵形或近圆形，两面被开展白丁字毛。总状花序极短缩，花多数集生于叶丛基部，花萼筒状，萼齿线形；花冠粉红色或紫红色，旗瓣长圆形或匙形，先端圆或微凹，中部以下狭窄成柄。荚果卵形或卵状长圆形，稍膨胀。种子肾形。

扁茎黄芪（*A. complanatus*）

种别名：背扁黄芪、蔓黄芪

形态特征：多年生高大草本，全体被短硬毛。单数羽状复叶，互生，具短柄；托叶小，披针形；叶柄短，叶片椭圆形，长 6~14 mm，宽 3~7 mm，先端钝或微缺，有细尖，基部钝形至钝圆形，全缘，上面绿色，无毛，下面灰绿色。总状花序腋生；花冠蝶形，黄色，子房上位。密被白色柔毛，有子房柄，花柱无毛，柱头有画笔状白色髯毛。荚果纺锤形，长 3~4 cm，先端有较长的尖喙，种子圆肾形。

单叶黄芪（*A. efoliolatus*）

种别名：痒痒草

形态特征：多年生矮小草本，高 3~10 cm，地上茎短缩，呈莲座丛状。单叶互生，密集呈簇生状。叶片狭线形，呈禾草状，长 2~12 cm，宽 1~2 mm，中脉明显，先端渐尖，全缘，边缘常内卷，两面被灰白色丁字毛；托叶卵状披针形或卵形，长 5~6 mm，膜质，外面被丁字毛。总状花序腋生，荚果卵状矩圆形，长约 1 cm，疏被白色丁字毛。

矮锦鸡儿（*C. pygnaea*）

形态特征：矮灌木，高 30~100 cm。树皮金黄色，有光泽，小枝细长，有条棱。托叶硬化成针刺状，宿存。短枝上的叶无叶轴，偶数羽状复叶，小叶 4 片，假掌状或近簇生，条状倒披针形，长 8~22 mm，1~2.5 mm，先端尖锐或钝，有刺尖，基部渐狭；绿色，两面无毛。花萼筒状钟形；花冠蝶形，黄色，长 17~22 mm，子房条形，密被柔毛。荚果圆筒形，幼时被毛，成熟时近无毛。

多刺锦鸡儿（*C. spinosa*）

形态特征：矮灌木，高 20~50 cm。枝条伸展，多刺。老枝黄褐色，有棱条；小枝红褐色，粗壮，嫩时有毛。托叶三角状卵形，无针刺或极短，边缘有毛；叶轴在长枝者长 1~5 cm，红褐色或黄褐色，粗壮，嫩时有毛，硬化宿存，短枝上叶无柄；小叶在长枝者常 3 对，羽状，狭倒披针形或线形，长 1.5~2(3)cm，宽 2~3(5)mm，被伏贴柔毛，灰绿色。荚果长 2~2.5 cm，宽 3~4 mm。

白毛锦鸡儿（*C. licentiana*）

形态特征：灌木，高 40~60 cm，老枝绿褐色或红褐色，稍有光泽；嫩枝密被白色柔毛。托叶披针形，长 2~7 mm，硬化成针刺，密被灰白色短柔毛；叶柄长 2~3 mm，硬化成针刺，宿存；叶假掌状；小叶 4，倒卵状楔形或倒披针形；先端圆形，有时凹入，具刺尖，基部楔形，两面密被短柔毛。花梗单生或并生，长 6~20 mm；花冠黄色，长 20~22 mm，旗瓣宽倒卵形或近圆形，荚果圆筒形。

中间锦鸡儿（C. intermedia）
种别名：柠条
形态特征：灌木，高 70~150（200）cm，丛径 1~1.5 m，多分枝，树皮黄灰色、黄绿色或黄白色；枝条细长，幼时被绢状柔毛。托叶宿存，硬如针刺，长 4~7 mm；羽状复叶具小叶 6~18，宽 2~3 mm，先端钝圆或锐尖，有小刺尖，常中部以上具关节，萼筒状钟形，密被短柔毛；花冠蝶形，黄色；子房披针形，无毛或疏被短柔毛。荚果披针形或长圆状披外形，顶端短渐尖。

甘肃锦鸡儿（C. kansuensis）
形态特征：矮灌木，高 40~60 cm，基部多分枝，开展。枝条细长，灰褐色，疏被伏生柔毛，具凸起纵条纹。假掌状复叶有 4 片小叶，托叶长 1~3 mm，长枝者硬化成针刺，宿存；叶柄在长枝者长 4~10 mm，硬化，宿存，在短枝者长 1~2 mm，脱落，小叶线状倒披针形，长 5~12 mm，宽 1~2 mm，先端锐尖，具针刺，基部渐狭，两面绿色无毛或疏被短柔毛。荚果圆筒形，长 2.5~3.5 cm，宽 3~4 mm，先端尖。

柠条锦鸡儿（C. korshinskii）
种别名：毛条
形态特征：灌木，高 1.5~5 m。根系发达，一般入土深达 5~6 m，最深的可达 9 m 左右，水平伸展可达 20 余 m。树皮金黄色，有光泽，小枝灰黄色，具条棱，密被绢状柔毛。羽状复叶，具小叶 12~16，倒披针形或矩圆状倒披针形，两面密生绢毛。花单生，花萼钟状，花冠黄色、蝶形，子房疏被短柔毛。荚果披针形或短圆状披针形，稍扁，革质，深红褐色。种子呈不规则肾形。

小叶锦鸡儿（C. microphylla）

种别名：柠条，猴獠刺

形态特征：小叶锦鸡儿灌木，高 40~70 cm（1 m），常自基部分枝形成灌丛。树皮黄褐色，具条棱，当年枝条白色，被短柔毛。托叶宿存硬化成针刺状，长 5~8 mm；叶轴脱落，常 2~3 簇生；双数羽状复叶，小叶 10~20，倒卵形或倒卵状矩圆形，长 3~10 mm，宽 2~5 mm，先端微凹或圆形，具小刺尖，基部宽楔形；花冠蝶形，黄色，荚果条形，扁平，长 4~5 cm，宽 4~6 mm。

甘蒙锦鸡儿（C. opulens）

形态特征：灌木，高 40~60 cm。树皮灰褐色，有光泽；小枝细长，稍呈灰白色，有明显条棱。假掌状复叶有 4 片小叶；托叶在长枝者硬化成针刺，直或弯，针刺长 2~5 mm，在短枝者较短，脱落；小叶倒卵状披针形，长 3~12 mm，宽 1~4 mm，先端圆形或截平，有短刺尖，近无毛或稍被毛，绿色。花梗单生，长 7~25 mm，纤细，关节在顶部或中部以上；子房无毛或被疏柔毛。荚果圆筒状，先端短渐尖，无毛。

荒漠锦鸡儿（C. roborovskyi）

种别名：洛氏锦鸡儿、猫耳刺，母猪刺

形态特征：灌木，高 30~50 cm。树皮黄褐色，条状剥裂；小枝密被白色长柔毛，托叶狭三角形，先端具刺尖；叶轴全部宿存并硬化成针刺，长约 2 cm，密被柔毛；小叶 3~5 对，宽倒卵形，长 5~7 mm，宽 2~5 mm，两面密被绢状长柔毛。花单生，蝶形花冠黄色，旗瓣倒宽卵形，翼瓣长椭圆形、耳条形，与爪等长。龙骨瓣先端锐尖，向内弯曲。荚果圆筒形，有毛。

毛刺锦鸡儿(*C. tibetica*)

形态特征:丛生的矮灌木,高15~30 cm。树皮灰黄色或灰褐色,多裂纹。枝条短而密集。托叶卵形或近圆形,膜质;褐色,有毛;叶轴宿存,硬如针刺,长2~3 cm,小叶6~8枚,羽状排列,条形,长4~12 mm,宽0.5~1 mm,先端尖,有小刺尖,两面密被灰色长绢毛,灰绿色。花冠黄色,蝶形,旗瓣倒卵形,翼瓣的耳短,子房密生柔毛。荚果短,椭圆形,外面密被长柔毛里面密生毡毛。

山皂荚(*Gleditsia japonica*)

形态特征:落叶乔木,高可达14 m。小枝紫褐色或脱皮后呈灰绿色;刺基部扁圆,中上部扁平,常分枝,黑棕色或深紫色,长2~16 cm,基径可达1 cm,且多密集。一回或二回羽状复叶,长10~25 cm,一回羽状复叶常簇生,小叶6~11对,互生或近对生,卵状长椭圆形至长圆形,长2~6 cm,宽1~4 cm,先端钝尖或微凹;二回羽状复叶具2~6对羽片,小叶3~10对。雌雄异株;荚果带状,常不规则扭转。

大豆(*Glycine max*)

形态特征:一年生草本,高30~90 cm。茎粗壮,直立,或上部近缠绕状,上部多少具棱,密被褐色长硬毛。叶通常具3小叶;托叶宽卵形,渐尖,长3~7 mm,具脉纹,被黄色柔毛;叶柄长2~20 cm,幼嫩时散生疏柔毛或具棱并被长硬毛;小叶纸质,宽卵形,近圆形或椭圆状披针形,雄蕊二体;子房基部有不发达的腺体,被毛。荚果肥大,长圆形,稍弯,下垂,黄绿色。

甘草（*Glycyrrhiza uralensis*）

形态特征：多年生草本。根和根状茎粗壮，皮红棕色。茎直立，有白色短毛和刺毛状腺体。羽状复叶；小叶 7~17 片，卵形或宽卵形，长 2~5 cm，宽 1~3 cm，先端急尖或钝，基部圆，两面有短毛和腺体。总状花序和刺毛状腺体；花冠蓝紫色，长 1.4~2.5 cm。荚果条形，呈镰刀状或环状弯曲，外面密生刺毛状腺体；种子 6~8 颗，肾形。

狭叶米口袋（*Gueldenstaedtia stenophylla*）

形态特征：属矮小的多年生草本，全株有长柔毛。主根肉质圆柱状，较细长。短茎多数集生于主根顶端。奇数现状复。叶集生于短茎上部，小叶 7~19 枚，长圆形至线形，春季小叶近卵形，夏秋季小叶呈长圆形或线形，全缘，两面有白柔毛，果期后毛渐少或无毛。荚果大多 3 个着生在果梗上，荚果圆筒形，长 14~18 mm，被有灰白色长柔毛，内有 4~6 枚种子。种子小，肾形，直径约 2 mm。

短翼岩黄芪（*Hedysarum brachypterum*）

植物形态：多年生草本，高 20~30 cm。根为直根，强烈木质化，外面围以纤维状残存根皮；根颈向上多分枝。茎仰卧地被向上贴伏的短柔毛，基部木质化。叶长 3~5 cm，具短柄；小叶通常 11~19 片；小叶片卵形、椭圆形或狭长圆形，长 4~6(~10) mm，宽 2~3 mm，先端钝圆，基部圆楔形，顶生小叶片较宽大。总状花序腋生，苞片钻状披针形，与花梗近等长；荚果 2~4 节，节荚圆形或椭圆形。

费尔干岩黄芪（*H. ferganense*）

形态特征：多年生草本，高 8~15 cm。根粗壮，强烈木质化。茎缩短不明量，被灰白色短柔毛，基部通常围以残存叶柄。叶簇生，长 5~10 cm；托叶三角状披针形，棕褐色干膜质，长 4~6 mm，外被灰白色短柔毛；叶片与叶柄近等长，叶轴被短柔毛；小叶通常 7~11（~13）片；总状花序腋生，超出叶近 1 倍，花序轴和总花梗被短柔毛；花序长卵形或有时近头状，荚果 2~3 节，节荚近圆形。

蒙古岩黄芪
（*H. fruticosum var. Mongolicum*）

种别名：杨柴

形态特征：半灌木。株高 1 m 左右，枝丛生，老枝表皮暗灰黄色，常呈条状剥落。典型小叶椭圆形，每叶具小叶 11~23，大小不一，植株上部的小叶长 4~7 mm，宽 2~3 mm，下部的小叶长 8~15 mm，宽 4~6 mm。花冠蝶形，紫红色，子房及荚果均被伏毛，荚节略膨胀自中部突起，具网状脉纹，有的荚节具疣状突起。

细枝岩黄芪（*H. scoparium*）

种别名：花棒

形态特征：灌木，高 90~300 cm，最高可达 5 m，丛幅达 3~5 m。树皮深黄色或淡黄色，常呈纤维状剥落，枝灰黄色或灰绿色。单数羽状复叶，植株下部有小叶 7~11 片，上部具少数小叶，最上部的叶轴常无小叶，小时披针形、条状披针形、稀条状长。花序总状，旗瓣宽倒卵形，翼瓣长圆形，龙骨瓣与旗瓣等长稍短；子房有毛。荚果，具明显网纹，密生白色柔毛。

胡枝子（*Lespedeza bicolor*）

形态特征：直立灌木，高达 2 m。茎多分枝，被疏柔毛。叶互生，三出复叶；托叶条形，长 3~4 mm；顶生小叶较大，宽椭圆形，长圆形或卵形，长 1.55 cm，宽 1~2 cm，先端圆钝，微凹或有极小短尖，基部宽楔形或圆形，上面绿色，近无毛，下面淡绿色，疏生平伏柔毛，侧生小叶较小，具短柄。总状花序腋生，较叶长；花冠蝶形，雄蕊 10 枚，二体；子房线形，有毛。荚果，倒卵形，有密柔毛。

达乌里胡枝子（*L. davurica*）

种别名：兴安胡枝子

形态特征：草本状半灌木，高 20~60 cm。茎单一或数个簇生，通常稍斜升。羽状三出复叶，小叶披针状长圆形，长 1.5~3 cm，宽 5~10 mm，先端圆钝，有短刺尖，基部圆形，全缘，有平伏柔毛。总状花序腋生，较叶短或与叶等长；萼筒杯状。萼齿刺具状花冠蝶形，黄白色至黄色。荚果小，包于宿存萼内，倒卵形或长倒卵形，两面凸出，伏生白色柔毛。

细枝胡枝子（*L. vzrgata*）

形态特征：小灌木，分枝无毛或疏被柔毛。小叶 3 个，矩圆形或卵状矩圆形，先端圆钝，有短尖，基部圆形，上面无毛，下面有贴生柔毛，侧生小叶较小；托叶条形。总状花序腋生，花疏生。总花梗细长，长于叶；花梗短，无关节；无办花簇生叶腋，无花梗；小苞片狭披针形：花萼浅杯状，萼齿 5 个，狭披针形，有白色柔毛；花冠白色，荚果斜卵形，具网脉，有疏毛。

紫花苜蓿（*Medicago sativa*）

形态特征：多年生草本。叶为三小叶，倒卵形，先端较宽，有齿。花为总状花序，腋生8~25朵紫色蝶形花。荚果螺旋形，2~4圈，暗棕色，每荚有种子4~8粒。种子肾形、黄褐色。

白香草木樨（*Melilotus albus*）

形态特征：两年生草本植物。主根粗壮发达，属主根系，根瘤众多；茎圆中空、直立高大，光滑或稍有毛，全草有香气。叶具3小叶；小叶椭圆形或披针状椭圆形，花序长4~6 cm；花梗长1~1.5 mm；萼长约2 mm；花长4~5 mm；旗瓣较翼瓣稍长，与龙骨瓣几等长；荚果卵球形，长3~3.5 mm，宽2~2.5 mm，灰棕色，无毛，先端稍钝。种子褐黄色，肾形。托叶狭三角形，总状花序腋生。

黄香草木樨（*M. officinalis*）

形态特征：一或二年生草本，高1~2 m，全草有香味。主根发达，呈分枝状胡萝卜形，根瘤较多。茎直立，多分枝。叶为羽状三出复叶，小叶椭圆形至披针形，先端钝圆基部楔形，边缘具钢锯齿；托叶三角形。总状花序腋生含花30~60朵，花萼钟状花冠黄色，蝶形、旗瓣与翼瓣近等长。荚果卵圆形，有网纹，被短柔毛，含种子1粒；种子长圆形，黄色或黄褐色。

花苜蓿（*M. ruthenica*）

形态特征：多年生直立草本，高30~100 cm。主根较粗长。茎、枝四棱形，有白色柔毛。叶具3小叶，中间小叶卵形、狭卵形或倒卵形，长5~12 mm，宽3~7 mm，先端圆形或截形，微凹或有小尖头，边缘有锯齿，侧生小叶略小；叶柄长约5 mm，有白色柔毛；托叶披针形。总状花序腋生，长12~20 mm；萼筒钟状，长约4 mm，萼齿三角形，被白色柔毛；荚果扁平，矩圆形，表面有横纹，先端短尖。

猫头刺（*Oxytropis aciphylla*）

形态特征：矮小丛生垫状半灌木。高约10~20 cm，分枝多而密。叶轴宿存，呈硬刺状，密生平伏柔毛；托叶膜质，下部与叶柄连合；双数羽状复叶，小叶4~6片，条形，基部楔形，两面被银白色平伏柔毛，边缘常内卷。总状花序腋生，花萼筒状；花冠蝶形，旗瓣倒卵形，翼瓣短于旗瓣，龙骨瓣先端具喙。荚果长圆形，革质，外被平伏柔毛，背缝线深陷，隔膜发达。

小花棘豆（*O. glabra*）

形态特征：多年生草本，根细而直伸。茎分枝多，直立或铺散。长30~70 cm，无毛或疏被短柔毛。绿色。羽状复叶长5~15 cm；托叶草质，卵形或披针状卵形，彼此分离或于基部合生，长5~10 mm，无毛或微被柔毛；叶轴疏被开展或贴伏短柔毛；小叶披针形或卵状披针形。多花组成稀疏总状花序，苞片膜质，狭披针形，长约2 mm，先端尖，疏被柔毛；花萼钟形；荚果膜质，长圆形，膨胀。

六盘山棘豆（*O. ningxiaensis*）

形态特征：多年生草本，高 15~21 cm。主根伸长，根径 5 mm。茎丛生，分枝多，细弱，铺散，近无毛或疏被开展白色柔毛。羽状复叶长 4~7 cm；托叶宽三角形，长 3~5 mm，基部彼此合生，与叶柄分离，先端尖，被开展白色柔毛；叶轴疏被白色柔毛；小叶先端钝或具细尖头，基部圆形，上面疏被糙伏毛，下面被稍密的白色糙伏毛；较密集的总状花序，花后略延伸；荚果膜质，近球形，种子圆肾形。

砂珍棘豆（*O. racemosa*）

形态特征：多年生草本，高 5~15 cm。主根明显，圆柱形，暗黄褐色，直仰。地上茎甚短或几乎无地上茎。叶多数丛生，叶轴细，密被白色长柔毛；叶为具轮生小叶的复叶，每叶约 6~12 轮，每轮 4~6 小叶，小叶片线形或线状披针形，长 3~6 mm，宽 1~2 mm，先端渐失，基部楔形，边缘内卷，两面被白色长柔毛；托叶卵形，下部与叶柄合生，密被白色长柔毛。总状花序近头状，顶生，苞片条状披针形，膜质。

多枝棘豆（*O. ramosissima*）

形态特征：多年生草本，具多数茎，铺散；根较纤细，伸长，黄褐色。茎细弱，多分枝，密生白色长柔毛。托叶披针形或条披针形，长 5-7 mm，先端尖或钝，与叶柄分离，密生长柔毛。叶为具轮生小叶的复叶，每叶有 5 轮，每轮有 4 小叶，均密生长柔毛，小叶条形或条状矩圆形，长 5-10 mm，宽 1-3 mm，先端渐尖或盾尖，基部楔形，边缘常内卷。荚果椭圆形或卵形，膨胀，密生柔毛。

绿豆（*Vigna radiata*）

别名：古名菉豆、植豆

形态特征：一年生直立或顶端微缠绕草本。高约 60 cm，被短褐色硬毛。三出复叶，互生；叶柄长 9~12 cm；小叶 3，叶片阔卵形至菱状卵形，侧生小叶偏斜，长 6~10 cm，宽 2.5~7.5 cm，先端渐尖，基部圆形、楔形或截形，两面疏被长硬毛；托叶阔卵形，小托叶线形。总状花序腋生；荚果圆柱形，成熟时黑色，被疏褐色长硬毛。种子绿色或暗绿色，长圆形。

菜豆（*Phaseolus vulgaris*）

种别名：芸扁豆、四季豆、豆角

形态特征：根系较发达。茎左缠绕攀援，蔓生、半蔓生或矮生。初生真叶为单叶，对生；以后的真叶为三出复叶，近心脏形。总状花序腋生，蝶形花。花冠白、黄、淡紫或紫等色。自花传粉，少数能异花传粉。每花序有花数朵至 10 余朵，一般结 2~6 荚。荚果长 10~20 cm，形状直或稍弯曲，横断面圆形或扁圆形，表皮密被绒毛；种子肾形。

豌豆（*Pisum sativum*）

中文别名：麻累、国豆

形态特征：一年或两年生缠绕草本，高 90~180 cm，全体无毛。偶数羽状复叶，顶端卷须，托叶呈卵形。花白色或紫红色、单生或 1~3 朵排列成总状腋生，花柱内侧有须毛，闭花授粉，花瓣蝴蝶形。荚果长椭圆形或扁形，根据内部有无内层革质膜及其厚度分为软荚及硬荚。种子可呈圆形圆柱形、椭圆、扁圆、凹圆形。

毛刺槐(*Robinia hispida*)

别名:毛洋槐、红花槐、江南槐

形态特征:落叶乔木或灌木(在北方),高达 2~4 m;枝及花梗密被红色刺毛。奇数羽状复叶,小叶 7~15 个,近圆或长原形,长 2~5 m。总状花序,具花 3~7 朵,花冠玫瑰红或淡紫色。它的茎、小枝、花梗和叶柄均有红色刺毛,叶片与刺槐相似,奇数羽状复叶互生,广椭圆形,先端钝而有小尖头。蝶形花冠,粉红或紫红色,2 朵至 7 朵成稀疏的总状花序,总状花序腋生,荚果。

刺槐(*R. pseudoacacia*)

形态特征:刺槐落叶乔木,高 10~20 m。树皮灰黑褐色,纵裂;枝具托叶性针刺,小枝灰褐色,无毛或幼时具微柔毛。树皮灰褐色至黑褐色,纵裂。小枝光滑,有托叶刺。蝶形花,花冠白色,具清香气,雄蕊 10 枚。种子扁肾形,黑色或褐色,常带较淡色的斑纹。奇数羽状复叶,互生,具 9~19 小叶;叶柄长 1~3 cm,小叶柄长约 2 mm,被短柔毛。总状花序腋生,荚果扁平,褐色,光滑。

苦豆子(*Sophora alopecuroides*)

形态特征:多年生草本,高达 1 m,灰绿色;分枝多呈帚状,被灰色状绢毛。羽状复叶长达 15 cm;小叶 11~25 片,椭圆状披针形或椭圆形;两面密生绢毛;托叶小。总状花序顶生;花较密;花冠黄色。荚果串珠状,被绢毛;种子宽卵形,黄色或淡褐色。花期 5~6 月,果期 6~8 月。

国槐(*S. japonica*)

形态特征：乔木，高15~20 m，树冠圆形，树皮灰黑色，小枝初期有毛。羽状复叶，长15~25 cm，小叶9~15，卵状矩圆形或卵形，长2~5 cm，宽1.5~2.5 cm，上面深绿色，下面淡绿色，疏被伏生短毛。圆锥花序顶生，长8~20 cm，花梗长4~10 mm，花冠蝶形，黄绿色或乳白色；雄蕊10枚，不等长，子房疏被短柔毛。荚果长3~8 cm，肉质，无毛，串珠状，不裂，种子间缢缩，种子1~6颗，肾形。

龙爪槐(*S. japonica var. japonica*)

形态特征：国槐的芽变品种，落叶乔木。树冠如伞，状态优美，枝条构成盘状，上部蟠曲如龙，老树奇特苍古。树势较弱，主侧枝差异性不明显，大枝弯曲扭转，小枝下垂，冠层可达50~70 cm厚，层内小枝易干枯。枝条柔软下垂，其萌发力强，生长速度快，用国槐作砧木。

苦马豆(*Sphaerophysa salsula*)

形态特征：多年生草本植物，高20~60 cm。茎直立，具开展的分枝，全株被灰白色短伏毛。单数羽状复叶，两面均被短柔毛。总状花序腋生，花冠红色。荚果宽卵形或矩圆形，膜质，膀胱状。种子肾形，褐色，花期6~7月、果期7~8月。

披针叶黄华（*Thermopsis lanceolala*）

种别名：野决明、苦豆子

形态特征：多年生草本，高 18~20 cm。全株披黄白色长柔毛。茎直立，单一或分枝，基部具厚膜质鞘。掌状三出复叶，具 3 小叶，小叶倒披针形或炬圆状倒卵形，长 2.5~4.5 cm，宽 0.5~1.0 cm，基部渐狭，全缘，两面密生乎伏长柔毛，小叶柄短。托叶 2，卵状披针形。总状花序顶生，苞片 3 个，轮生，卵形，基部联合。荚果，顶端具喙，密生短柔毛。

红花车轴草（*Trifolium pratense*）

种别名：红三叶、红荷兰翘摇、红菽草

形态特征：多年生草本，高 30~50 cm。茎直立或上升，疏生毛或近无毛。红车轴草的花和叶为掌状复叶，具 3 小叶，有长柄，茎上部叶柄较短，被毛；托叶近卵形，贴生于叶柄上，基部抱茎，先端具芒尖，小叶柄很短，叶片卵形或椭圆形，长 1.5~3.5 cm，宽 0.7~2 cm，基部广楔形，顶端圆或钝，有时微凹，边缘有细锯齿，表面有白斑，两面及边缘疏生毛；荚果。

白花车轴草（*T. repens*）

种别名：白车轴草、白花苜蓿、金花草、菽草翘摇

形态特征：多年生草本；茎葡匐，无毛。叶具 3 小叶；小叶倒卵形至近倒心脏形，长 1.2~2 cm，先端圆或凹陷，基部楔形，边缘具细锯齿，上面无毛，下面微有毛；几无小叶柄；托叶椭圆形，抱茎。花序呈头状，有长总花梗；萼筒状，萼齿三角形，较萼筒短，均有微毛；花冠白色或淡红色。荚果倒卵状矩形，长约 3 mm；种子褐色，近圆形。

广布野豌豆（*Vicia cracca*）

种别名：草藤、细叶落豆秧、肥田草

形态特征：多年生蔓性草本，有微毛。羽状复叶，有卷须；小叶 8~24 个，狭椭圆形或狭披针形，长 10~30 mm，宽 2~8 mm，先端突尖，基部圆形，上面无毛，下面有短柔毛；叶轴有淡黄色柔毛；托叶披针形或戟形，有毛。总状花序腋生，有花 7~15 朵；萼斜钟形，萼齿 5 个，上面 2 齿较长，有疏短柔毛；花冠顶端四周被黄色腺毛。荚果矩圆形，褐色。

蚕豆（*V. faba*）

形态特征：一年生草本，全体无毛，高 30~180 cm。茎直立，不分枝，方形，中空，表面有纵条纹。双数羽状复叶互生，叶柄基部两侧具大而阴显的半箭头状托叶，先端尖，边缘白色膜质，具疏锯齿，基部下沿呈尖耳状；小叶 2~6 个，椭圆形或广椭圆形乃至矩形，长 5~8 cm，阔 2.5~4 cm，先端圆形，具细尖，全缘，基部楔形；萼钟状，无毛，长约 1 cm，先端 5 裂；花冠蝶形；荚果呈扁平筒形。

毛苕野豌豆（*V. villosa*）

种别名：土库曼苕子、毛苕子

形态特征：1 年生或 2 年生草本，高 0.3~1 m，全株被柔毛。茎有棱，攀援。偶数羽状复叶；小叶 6~10 对，条状矩圆形或条状披针形；叶轴末端具卷须；托叶半箭头形。蝶形花，紫色，总状花序腋生。荚果矩圆形、侧扁。花期 6~8 月，果期 7~9 月。

牻牛儿苗科　Geraniaceae

牻牛儿苗(*Erodium stephanianum*)

形态特征：一年生或两年生草本，高10~50 cm，根直立，细圆柱状。茎平铺地面或斜升，多分枝，有节，有开展长柔毛或近无毛。叶对生，二回羽状深裂，叶片卵形或椭圆状三角形，长6~7 cm，宽3~5 cm；羽片4~7对，基部下延至中脉；小羽片条形，全缘或具1~3个粗齿，两面具疏柔毛；伞形花序腋生，花瓣5瓣，淡紫色或紫蓝色；雄蕊10枚，其中5枚为退化雄蕊。蒴果，顶端有长喙，具密而极短的伏毛。

旱金莲科　Tropaeolaceae

旱金莲(*Tropaeolum majus*)

形态特征：多年生草本，无毛，茎直立。株高30~70 cm。基生叶具长柄，叶片五角形，上部叶片抱茎，近无柄。叶片深缺裂，菊叶形。单朵顶生或两三朵组成稀疏聚伞花序；花瓣18~21枚，金黄色，三全裂，二回裂片有少数小裂片和锐齿。花单生或2~3朵成聚伞花序，萼片8~19枚，黄色，椭圆状倒卵形或倒卵形，花瓣与萼片等长。叶互生，具长柄，圆形或近肾形。

亚麻科　Linaceae

黑水亚麻(*Linum amurense*)

形态特征：多年生草本。根垂直，稍粗，粗3~8 mm，木质化，白色。茎几个至十几个，高25~60 cm，直立，上部具少数分枝，叶稍密集；除花枝外具稍长的不育枝，不育枝上的叶密集，线形长7~12 mm，宽0.5~1 mm，普通枝上的叶线形或线状披针形，长15~20 mm，宽15~20 mm，先端尖，平或边缘稍卷。萼片卵形，长3~4 mm，先端突尖。蒴果近球形，直径约7 mm。

宿根亚麻(*L. perenne*)

形态特征:多年生宿根花卉,可作一年生栽培。株高 40~50 cm,基部多分枝,茎丛生、直立而细长。叶互生,披针形,浅蓝绿色。聚伞花序顶生或生于上部叶腋,花梗纤细,花瓣 5 枚,淡蓝色。

亚麻(*L. usitatissimum*)

种别名:胡麻、山西胡麻

形态特征:茎直立,高 30~120 cm,上部有分枝。叶互生,无叶柄,全缘,茎下部叶片匙形,中部叶纺锤形,上部叶披针形。聚伞花序顶生,花漏斗或碟形,有蓝、紫、白或粉红色。花萼、花瓣、雌蕊和雄蕊各 5 枚,柱头 5 裂。蒴果球状,顶端稍尖,直径 0.5~1 cm。种子扁卵形,前端鸟嘴状,表面平滑,有光泽,黄褐色或白色。

蒺藜科　Zygophyllaceae

大白刺(*Nitraria roborowskii*)

种别名:齿叶白刺、罗氏白刺

形态特征:高大丛生灌木,高 0.5~1.5 m,分枝密集,茎枝斜升或平卧,小枝先端针刺状,老枝灰白色或棕褐色,粗 4~8 mm。叶 2~3 片簇生,狭倒卵形或匙形,长 25~40 mm,宽 7~20 mm,先端圆钝或平截,全缘或具不规则的 2~3 齿裂。聚伞花序,顶生,花瓣 5,白色。核果卵形,长 12~18 mm,直径 8~15 mm。果核狭卵形,长 8~10 mm,宽 3~4 mm。

小果白刺(*N. sibirica*)

种别名:西伯利亚白刺、小叶白刺

形态特征:落叶灌木。多分枝,弯曲或直立,有时横卧,被沙埋压形成小沙丘,枝上可生不定根,小枝灰白色,先端刺状。叶无柄,在嫩枝上4~6片簇生,倒披针形,长6~15 mm,宽2~5 mm,先端钝,基部窄楔形,无毛或嫩时被柔毛。蝎尾状花序顶生,萼片5,绿色,花瓣5,白色。核果近球形或椭圆形,两端钝圆,长6~8 mm,熟时暗红色。

白刺(*N. tangutorum*)

种别名:酸胖、白茨

形态特征:灌木。高1~2m。多分枝,平卧,先端刺针状。叶通常2~3片簇生,宽倒披针形或倒披针形,长18~25 mm,宽6~8 mm,先端钝圆或平截,全缘。聚伞花序生于枝顶,较稠密,萼片5个,绿色,花瓣5,白色,雄蕊10~15,子房3室。核果卵形或椭圆形,熟时深红色,长8~12 mm,直径8~9 mm,果核窄卵形,长5~6 mm,先端短渐尖。

骆驼蓬(*Peganum harmala*)

形态特征:多年生草本,高30~70 cm,无毛。根多数,粗达2 cm。茎直立或开展,由基部多分枝。叶互生,卵形,全裂为3~5条形或披针状条形裂片,裂片长1~3.5 cm,宽1.5~3 mm。花单生枝端,与叶对生;萼片5,裂片条形,长1.5~2 cm,有时仅顶端分裂;花瓣黄白色,倒卵状矩圆形,长1.5~2 cm,宽6~9 mm;雄蕊15枚,花柱3个。蒴果近球形,种子三棱形,表面被小瘤状突起。

多裂骆驼蓬（*P. multisectum*）

种别名：骆驼蓬

形态特征：多年生草本。根粗壮，褐色。茎直立或斜升，分枝多，分枝铺地散生。叶互生，二至三回羽状深裂，裂片条形，长约 3 cm，宽 1~1.5 mm，托叶条形，长约 4 mm。花单生，较大，径 2.5~3 cm；萼片 3~5 深裂，裂片条形，稍长于花瓣，花瓣 5 瓣，白色或淡黄色；雄蕊 15 枚，花丝中下部宽扁；子房 3 室，花柱 3 个。蒴果近球形，黄褐色，3 瓣裂，种子略呈三棱形，黑褐色。

匍根骆驼蓬（*P. nigellastrum*）

种别名：骆驼蒿

形态特征：多年生草本，高 10~25 cm，全株密被短硬毛。茎直立或开展，由基部多分枝，叶近肉质，二或三回羽状全裂，小裂片条形，先端渐尖，托叶披针形。花较大，单生于分枝顶端或叶腋，萼片 5 个，披针形，各具 5~7 条状裂片，花瓣 5 瓣，白色或淡黄色，雄蕊 15 枚，花丝基部加宽，子房 3 室。蒴果近球形，成熟时黄褐色，3 瓣裂。种子黑褐色，纺锤形，表面具小疣状突起。

蒺藜（*Tribulus terrester*）

种别名：蒺藜狗子、野菱角、刺蒺藜

形态特征：一年生草本。茎通常由基部分枝，平卧地面，具棱条，长可达 1 m 左右；全株被绢丝状柔毛。托叶披针形，形小而尖，长约 3 mm；叶为偶数羽状复叶，对生，一长一短；长叶长 3~5 cm；宽 1.5~2 cm，通常具 6~8 对小叶；短叶长 1~2 cm，具 3~5 对小叶；小叶对生，长圆形，长 4~15 mm，先端尖或钝，背面被以白色伏生的丝状毛。果实为离果，五角形或球形。

霸王（*Sarcozygium xanthoxylon*）

形态特征：灌木，高 50~100 cm。枝弯曲，开展，皮淡灰色，木质部黄色，先端具刺尖，坚硬。叶在老枝上簇生，幼枝上对生；叶柄长 8~25 mm；小叶 1 对，长匙形、狭矩圆形或条形，长 8~24 mm，宽 2~5 mm，先端圆钝，基部渐狭，肉质，花生于老枝叶腋；萼片 4 个，倒卵形，绿色，长 4~7 mm；花瓣 4 瓣，倒卵形或近圆形，淡黄色，长 8~11 mm；雄蕊 8 枚，长于花瓣。蒴果近球形。种子肾形，瓣长 6~7 mm，宽约 2.5 mm。

芸香科　Rutaceae

北芸香（*Haplophyllum dauricum*）

种别名：草芸香

形态特征：本种属于芸香科芸香草属多年生草本，高 6~25 cm，全株有特殊香气。茎丛生，直立。单叶互生，无柄，条状披针形至狭长圆形，长 0.5~1.5 cm，宽 1~2 mm，全缘，灰绿色，两面被腺点。花聚生于茎顶，黄色，萼片 5 个，花瓣 5 瓣，雄蕊 10 枚，子房 3 室。蒴果，种子肾形。

针枝芸香（*H. tragacanthoides*）

形态特征：植株高 10~15 cm。从茎的基部起有密集的二歧分枝，并有长针状、已落叶的上年生的枯枝同时并存。叶短线形或狭椭圆形，长 3~9 mm，宽 1~3 mm，灰绿色或绿色，边缘有甚细小的裂齿，叶脉不显，无叶柄。花单朵生于枝顶；萼片基部合生，卵形，边缘被缘毛，长不过 1 mm；雄蕊 10 枚，心皮 5 或 4 个。成熟的果宿存，顶部开裂；种子肾形，种皮有细皱纹。

花椒(*Zanthoxylum bungeanum*)

种别名:椒目

形态特征:落叶灌木或小乔木,高 2~4 m。茎通常有增大的皮刺,略向上生,基部扁而阔,长 5~16 mm,单数羽状复叶,互生,叶轴狭翅,背面常着生向上的小皮刺;小叶 5~9 片,对生,卵形或卵状长圆形,长 1.5~7 cm,宽 1~3 cm,先端急尖,边缘有疏而浅的锯齿,齿缝处着生透明腺点。聚伞状圆锥花序顶生;果球形,红色至紫红色,密生疣状突起的腺体。种子圆形。

苦木科 Simaroubaceae

臭椿(*Ailanthus altissima*)

种别名:椿树、樗

形态特征:落叶乔木,高达 20 m。根皮灰黄色,皮孔明显,纵向排列;树皮平滑,有直的纵裂纹,嫩枝赤褐色,被疏柔毛。叶为单数羽状复叶,互生,长 45~90 cm,小叶 13~25,揉之有臭味,卵状披针形,长 7~12 cm,宽 2~4.5 cm,先端长渐尖,基部斜楔形,全缘,仅在近基部通常有 1~2 对粗锯齿,齿顶端下面有 1 腺体。圆锥花序顶生;雄蕊 10 枚;子房上位。

远志科 Polygalaceae

远志(*Polygala tenuifolia*)

种别名:小鸡眼

形态特征:多年生草本,高 20~40 cm。根圆柱形,长达 40 cm,肥厚,淡黄白色,具少数侧根。叶互生,狭线形或线状披针形,长 1~4 cm,宽 1~3 mm,先端渐尖,基部渐窄,全缘,无柄或近无柄。总状花序长约 2~14 cm,偏侧生与小枝顶端,细弱,通常稍弯曲;花梗细弱,长 3~6 mm;苞片 3 个;雄蕊 8 枚,花丝连合成鞘状;子房倒卵形,蒴果扁平,卵圆形,边有狭翅。

大戟科 Euphorbiaceae

铁苋菜(*Acalypha australis*)

种别名：榎草、海蚌含珠

形态特征：一年生草本，高30~60 cm，茎直立或倾斜，多分枝，有柔毛。叶互生，薄纸质，椭圆形、椭圆状披针形或卵状菱形，边缘有钝锯齿，两面略粗糙，均被长柔毛；叶柄长1~3 cm。花单性，雌雄同株，无花瓣；穗状花序腋生；雄花序在雌花序上面，雄花多数，极小，无梗，花萼4裂，雄蕊8枚，花药长圆筒形，弯曲；雌花萼片3个，子房3室，被疏毛。蒴果小，钝三棱形，被粗毛。

乳浆大戟(*Euphorbia esula*)

形态特征：多年生草本。根圆柱状，长20 cm以上，直径3~5(6)mm，不分枝或分枝，常曲折，褐色或黑褐色。茎单生或丛生，单生时自基部多分枝，高30~60 cm，直径3~5 mm；不育枝常发自基部，较矮，有时发自叶腋。叶线形至卵形，先端尖或钝尖，基部楔形至平截；无叶柄；不育枝叶常为松针状，长2~3 cm，直径约1 mm；花序单生于二歧分枝的顶端，基部无柄；蒴果三棱状球形。

沙生大戟(*E. kozlovii*)

种别名：青海大戟

形态特征：多年生草本。根纤细，长7~12 cm，直径3~5 mm，不分枝或末端少分枝。茎直立，自基部多分枝，高15~21 cm，直径3~5 mm，全株光滑无毛。叶互生，椭圆形至卵状椭圆形，长2~4 cm，宽3~5 mm，先端钝尖，基部楔形或近圆状楔形，全缘；无叶柄或近无柄；花序单生于二歧聚伞分枝的顶端，基部具柄，柄长3~5 mm；蒴果球状或卵球状；种子卵状密被不明显的皱脊。

狭叶沙生大戟（*E. kozlovi*）

形态特征：多年生草本。根纤细，长 7~12 cm，直径 3~5 mm，不分枝或末端少分枝。茎直立，自基部多分枝，高 15~21 cm，直径 3~5 mm，全株光滑无毛。叶、苞叶及小苞叶全为条状披针形或条形。叶互生，椭圆形至卵状椭圆形，长 2~4 cm，宽 3~5 mm，先端钝尖，基部楔形或近圆状楔形，全缘；花序单生于二歧聚伞分枝的顶端，基部具柄，柄长 3~5 mm；蒴果球状或卵球状，种子卵状，密被不明显的皱脊。

钩腺大戟（*E. sieboldiana*）

形态特征：多年生草本。根状茎较粗状，基部具不定根，长 10~20 cm，直径 4~15 mm。茎单一或自基部多分枝，每个分枝向上再分枝，高 40~70 cm，直径 4~7 mm。叶互生，椭圆形、倒卵状披针形、长椭圆形，变异较大，长 2~5(6) cm，宽 5~15 mm，先端钝或尖或渐尖，基部渐狭或呈狭楔形，全缘；叶柄极短或无；花序单生于二歧分枝的顶端，基部无柄；蒴果三棱状球状，种子近长球状，灰褐色，具不明显的纹饰。

泽漆（*E. helioscopia*）

种别名：五朵云、五凤草

形态特征：两年生草本，高 10~50 cm，全株有白色乳汁。茎通常由基部分枝，有时带紫红色，上部常疏生长柔毛。叶互生，倒卵形或匙形，长 10~20 cm，宽 7~10 mm，先驱端钝圆微凹，基部宽楔形，边缘在中部以上有细锯齿，茎顶部有 5 片轮五的叶状苞。多歧聚伞花序顶生；杯状花序钟形；雄花有雄蕊 1 枚；雌花子房有长柄，3 室，柱头 3 裂，常下垂。蒴果表面平滑。

地锦（*E. humifusa*）

种别名：乳汁草、地蓬草、野马苋

形态特征：一年生匍匐草本。茎纤细，多分枝，枝绿色带紫红色，叶通常对生，长椭圆形，边缘有细锯齿。茎叶折断时有白色乳汁。花单性，淡紫红色，杯状聚伞花序。蒴果三棱状锥形。

银边翠（*E. marginata*）

种别名：高山积雪

形态特征：一年生草本，高约 70 cm。全株被柔毛或无毛。茎直立，叉状分枝。叶卵形至长圆形或椭圆状披针形，长 3~7 cm，宽约 2 cm；下部叶互生，顶端的叶轮生，边缘白色或全部白色。杯状花序多生于分枝上部的叶腋处，总苞林状，密被短柔毛，顶端 4 裂，裂片间有漏斗状的腺体 4 个，有白色花瓣状附属物；蒴果扁球形，密被白色短柔毛；种子椭圆状或近卵状，表面有稀疏的疣状突。

蓖麻（*Ricinus communis*）

种别名：蓖麻子

形态特征：一年生草本，高达 3 m；幼嫩部分被白粉。叶互生，盾状圆形，直径 15~60 cm，掌状深裂，裂片 5~11 个，卵状披针形或长圆形，先端渐尖，边缘有锯齿，齿锯有腺体；叶柄无毛，长 10~20 cm。圆锥花序与叶对生，长 10~30 cm；花单性，雌雄同株，无花瓣，下部着生雄花，上部着生雌花；雄花花萼 3~5 裂，雄蕊多数，子房 3 室，花柱 3 个，深红色，2 裂。蒴果球形；种子长圆形，有花纹。

地构叶（*Speranskia tuberculata*）

种别名：地构菜

形态特征：多年生草本，高 15~50 cm。根茎横走，淡黄褐色。茎直立，丛生，被灰白色卷曲柔毛。叶互生；无柄或具短柄；叶片披针形至椭圆状披针形，厚纸质，长 1.5~7 cm，宽 0.5~2 cm，先端钝尖或渐尖，基部阔楔形或近圆形，先端全缘，下面 2/3 部分具稀大齿牙，两面被白色柔毛，下面并具腺体。总状花序顶生，密被短柔毛；花小，单性，同株；子房上位；蒴果三棱状，顶端开裂。

漆树科　Anacardiaceae

火炬树（*Rhus typhina*）

中文别名：鹿角漆

形态特征：落叶小乔木，高达 12 m。柄下芽。小枝密生灰色茸毛。奇数羽状复叶，小叶 1~23 枚，有锯齿，长圆形至披针形，先端渐尖，基部圆或宽楔形，上面深绿色，下面苍白色，两面有茸毛，老时脱落。花序顶生、密生茸毛，花淡绿色，雌花花柱有红色刺毛。核果红色，花柱宿存、密集。

卫矛科　Celastraceae

南蛇藤（*Celastrus orbiculatus*）

种别名：南蛇风、过山风

形态特征：灌木，高达 3 m；小枝四棱形，棱上常生有扁条状木栓翅，翅宽达 1 cm。叶对生，窄倒卵形或椭圆形，长 2~6 cm，宽 1.5~3.5 cm；叶柄极短或近无柄。聚伞花序有 3~9 花，总花梗长 1~1.5 cm；花淡绿色，直径 5~7 mm，4 基数，花盘肥厚方形，雄蕊具短花丝。蒴果 4 深裂，有时仅 1~3 个心皮成熟成分离裂瓣，裂瓣长卵形，棕色带紫；种子每裂瓣 1~2 个，紫棕色，有橙红色假种皮。

桃叶卫矛（*Euonymus bungeanus*）

种别名：丝棉木、白杜

形态特征：小乔木高达 8 m。叶宽卵形、矩圆状椭圆或近圆形，长 4.5~7 cm，宽 3~5 cm，先端多为长渐尖，基部近圆形，边缘有细锯齿，有时锯齿深而锐尖；柄细长，长 2~3.5 cm。聚伞花序 1~2 次分枝，有 3~7 朵花；花淡绿色，直径约 7 mm，4 数，花药紫色，花盘肥大。蒴果粉红色，倒圆锥形，直径约 1 cm，上部 4 裂；种子淡黄色，有红色假种皮，上端有小圆口，稍露出种子。

大叶黄杨（*E. japonicus*）

形态特征：属常绿灌木或小乔木，小枝略为四棱形，枝叶密生，树冠球形。单叶对生，倒卵形或椭圆形，边缘具钝齿，表面深绿色，有光泽。聚伞花序腋生，具长梗，花绿白色。蒴果球形，淡红色，假种皮桔红色。

槭树科　Aceraceae

复叶槭（*Acer negundo*）

中文别名：梣叶槭

形态特征：落叶乔木，高达 20 m。小枝绿色，无毛。奇数羽状复叶，小叶 3~7(9) 个，春季萌发时小叶卵形，叶缘有不规则锯齿，卵形至长椭圆状披针形，花单性异株，雄花序伞房状，雌花序总状。果翅狭长，张开成锐角或直角。花期 4 月，果期 9 月。

无患子科　Sapindaceae

文冠果（*Xanthoceras sorbifolia*）
种别名：文冠树、文官果、木瓜
形态特征：落叶灌木或小乔木，高 2~5 m；小枝粗壮，褐红色，无毛，顶芽和侧芽有覆瓦状排列的芽鳞。叶连柄长 15~30 cm；小叶 4~8 对，膜质或纸质，披针形或近卵形，两侧稍不对称，长 2.5~6 cm，宽 1.2~2 cm，顶端渐尖，基部楔形，边缘有锐利锯齿，顶生小叶通常 3 深裂，腹面深绿色，无毛或中脉上有疏毛，背面鲜绿色；两性花的花序顶生，雄花序腋生，蒴果长达 6 cm。

鼠李科　Rhamnaceae

枣（*Ziziphus zizyphus*）
形态特征：株高 7.6~9 m，小枝成之字形弯曲。叶互生，卵形至卵状披针形，锯齿缘，有 3 条叶脉，下表面光滑，椭圆形至卵圆形，长 2.5~7.6 cm。托叶成刺，长刺直伸，短刺钩曲。腋生聚伞花序，花小，黄绿色。萼片 5 个，较大；花瓣 5 瓣，条形；雄蕊 5 枚，和花瓣对生；心皮 2，合生，子房上位，2 室，每室 1 个胚珠。果深棕色，圆形至长圆形。核果长圆形，果核两端尖，通常仅 1 枚种子发育。果核大，两端尖。

酸枣（*Z. jujuba var. spinosa*）
种别名：棘、酸枣树、角针、硬枣
形态特征：落叶灌木或小乔木，高 1~3 m；托叶刺有 2 种，一种直伸，长达 3 cm，另一种常弯曲。叶片椭圆形至卵状披针形，长 1.5~3.5 cm，宽 0.6~1.2 cm，边缘有细锯齿，基部 3 出脉。花黄绿色，2~3 朵簇生于叶腋。核果小，熟时红褐色，近球形或长圆形，长 0.7~1.5 cm，味酸，核两端钝。

葡萄科　Vitaceae

葡萄(*Vitis vinifera*)

形态特征:落叶木质藤本,长12~20 m;树皮长片状剥落,幼枝光滑。叶互生,近圆形,长7~15 cm,宽6~14 cm,3~5裂,基部心形,两侧靠拢,边缘粗齿。圆锥花序,花小,黄绿色。花后结浆果,果椭球形,圆球形。

锦葵科　Malvaceae

蜀葵(*Althaea rosea*)

种别名:麻杆花、一丈红、蜀季花

形态特征:两年生草本,高达2.5 m,全株被星状毛,茎木质化,直立,不分枝,通常绿色或绿褐色。叶互生,圆钝形或卵状圆形,有时呈5~7浅裂,直径6~15 mm 先端钝圆,基部心形,边缘具圆齿,掌状脉5~7条;叶柄长2.5~4 cm。萼钟状,5裂,裂片卵形;花瓣花丝连合成筒状,子房多室,每室1胚珠。果扁球形,直径约3 cm,成熟时每心皮自中轴分离。

苘麻(*Abutilon theophrasti*)

种别名:青麻、白麻

形态特征:一年生草本,高1~2 m,全株密被柔毛和星状毛。茎直立,上部分枝。叶互生,近圆形,直径6~18 cm,先端渐尖,基部心形,边缘有疏密不等的粗齿,掌状叶3~7条,在两面突起;叶柄长百叶达14 cm。花单生腋,花梗长1~3 cm,有节;花萼5裂,无副萼;花黄色,直径约1 cm,花瓣5,宽倒卵形,长约7 mm,先近圆形,有浅棕色脉纹;雄蕊多数,连合成筒;心皮15~20个。

野西瓜苗（*Hibiscus trionum*）

种别名：香铃草，和尚头

形态特征：叶掌状裂，再羽状深裂，一年生直立草本植物，花单生叶腋，小苞片12枚，线形；萼钟状，裂片三角形；花冠5瓣，淡黄色，具紫色心。种子黑色。全体被有疏密不等的细软毛。基部叶近圆形，边缘具齿裂，中部和下部的叶掌状，3~5深裂，中间裂片较大，裂片倒卵状长圆形，先端钝，边缘具羽状缺刻或大锯齿。花萼5裂，膜质，上具绿色纵脉；蒴果圆球形，有长毛。

锦葵（*Malva sinensis*）

形态特征：两年生或多年生直立草本，高50~90 cm。分枝多，疏被粗毛。叶互生；叶柄长4~8 cm，近无毛，但上面槽内被长硬毛；托叶偏斜，卵形，具锯齿，先端渐尖；叶圆心形或肾形，具5~7个圆齿状钝裂片，长5~12 cm，宽几相等，基部近心形至圆形，边缘具圆锯齿，两面均无毛或仅脉上疏被短糙状毛。花3~11朵簇生；小苞片3个，长圆形；萼杯状，萼裂片5个。果扁圆形；种子黑褐色，肾形，长2 mm。

冬葵（*M. crispa*）

种别名：冬苋菜、冬寒菜

形态特征：一年生草本，高1 m；不分枝，茎被柔毛。叶圆形，常5~7裂或角裂，径约5~8 cm，基部心形，裂片三角状圆形，边缘具细锯齿，并极皱缩扭曲，两面无毛至疏被糙伏毛或星状毛；叶柄瘦弱，长4~7 cm，疏被柔毛。花小，白色，直径约6 mm，单生或几个簇生于叶腋，近无花梗至具极短梗；萼浅杯状，5裂，疏被星状柔毛；花瓣5瓣，较萼片略长。果扁球形；种子肾形。

柽柳科　Tamaricaceae

宽叶水柏枝(*Myricaria platyphylla*)
形态特征:多分枝,老枝暗红褐色或黄褐色,嫩枝灰白色,光滑。叶大,疏生,开展,宽卵形或狭卵圆形,长 7~12 mm,宽 3~8 mm,顶端骤尖,基部渐狭或近楔形,不抱茎。总状花序侧生于老枝上,稀顶生,长 9~14 cm,基部被有多数覆瓦状排列的宿存鳞片(卵形,顶端钝);萼片卵状三角形或狭卵形,有狭膜质边,顶钝,略短于花瓣;花瓣粉红色,倒卵形,长 5~6 mm,种子顶端具芒。

红砂(*Reaumuria songarica*)
形态特征:多分枝小灌木,植株仰卧,高 10~30(~70) cm。树皮不规则波状剥裂;老枝灰棕色,小枝多拐曲,皮灰白色,纵裂。叶常 4~6 枚簇生在缩短的枝上,肉质,短圆柱形,鳞片状,长 1~5 mm,宽约 1 mm,浅灰蓝绿色,花期有时变紫红色,具点状泌盐腺体。花两性;单生叶腋或在幼枝上端呈少花的总状花序;苞片 3 个;花瓣 5 瓣,张开,长圆形,内面有 2 个倒披针形附属物;蒴果。

甘蒙柽柳(*Tamarix austromongolica*)
形态特征:灌木或乔木,高 1.5~4(~6) m,树干和老枝栗红色,枝直立;幼枝及嫩枝质硬直伸而不下垂。叶灰蓝绿色,木质化生长枝上基部的叶阔卵形,急尖,上部的叶卵状披针形,急尖,长均约 2~3 mm,先端均呈尖刺状,基部向外鼓胀;绿色嫩枝上的叶长圆形或长圆状披针形,渐尖,基部亦向外鼓胀。春和夏秋均开花;春季开花,总状花序自去年生的木质化的枝上发出,侧生;伸蒴果长圆锥形

柽柳（*T. Chinensis*）

中文别名：垂丝柳、西河柳

形态特征：灌木或小乔木，高 3~6 m。幼枝柔弱，开展而下垂，红紫色或暗紫色。叶鳞片状，钻形或卵状披针形，长 1~3 mm，半贴生，背面有龙骨状柱。每天开花 2~3 次；春季在去年生小枝节上侧生总状花序，花稍大而稀疏；夏、秋季在当年生幼枝顶端形成总状花序组成顶生大型圆锥花序，常下弯；子房圆锥状瓶形，花柱 3 个，棍棒状。蒴果长约 3.5 mm，3 瓣裂。

多花柽柳（*T. hohenackeri*）

形态特征：绿色营养枝上的叶小，线状披针形或卵状披针形，长约 2~3.5 mm，长渐尖或急尖，具短尖头，向内弯，边缘干膜质，略具齿，半抱茎；木质化生长枝上的叶几抱茎，卵状披针形，渐尖基部膨胀。总装花序春委侧生在去年生枝上，常数个簇生；夏季总状花序在当年生枝顶，集成少而疏松的圆锥花序；苞片条状长圆形；花 5 基数，萼片卵圆形，边缘膜质齿牙状，花瓣卵形，卵状椭圆形，近圆形，蒴果。

堇菜科　Violaceae

裂叶堇菜（*Viola dissecta*）

形态特征：基生叶叶片轮廓呈圆形、肾形或宽卵形，长 1.2~9 cm，宽 1.5~10 cm，通常 3 裂，稀 5 全裂，两侧裂片具短柄，常 2 深裂，中裂片 3 深裂，裂片线形、长圆形或狭卵状披针形，宽 0.2~3 cm，边缘全缘或疏生不整齐缺刻状钝齿，亦或近羽状浅裂，最终裂片全缘，通常有细缘毛，幼叶两面被白色短柔毛，后变无毛或仅上面疏生短柔毛，下面叶脉明显隆起并被短柔毛或无毛；蒴果长圆形或椭圆形。

紫花地丁（*V. philippica*）

形态特征：有毛或近无毛草本；地下茎短，无匍匐枝。叶基生，矩圆状披针形或卵状披针形，基部近截形或浅心形而稍下延于叶柄上部，顶端钝，长 3~5 cm，或下部叶三角状卵形，基部浅心形，托叶草质，离生部分全缘。花两侧对知名人称，具长西风；萼片 5 片，卵状披针形，基部附器短；花瓣 5 片，长约 4~5 mm，直或稍下弯。果椭圆形，长约 1.5 mm，无毛。

瑞香科　Thymelaeaceae

草瑞香（*Diarthron linifolium*）

形态特征：一年生草本，茎直立，细弱，上部分枝，叶互生，近无柄，条形或条状披针形，绿色全缘，长 8~20 mm，宽约 1.5~2 mm。花小，成顶生穗状花序，花梗极短。花被筒状，长约 4~5 mm，下端绿色，上端暗红色，顶 4 裂，裂片卵状椭圆形；雄蕊 4，1 轮，生于花被筒中部以上，花丝极短，花药宽卵形；子房椭圆形，无毛，有子房柄，缺花盘，花柱细，柱头略大。果实卵状，黑色，有光泽。

胡颓子科　Elaeagnaceae

沙枣（*Elaeagnus angustifolia*）

种别名：银柳、红豆

形态特征：落叶乔木或小乔木，高 5~10 m，无刺或具刺，刺长 30~40 mm，棕红色，发亮；幼枝密被银白色鳞片，老枝鳞片脱落，红棕色，光亮。叶薄纸质，矩圆状披针形至线状披针形，长 3~7 cm，宽 1~1.3 cm，顶端钝尖或钝形，基部楔形，全缘，上面幼时具银白色圆形鳞片，成熟后部分脱落，带绿色，下面灰白色，密被白色鳞片，有光泽；叶柄纤细，银白色；萼筒钟形。

翅果油树（*E. mollis*）

形态特征：落叶乔木，高11 m，胸径达1 m；树皮深灰色，深纵裂；1年生枝灰绿色，密被银灰色星状毛及鳞片。叶互生，卵形或卵状椭圆形，长6~9 cm，宽2~5 cm，全缘，称端钝尖，下面密被灰白色星状柔毛，侧脉10~12对；叶柄长6~15 mm，密被灰白色柔毛。花两性，淡黄绿色，1~3朵花生于新枝基部叶腋；无花瓣，萼筒钟形，具8棱脊；雄蕊4枚，花丝短；子房上位，纺锤形。果实核果状。

大叶胡颓子（*E. macrophylla*）

形态特征：常绿直立灌木，高2~3 m，无刺；小枝成45°的角开展，幼枝扁棱形，灰褐色，密被淡黄白色鳞片，老枝鳞片脱落，黑色。叶厚纸质或薄革质，卵形至宽卵形或阔椭圆形至近圆形，长4~9 cm，宽4~6 cm，顶端钝形或钝尖，基部圆形至近心脏形，全缘，上面幼时被银白色鳞片，成熟后脱落，绿色，干燥后黑褐色，下面银白色，密被鳞片；叶柄扁圆形。果实长椭圆形，被银白色鳞片。

沙棘（*Hippophae rhamnoides*）

形态特征：落叶灌木或乔木，高1~5 m，高山沟谷可达18 m。棘刺较多，粗壮，顶生或侧生；嫩枝褐绿色，密被银白色而带褐色鳞片或有时具白色星状毛，老枝灰黑色，粗糙；芽大，金黄色或锈色。单叶通常近对生；叶柄极短；叶片纸质，狭披针形或长圆状披针形。果实圆球形，直径4~6 mm，橙黄色或橘红色；果梗长1~2.5 mm。种子小，黑色或紫黑色，有光泽。

柳叶菜科　Onagraceae

夜来香（*Oenothera biennis*）
种别名：夜香花、夜兰香

形态特征：小枝柔弱，有毛，具乳汁。叶对生；叶片宽卵形、心形至矩圆状卵形，长4~9.5 cm，宽3~8 cm，先端短渐尖，基部深心形，全缘，基出掌状脉7~9条，边缘和脉上有毛。伞形状聚伞花序腋生，有花多至30朵；花冠裂片5裂，矩圆形，黄绿色，有清香气，夜间更甚；副花冠5裂，肉质，顶端渐尖；蓇葖果披针形，长7.5 cm，外果皮厚，无毛。

锁阳科　Cynomoriaceae

锁阳（*Cynomorium songaricum*）

形态特征：多年生肉质寄生草本，高10~100 cm。无叶绿素，全体呈暗紫红色或红色。地下茎短粗，具多数瘤突状吸收根。茎肉质，圆柱形，下位埋于土中，通常仅顶端露于地上，基部稍膨大，直径3~6 cm，鳞片状叶第生，在茎基部密集，覆瓦状吸收根。茎肉质，圆柱形。鳞片状叶互生，在茎基部必集，覆瓦状排列，上部呈稀疏螺旋状排列。花杂性同株，穗状花序顶生，小花密集，覆以鳞片状苞片。

伞形科　Umbelliferae

旱芹（*Apium graveolens*）

形态特征：草本，茎具匍匐性，匍匐于地面。多年生叶片肉质；叶长2~3 cm，宽1.8~2.5 cm，边缘有5~7浅裂，裂片有钝锯齿，掌状脉7~9条，叶面疏生短硬毛；叶柄长5~15 cm，柄上密被柔毛；托叶膜质。花为繖形花序，分散生于走茎的叶腋处，花序梗长于叶柄；无萼齿；花瓣5枚，渐尖形，白色或乳白色；花柱幼时内卷，花后向外反曲，基部隆起。果为离果，扁圆形。

红柴胡（*Bupleurum scorzonerifolium*）

种别名：细叶柴胡、软柴胡

形态特征：主根发达，圆锥形，支根稀少，深红棕色，表面略皱缩，上端有横环纹，下部有纵纹，质疏松而脆。茎单一或2~3个，基部密覆叶柄残余纤维，细圆，有细纵槽纹。叶细线形，基生叶下部略收缩成叶柄，叶长6~16 cm，宽2~7 mm，顶端长渐尖，质厚，稍硬挺，常对折或内卷，伞形花序自叶腋间抽出，花序多，形成较疏松的圆锥花序。

葛缕子（*Carum carvi*）

形态特征：多年生草本，高30~70 cm，根圆柱形，长4~25 cm，径5~10 mm，表皮棕褐色。茎通常单生，稀2~8个。基生叶及茎下部叶的叶柄与叶片近等长，或略短于叶片，叶片轮廓长圆状披针形，长5~10 cm，宽2~3 cm，2~3回羽状分裂，末回裂片线形或线状披针形，长3~5 mm，宽约1 mm，茎中、上部叶与基生叶同形，较小，无柄或有短柄。小伞形花序有花5~15朵，花杂性，无萼齿，花瓣白色，或带淡红色；果实长卵形。

芫荽（*Coriandrum sativum*）

种别名：香菜、胡荽

形态特征：两年生草本，高30~100 cm，全株光滑无毛，有强烈香气。茎直立，中空，分枝疏散，叶互生，数回羽状利复叶或三出叶，叶片宽卵形或楔形，长1~2 cm，综缘深理解或有缺刻；基生叶和茎下部的叶有长柄，具鞘，抱茎；上部叶条形，细裂。复伞形花序顶生或与叶对生；花小；萼齿5裂，细小；花瓣5瓣；雄蕊5枚；子房下位；花柱细长，柱头2裂。双悬果近球形。

野胡萝卜（*Daucus carota*）

形态特征：两年生草本，高 20~120 cm。茎直立，分枝少，表面有纵直槽纹和白色粗硬毛。基生叶的叶柄长 4~12 cm，基部鞘状；叶片薄膜质，长圆形，2~3 回羽状分裂，末回裂片线形或披针形，长 2~14 mm，宽 0.6~4 mm，先端尖锐，有粗硬毛或两面无毛，茎生叶的叶柄稍短，长 0.8~5 cm；小伞形花序有花 15~25 朵；萼片 5 裂，窄三角形，花瓣 5 瓣，子房下位，密生细柔毛，花柱短，基部圆锥形。双悬果卵圆形。

胡萝卜（*D. carota var. sativa*）

种别名：红萝卜、丁香萝卜、药性萝卜

形态特征：根粗壮，肉质，红色或黄色。茎直立，高 60~90 cm，多分枝。叶具长柄，为 2~3 回羽状复叶，裂片狭披针形或近线形；叶柄基部扩大。花小，白色或淡黄色，为复伞形花序，生于长枝的顶端；总苞片叶状，细深裂；小伞形花序多数，球形，其外缘的花有较大而相等的花瓣。果矩圆形，长约 3 mm，多少背向压扁，沿脊棱上有刺。

硬阿魏（*Ferula bungeana*）

种别名：沙茴香

形态特征：多年生草本，高 30~60 cm，植株被密集的短柔毛，蓝绿色。茎从下部向上分枝成伞房状，二至三回分枝，下部枝互生。基生叶莲座状，有短柄，柄的基部扩展成鞘；叶片轮廓为广卵形至三角形，二至三回羽状全裂。茎生叶少，向上简化，叶片一至二回羽状全裂，裂片细长，至上部无叶片，叶鞘披针形，草质。复伞形花序，总苞片缺或有 1~3 片，锥形。

茴香（*Foeniculum vulgare*）

种别名：小怀香、小茴香、茴香子、谷香

形态特征：多年生草本，高 60~150 cm，全株表面有粉霜，无毛，具强烈香气。茎直立，有分枝。三至四回羽状复叶，最终小叶片线形，长 4~40 mm，宽约 0.5 mm；叶柄长约 14 cm，基部成鞘状抱茎。复伞形花序顶生；总花梗长 4~25 cm，总苞和小苞片均缺；伞辐 8~20 个，不等长；花小，黄色；无萼齿；花瓣 4~5 瓣，宽卵形，上部向内卷曲，微凹；雄蕊 5 枚，长于花瓣；子房下位。

报春花科　Primulaceae

点地梅（*Androsace umbellata*）

形态特征：一年生或两年生无茎草本。全株被节状的细柔毛。叶全部基生，平铺地面；叶柄长 1~4 cm，被开展的柔毛；叶片近圆形或卵圆形，直径 5~20 mm，先端钝圆，基部浅心形至近圆形，边缘具三角状钝牙齿，两面均被贴伏的短柔毛。花葶通常数枚自叶丛中抽出，高 4~15 cm，被白色短柔毛。伞形花序 4~15 花；苞片数枚，卵形至披针形，长 3.5~4 mm；蒴果近球形，先端 5 瓣裂，裂瓣膜质。

海乳草（*Glaux maritima*）

种别名：西尚（青海藏族土名译音）

形态特征：多年生草本，直根单一或分枝。茎直立或斜升，通常单一或下部分枝，高 3~25 cm，无毛。叶密集，小型，肉质，交互对生，近互生，近无柄，叶片披针形、矩圆状披针形至卵状披针形，长 3~15 mm，宽 1.8~3.5 mm，先端稍尖，基部楔形，全缘，无毛。花小，腋生，花梗短，花萼宽钟形，5 裂，花冠状，粉白色至淡红色，雄蕊 5 枚，子房卵球形。蒴果近球形。

蓝雪科　Plumbaginaceae

金色补血草（*Limonium aureum*）

形态特征：多年生草本，高 10~30 cm。根圆柱状，木质，粗壮发达。叶基生，矩圆状匙形至倒披针形，长 1~4 cm，宽 0.5~1 cm，顶端圆钝，具短尖头，基部渐狭成扁平的叶柄。花序轴 2 至数条，自基部开始多回二叉状分枝，聚伞花序排列于花序分枝顶端形成伞房状圆锥花序，花序轴密生小疣点。花萼宽漏斗状，长 5~8 mm，干膜质，萼裂片 5 裂，基部合生，子房倒卵形。蒴果倒卵状矩圆形。

二色补血草（*L. bicolor*）

形态特征：多年生草本，高 20~40 cm。根圆锥形，根皮红褐色至黑褐色。基生叶多数，呈莲座状，匙形、倒卵状匙形至矩圆状匙形，长 2~11 cm，宽 0.5~2 cm，先端圆或钝，基部渐狭为扁平叶柄，全缘。花序轴 1~5 个，有棱角或沟槽，花 2~4(6) 朵集成小穗，由 3~5(11) 个小穗组成有柄或无柄的穗状花序，再由穗状花序在花序分枝顶端或上部组成圆锥；花萼漏斗状，沿脉密被细硬毛；子房倒卵圆形。

木犀科　Oleaceae

雪柳（*Fontanesia fortunei*）

形态特征：落叶小乔木，或灌木状。株高可达 5 m；枝直立，光滑，幼枝四棱。叶披针形至卵状披针形，长 3~11 cm，端锐尖，基楔形，全缘，有光泽；叶柄长 1~3 mm。花白绿色，长约 3 mm。树皮薄片状剥落。树皮灰褐色。叶片纸质，披针形、卵状披针形或狭卵形，长 3~12 cm，宽 0.8~2.6 cm，先端锐尖至渐尖，基部楔形，全缘，两面无毛，圆锥花序顶生或腋生；花两性或杂性同株；苞片锥形或披针形。

连翘(*Forsythia suspensa*)

种别名:一串金

形态特征:蔓生落叶灌木,高 1~3 m,基部丛生,枝条拱形下垂,棕色、棕褐色或淡黄褐色;花金黄色,着生于叶腋。花萼 4 裂,绿色,裂片长圆形,边缘具睫毛,与花冠管近等长,花冠黄色,裂片倒卵状椭圆形;花冠筒内有桔红色条纹;单叶对生或羽状三出复叶;叶片对生卵形或椭圆状卵形,长 3~10 cm,宽 2~5 cm,先端渐尖或急尖,基部圆形至宽楔形;蒴果卵圆形。

白蜡(*Fraxinus chinensis*)

种别名:青榔木、白荆树

形态特征:落叶乔木,树冠卵圆形,树皮褐色。小枝光滑无毛。奇数羽状复叶,对生,小叶 5~9 枚,通常 7 枚,卵圆形或卵状披针形,长 3~10 cm,先端渐尖,基部狭,不对称,缘有齿及波状齿,表面无毛,背面沿脉有短柔毛。圆锥花序侧生或顶生于当年生枝上,大而疏松;椭圆花序顶生及侧生,下垂,夏季开花。花萼钟状;无花瓣。翅果倒披针形,长 3~4 cm。

洋白蜡(*F. pennsylvanica*)

形态特征:枝叶茂密,叶色深绿而有光泽,发叶迟,落叶早。落叶乔木。小叶披针形或披针状卵形至长圆形或椭圆形,下面无乳头状突起;小叶柄短,长仅 3~6 mm;翅果,长 3~6 cm,果翅下延达果体 1/2 以上。

小叶女贞（*Ligustrum quihoui*）

种别名：小叶冬青、小叶水蜡树、小白蜡、楝青

形态特征：落叶或半常绿灌木，高 2~3 m。小枝密生细柔毛。叶薄革质，椭圆形或倒卵状长圆形，长 1.5~5 cm，宽 0.8~1.5 cm，无毛，顶端钝，基部楔形，全缘，边缘略向外反卷；叶柄有短柔毛。圆锥花序长 7~22 cm，有细柔毛；花白色，芳香，无柄；花冠筒和裂片等长，花药略伸出花冠外。核果宽椭圆形，黑色，长 8~9 mm。

金叶女贞（*L. vicaryi*）

形态特征：常绿或半常绿灌木。枝灰褐色。单叶对生，革质，长椭圆形，长 3.5~6.0 cm，宽 2.0~2.5 cm，端渐尖，有短芒尖，基部圆形或阔楔形，4~11 月叶片呈金黄色，冬季呈黄褐色至红褐色。5~6 月开花。10 月下旬果熟，紫黑色。

丁香（*Syringa pekinensis*）

形态特征：落叶小乔木或灌木，高可达 10 m，树皮褐色或灰褐色，纵裂。小枝细长，开展，皮孔明显。叶卵形至卵状披针形，先端长渐尖，基部圆形、截形，全缘；表面暗绿色，背面灰绿色，无毛，稀有被短柔毛。圆锥花序腋生，长 5~20 cm，宽 3~18 cm，花冠白色，花冠筒短，与萼裂片近等长。蒴果长椭圆形至披针形，顶端尖，褐色。花期 5~6 月；果熟期 10 月。

洋丁香（*S. vulgaris*）

形态特征：小乔木或灌木，高 7 m，冠幅 7 m，幼时枝条低垂。叶卵形近心形，长 5~10 cm。春天开花，花单瓣或重瓣，花香浓郁，丁香色，圆锥形花序，紧凑丰满，约 10~20 cm。圆锥花序侧生，花淡蓝紫色、白色，花期 4 月中、下旬。

马钱科　Loganiaceae

互叶醉鱼草（*Buddleja alternifolia*）

形态特征：灌木，高 1~4 m。长枝对生或互生，细弱，上部常弧状弯垂，短枝簇生；叶在长枝上互生，在短枝上为簇生；叶柄长 1~2 mm；花多朵组成簇生状或圆锥状聚伞花序；花序较短，密集，长 1~4.5 cm，宽 1~3 cm，常生于两年生的枝条上；花序梗极短，基部通常具有少数小叶；花萼钟状，具四棱，外面密被灰白色星状绒毛和一些腺毛，花冠紫蓝色；子房长卵形，柱头卵状。蒴果椭圆状。

龙胆科　Gentianaceae

达乌里龙胆（*Gentiana dahurica*）

种别名：小秦艽

形态特征：多年生草本植物，高 10~30 cm。茎多枝，斜生。基生叶大，茎生叶较小。聚伞花序顶生或腋生、花冠管状钟形，蓝色。蒴果条状倒披针形。种子多数、表面有细网纹，淡棕褐色。花果期 7~9 月。

小龙胆(*G. squarrosa*)

形态特征:叶坚硬,近革质,边缘软骨质,下缘有细乳突,上缘平滑或有不明显细乳突,两面光滑;基生叶大,近圆形或宽椭圆形;茎生叶 3~4 对,覆瓦状排列,叶柄边缘具乳突,连合成长 1~1.5 mm 的筒。花数朵,单生于小枝顶端,密集;近无花梗,藏于上部叶中;花萼漏斗形,长 8~9 mm,中脉在背面呈脊状突起;花冠蓝色,裂片卵形,长 2~3 mm;子房椭圆形。蒴果仅先端外露,倒卵形或矩圆状匙形。

夹竹桃科　Apocynaceae

夹竹桃(*Nerium indicum*)

形态特征:常绿大灌木,高达 5 m,无毛。叶 3~4 枚轮生,在枝条下部为对生,窄披针形,全绿,革质,长 11~15 cm,宽 2~2.5 cm,下面浅绿色;侧脉扁平,密生而平行。花成顶生的聚伞花序;花萼直立;花冠深红色,芳香,重瓣;副花冠鳞片状,顶端撕裂。蓇葖果矩圆形,长10~23 cm,直径 1.5~2 cm;种子顶端具黄褐色种毛。茎直立、光滑,为典型三叉分枝。侧脉羽状平生。聚伞花序顶生,花冠漏斗形。

萝藦科　Asclepiadaceae

牛皮消(*Cynanchum auriculatum*)

中文别名:耳叶牛皮消、何首乌;瓢瓢藤

形态特征:藤状灌木;宿根肥厚,呈块状;茎被微毛;有乳汁。叶膜质,宽卵形至卵状长圆形,长 4~12 cm,宽 4~10 cm,顶端短渐尖,基部心形,两耳垂直或略向内,叶片两面被微毛;侧脉每边约 6 条,明显;具长叶柄,顶端具丛生小腺体。聚伞花序伞房状,腋生;花序梗长达 10 cm;花梗长 1~1.5 cm;花萼外面被柔毛;花药顶端有圆形的膜片;蓇葖果双生。

鹅绒藤（C. chinense）

形态特征：多年生草本，全株被短柔毛。根圆柱形，灰黄色。茎缠绕，多分枝。叶对生，宽三角状心形，长3~7 cm，宽3~6 cm，先端渐尖，基部心形，全缘，具长2~5 cm的叶柄。伞状聚伞花序腋生，总花梗长3~5 cm，具多花；花萼5深裂，裂片披针形，花冠白色，辐状，具5深裂，裂片为条状披针形，长4~5 mm；蓇葖果圆柱形，长8~12 cm；种子矩圆形，长约5 mm，黄棕色，顶端具白绢状种毛。

牛心朴子（C. komarovii）

种别名：老瓜头

形态特征：高30~60 cm，多成簇生状，每簇有十几个至上百个枝条，直立或斜展。根须状，深达1 m，地下茎部粗壮，枝条柔韧。单叶对生，叶片半肉质，狭椭圆形或披针形。伞形聚伞花序，多生于茎枝中部以上的叶腋中，有花十余朵，花青褐色或紫褐色。蓇葖果单生，纺锤形；种子扁平，具白色绢质种毛。蜜腺位于花盘上，5个盾形副花冠即是蜜腺。

地梢瓜（C. thesioides）

中文别名：地瓜瓢

形态特征：直立半灌木；地下茎单轴横生；茎自基部多分枝。叶对生或近对生，线形，长3~5 cm，宽2~5 mm，叶背中脉隆起。伞形聚伞花序腋生；花萼外面被柔毛；花冠绿白色；副花冠杯状，裂片三角状披针形，渐尖，高过药隔的膜片。蓇葖纺锤形，先端渐尖，中部膨大，长5~6 cm，直径2 cm；种子扁平，暗褐色，长8 mm；种毛白色绢质，长2 cm。花期5~8月，果期8~10月。

雀瓢（*C. thesioides*）

形态特征：多年生草本，高约20 cm。茎端通常伸长而缠绕，地下茎单轴横生。茎直立或斜升，茎柔弱，分枝较少，密被柔毛，有白色乳潮汁。单叶对生；叶线形或线状长圆形；花较小、较多，黄白色；花冠钟形，长约5 mm，5深裂，副花冠浅筒形，上部5裂，裂片与花冠裂片互生；雄蕊5，花丝短；2心皮，分离。蓇葖果纺锤形，两端短尖，中部宽大，长约6 cm，宽约2 cm。

杠柳（*Periploca sepium*）

种别名：香加皮

形态特征：蔓性藤本，长达1 m，除花外全株无毛。主根圆柱形，外皮灰棕色，片状剥裂。叶对生，革质，披针形或矩圆状披针形，长5~8 cm，宽1~2.5 cm，先端长渐尖，基部楔形，全缘，侧脉多数；叶柄长2~5 mm。二歧聚伞花序腋生，有花数朵，花直径1.5~2 cm；花萼5裂，裂片卵圆形，边缘膜质；花冠辐状，紫红色，5裂；副花冠环状，10裂；蓇葖果双生，长圆柱形。

旋花科　Convolvulaceae

打碗花（*Calystegin hederacea*）

形态特征：一年生草本，全体不被毛，植株通常矮小，高8~30(~40)cm，常自基部分枝，具细长白色的根。茎细，平卧，有细棱。基部叶片长圆形，长2~3(~5.5)cm，宽1~2.5 cm，顶端圆，基部戟形，上部叶片3裂，中裂片长圆形或长圆状披针形，侧裂片近三角形，全缘或2~3裂，叶片基部心形或戟形；叶柄长1~5 cm。花腋生，1朵；萼片长圆形，顶端钝；花冠淡紫色或淡红色，钟状。蒴果卵球形。

银灰旋花（*Convolvulus ammannii*）

形态特征：多年生矮小草本。全株密被银灰色绢毛。茎高 2~10 cm，平卧或斜升，多分枝。叶互生，条形或狭披针形，长 6~22 mm，宽 1~2.5 mm，无柄。花小，单生枝端，萼片 5 裂，卵圆形，花冠小，漏斗状，白色带红紫色条纹。蒴果球形，2 裂，种子卵圆形，淡褐红色。

田旋花（*C. arvensis*）

种别名：中国旋花、箭叶旋花

形态特征：多年生草本，根状茎横走。茎平卧或缠绕，有棱。叶互生，叶柄长 0.5~2 cm，叶形变化较大，三角状卵形至卵状矩圆形，或为狭披针形，长 2.5~7.5 cm，宽 1~3.5 cm，先端钝圆或稍尖，基部戟形、箭形或心形，全绿或 3 裂，侧裂片开展，中裂片卵状椭圆形以至披针状矩圆形。花 1~3 朵腋生，苞片 2 个，细小，与花萼远离，花冠宽漏斗形，白色或粉红色，5 浅裂。蒴果卵状球形。

刺旋花（*C. tragacanthoides*）

种别名：木旋花

形态特征：小半灌木，高 5~15 cm，全株被有银灰色绢毛。茎分枝多而密集，节间短，老枝宿留成黄色刺，整株呈具刺的座垫状，丛径 20~30 cm。叶互生，狭倒披针状、条形，长 0.5~2 cm，宽 0.5~1.5 cm，先端钝圆，基部渐狭，无柄。花单生或 2~3 朵生于花枝上部，花梗短；萼片 5 个，卵圆形，先端尖，外被黄棕色毛；花冠漏斗状，顶端 5 浅裂；瓣中带密生毛；蒴果，近球形，径约 8 mm，有毛。

菟丝子(*Cuscuta chinensis*)

种别名:金丝藤、豆寄生、无根草

形态特征:一年生寄生草本。茎细弱,缠绕,黄色,无叶。花多数,簇生,有短花梗;苞片2;花萼杯状,5裂,裂片长圆形;花冠白色,短钟形,长为花萼2位,顶端5裂,裂片向外反曲;雄蕊5枚,花丝短,与花冠裂片互生;基部有鳞片5个,长圆形,边缘为流苏状;子房上位,2室外;花柱2个,直立,柱头头状,突存。蒴果近球形,稍扁,成熟时被花冠全部包住,盖裂。

裂叶牵牛(*Pharbitis nil*)

种别名:大花牵牛、日本牵牛、喇叭花

形态特征:一年生草本,全株被粗硬毛。茎缠绕,多分枝。叶互生,具长柄;叶片近卵状心形,常3裂,裂口宽而圆,先端尖,基部心形。花序有花1~3朵,总花梗稍短于叶柄;萼片5,基部密被开展的粗硬毛,裂片条状披针形,先端尾尖;花冠漏斗状,先端5浅裂;雄蕊5枚,不伸出花冠外;雌蕊1枚,子房无毛,3室,蒴果近球形,直径0.8~13 cm,3瓣裂。

圆叶牵牛(*P. purpurea*)

形态特征:茎长2~3 m,被短柔毛和倒向的长硬毛。叶圆卵形或阔卵形,长4~18 cm,宽3.5~16.5 cm,被糙伏毛,基部心形,边缘全缘或3裂,先端急尖或急渐尖;叶柄长2~12 cm。花序1~5朵花;花序轴长4~12 cm;苞片线形,长6~7 mm,被伸展的长硬毛;萼片近等大;花冠漏斗状,长4~6 cm,无毛;雄蕊内藏,不等大;雌蕊内藏,子房无毛,3室,柱头3裂。蒴果近球形,直径9~10 mm,3瓣裂。

紫草科　Boraginaceae

灰毛软紫草（*Arnebia fimbriata*）

形态特征：多年生草本，全株密生灰白色长硬毛。茎通常多条，高 10~18 cm，多分枝。叶无柄，线状长圆形至线状披针形，长 8~25 mm，宽 2~4 mm。镰状聚伞花序长 1~3 cm，具排列较密的花；苞片线形；花萼裂片钻形，长约 11 mm，两面密生长硬毛；花冠淡蓝紫色或粉红色，有时为白色，长 15~22 mm，外面稍有毛，裂片宽卵形，几等大，边缘具不整齐牙齿；小坚果三角状卵形，长约 2 mm，密生疣状突起，无毛。

狭苞斑种草（*Bothriospermum kusnezowii*）

形态特征：基生叶莲座状，倒披针形或匙形，长 4~7 cm，宽 0.5~1 cm，两面疏生硬毛及伏毛，茎生叶无柄，长 2~5 cm，宽 0.5~1 cm，花序长 5~20 cm，具苞片；苞片线形或线状披针形，密生硬毛及伏毛；花梗长 1~2.5 mm，果期增长；花萼长 2~3mm，果期增大，外面密生开展的硬毛及短硬毛，裂片线状披针形或卵状披针形，先端尖，裂至近基部；花冠钟状，长 3.5~4 mm；小坚果椭圆形，长 2~2.5 mm，密生疣状突起。

大果琉璃草（*Cynoglossum divaricatum*）

形态特征：多年生草本，高 25~100 cm，具红褐色粗壮直根。茎直立，中空，具肋棱。基生叶和茎下部叶长圆状披针形或披针形，长 7~15 cm，宽 2~4 cm；茎中部及上部叶无柄，狭披针形，被灰色短柔毛。花序顶生及腋生，花稀疏，集为疏松的圆锥状花序；苞片狭披针形或线形；花梗细弱，密被贴伏柔毛；花萼长 2~3 mm，外面密生短柔毛，裂片卵形或卵状披针形；小坚果卵形，密生锚状刺。

鹤虱（*Lappula myosotis*）

形态特征：多年生草本，高 50~100 cm。茎直立，上部多分枝，密生短柔毛，下部近无毛。叶互生；下部叶片宽椢圆形或长圆形，长 10~15 cm，宽 5~8 cm，先端尖或钝，基部狭成具翅的叶柄，边缘有不规则的锯齿或全缘，无柄。头部花序多数，沿茎枝腋生，有短梗或近无梗，直径 6~8 mm，平立或稍下垂；总苞钟状球形，总苞片 3 层，外层极短，卵形，先端尖，有短柔毛，中层和内层长圆形，先端圆钝，无毛。

狼紫草（*Lycopsis orientalis*）

形态特征：茎自基部分枝，直立或斜升，高 20~40 cm，开展的硬长毛。叶互生，有柄或近无柄；叶片匙形，倒披针形或条状长圆形，有硬毛，边缘皱波状。花序常呈尾卷状，苞片狭卵形或条状披针形；花生于苞腋或腋外；花萼裂片 5 裂，喉部有 5 个附属物。小坚果 4 个，近卵形，有皱棱和瘤状突起。基生叶具柄，叶片匙形，倒披针形或线状长圆形。聚伞花序，花生于苞腋或腋外，有短梗；花冠蓝色。

砂引草

（*Messerschmidia sibirica* subsp. *angustior*）

形态特征：多年生草本。全株被白色长柔毛。叶无柄或近无柄，狭矩圆形至条形，长 1~3.5 cm，宽 0.2~2 cm，聚伞花序伞房状，直径 1.8~4 cm，近二叉状分枝。花萼长约 2.5 mm，5 裂近基部，裂片披针形，花冠白色，漏斗状，花冠筒长 5 mm，裂片 5，子房 4 室，柱头 2 浅裂，下部环状膨大，果实有 4 钝棱，椢圆状球形，长约 8 mm，先端平截或凹入。

紫筒草（*Stenosolenium saxatiles*）

形态特征：多年生草本，高 10~25 cm，全株密生开展的硬毛并混生短柔毛。根细长，有紫色物质。茎直立或斜升，多分枝。叶倒披针状条形或披针状条形，长 1.5~3.5 cm，宽 2~4 mm。花序顶生，逐渐延长；苞片叶状；花具短梗；花萼 5 深裂。裂片条形，长约 6 mm；花冠紫色、青紫色或白色，基部有具毛的环，裂片 5 个，比花冠筒短很多；小坚果 4 个，三角状卵形，长约 2 mm，有小瘤状凸起，腹面基部有短柄。

马鞭草科　Verbenaceae

蒙古莸（*Caryopteris mongholica*）

种别名：白蒿、山狼毒

形态特征：小灌木。高 15~40 cm。老枝灰褐色，幼枝常紫褐色。单叶对生，条状披针形或条形，长 1.5~6 cm，宽 3~10 mm，全缘、上面深绿色，下面灰白色，两面均被短绒毛。聚伞花序顶生或腋生，花萼钟状，顶端分裂，花冠蓝紫色，先端 5 裂，其中 1 个裂片较大，顶端撕裂，雄蕊 4 枚，二强，伸出花冠筒外。果实蒴果状，球形，熟时裂为 4 个带翅的小坚果。

荆条（*Vitex negundo var. heterophylla*）

形态特征：灌木或小乔木，高 1~2.5 m。幼枝四方形，老枝圆筒形，灰褐色，密被有微柔毛。掌状复叶，具小叶 5 个，有时 3 个，披针形或椭圆形披针形，先端渐尖，基部楔形，边缘缺刻状锯齿，浅裂至羽状深裂，上面绿色，下面淡绿色或灰白色，无毛或有毛。圆锥花序顶生，长 10~20 cm，花小蓝紫色，花冠二唇形，雄蕊 4 枚，伸出花冠。核果，直径 3~4 mm，包于宿存花萼内。种子圆形，具网纹，黑色。

唇形科　Labiatae

白花枝子花
(*Dracocephalum heterophyllum*)
种别名：异叶青兰
形态特征：多年生草本，高 10~25 cm。茎多数，四棱形。茎下部叶宽卵形至长卵形，长 1.5~3.5 cm，宽 0.7~2 cm，先端钝或圆形，基部心形或截平，边缘具浅圆齿，两面有毛，茎中部叶具等长或短于叶片的叶柄。轮伞花序生于茎上部叶腋，长 3~6 cm；苞片倒卵形或倒披针形，长 1~2 cm；花萼明显呈二唇形，长 13~15 mm，外面疏被短柔毛，唇形花冠淡黄色或白色。小坚果矩圆形。

香青兰(*D. moldavica*)
种别名：枝子花、摩眼子、山薄荷
形态特征：一年生草本，高(6~)22~40 cm，直根圆柱形，径 2~4.5 mm。茎数个，常在中部以下具分枝，不明显四棱形。基生叶卵圆状三角形，先端圆钝，基部心形，具疏圆齿；下部茎生叶与基生叶近似，具与叶片等长之柄，中部以上者具短柄，叶片披针形至线状披针形。轮伞花序生于茎或分枝上部 5~12 节处，通常具 4 花；花梗长 3~5 mm，花后平折；小坚果长约 2.5 mm，长圆形。

密花香薷(*Elsholtzia densa*)
种别名：咳嗽草、野紫苏
形态特征：草本，高 20~60 cm，密生须根。茎直立，茎及枝均四棱形，具槽，被短柔毛。叶长圆状披针形至椭圆形，长 1~4 cm，宽 0.5~1.5 cm，草质，上面绿色下面较淡，两面被短柔毛；叶柄长 0.3~1.3 cm，背腹扁平，被短柔毛。穗状花序长圆形或近圆形，密被紫色串珠状长柔毛，由密集的轮伞花序组成；花萼钟状，长约 1 mm，外面及边缘密被紫色串珠状长柔毛。小坚果卵珠形。

冬青叶兔唇花（*Lagochilus ilicifolius*）

形态特征：多年生植物；根木质。茎分枝，铺散，高10~20 cm，基部木质化。叶楔状菱形，向上，长约10 mm，宽5~9 mm，先端具3~5齿裂，齿端短芒状刺尖，基部楔形，硬革质，两面无毛，干后白绿色，无柄。轮伞花序具2~4花，生于中部以上的叶腋内；苞片细针状。花萼管状钟形，白绿色，硬革质，无毛。花冠淡黄色。雄蕊着生于冠筒基部，后对短，前对较长。花柱近方柱形，先端为相等的2短裂。

细叶益母草（*Leonurus sibiricus*）

种别名：四美草、风葫芦草

形态特征：一年生或两年生草本，有圆锥形的主根。茎直立，高20~80 cm，钝四棱形，微具槽。茎最下部的叶早落，中部的叶轮廓为卵形，长5 cm，宽4 cm，基部宽楔形，掌状3全裂，裂片呈狭长圆状菱形，其上再羽状分裂成3裂的线状小裂片，叶脉下陷，下面淡绿色，被疏糙伏毛；轮伞花序腋生；花梗无。花萼管状钟形；小坚果长圆状三棱形，顶端截平，基部楔形，褐色。

脓疮草（*Panzeria alaschanica*）

种别名：白龙串彩、野芝麻

形态特征：多年生草本，具粗大的木质主根。茎基部近于木质，多分枝，茎、枝四棱形，密被白色短绒毛。叶为宽卵圆形，宽3~5 cm，茎生叶掌状5裂，裂片常达基部，狭楔形，宽2~4 mm，叶柄细长扁平，被绒毛。轮伞花序多花，多数密集排列成顶生长穗状花序。花萼管状钟形。花冠淡黄或白色。雄蕊4枚，前对稍长，2室，横裂。小坚果卵圆状三棱形。

紫苏(*Perilla frutescens*)

种别名：白苏

形态特征：一年生草本，有特异芳香。茎直立，高 30~100 cm，4 棱，有紫色或白色细毛。叶对生，卵形或卵圆形，长 4~12 cm，宽 3~10 cm，边缘有粗圆齿；叶柄长 3~7 cm，紫色或绿色。总状花序顶生或腋生，稍偏侧，密生细毛；苞片卵形，全缘；花萼钟状，上唇 3 裂，下唇 2 裂；花冠唇形，红色或淡红色，上唇 2 裂，下唇 3 裂；小坚果倒卵形，褐色或暗褐色，有网状皱纹。

串铃草(*Phlomis mongolica*)

种别名：糙苏、野洋芋

形态特征：多年生草本。根木质，粗厚，须根常作圆形、长圆形或纺锤的块根状增粗。茎高 40~70 cm，不分枝或具少数分枝。基生叶卵状三角形至三角状披针形，长 4~13.5 cm，宽2.7~7 cm，苞叶三角形或卵状披针形，下部的远超出花序，向上渐变小而较花序为短。轮伞花序多花密集，彼此分离；雄蕊内藏，花丝被毛。花柱先端不等的 2 裂。小坚果顶端被毛。

一串红(*Salvia splendens*)

形态特征：灌木状草本，高可达 90 cm。茎钝四棱形，具浅槽，无毛。叶卵圆形或三角状卵圆形，长 2.5~7 cm，宽 2~4.5 cm；茎生叶叶柄长 3~4.5 cm，无毛。轮伞花序 2~6 花，组成顶生总状花序；花梗长 4~7 mm，密被染红的具腺柔毛，花序轴被微柔毛。花萼钟形，红色，开花时长约 1.6 cm。花冠红色，长 4~4.2 cm，外被微柔毛。小坚果椭圆形，长约 3.5 mm，暗褐色，顶端具不规则极少数的绉折突起。

多毛并头黄芩(*Scutellaria scordifolia*)

生态习性：生于草地或湿草甸，海拔2100 m以下。多年生草本。分布于宁夏、陕西、甘肃、青海、北京。全草入药，作用同并头黄芩。

百里香(*Thymus mongolicus*)

种别名：地姜、千里香、地椒

形态特征：亚灌木；茎木质且多分枝；叶中度绿色，数量多，小而尖，小叶(4~20 mm长)对生，全缘，呈椭圆形，有浓郁的香味；花顶簇生；花萼不规则：上缘分三瓣，下缘裂开；花冠管状，4~10 mm长，呈白色、粉色或紫色；叶子为轮生。

茄科　Solanaceae

辣椒(*Capsicum annuum*)

形态特征：一年生或有根多年生草本，高40~80 cm。单叶互生，枝顶端节不伸长而成双生或簇生状；叶片长圆状卵形、卵形或卵状披针形，长4~13 cm，宽1.5~4 cm，全缘，先端尖，基部渐狭。花单生，俯垂；花萼杯状，不显著5齿；花冠白色，裂片卵形；雄蕊5枚；雌蕊1枚，子房上位，2室，少数3室，花柱线状。浆果长指状，先端渐尖且常弯曲，未成熟时绿色，成熟后呈红色、橙色或紫红色，味辣。

菜椒(*C. annuum var. grossum*)

种别名:大椒、灯笼椒、柿子椒、甜椒、菜椒

形态特征:一年生或多年生草本植物,其特点是果实较大,辣味较淡甚至根本不辣,作蔬菜食用而不作为调味料。由于它翠绿鲜艳,新培育出来的品种还有红、黄、紫等多种颜色。青椒由原产中南美洲热带地区的辣椒在北美演化而来,经长期栽培驯化和人工选择,使果实发生体积增大,果肉变厚,辣味消失和心皮及子房腔数增多等性状变化。果实为浆果。

天仙子(*Hyoscyamus niger*)

种别名:莨菪、山烟、牙痛子

形态特征:一年生或两年生草本,高达1 m。全株被粘改建的腺毛。根粗壮,肉质。一年生植株茎极短,茎基部具莲座状叶丛。茎叶互生,无柄,基部半抱茎;叶片卵形至三角状卵形,长4~10 cm,宽2~6 cm。花腋生,单一,径2~3 cm;花萼筒状钟形,5浅裂;花冠钟状,5浅裂,黄色囊有紫堇色网纹;雄蕊5枚,着生于花冠筒的近中部;子蒴果藏于宿存的萼内,长卵圆形,成熟时盖裂。

宁夏枸杞(*Lycium barbarum*)

种别名:中宁枸杞、茨、枸杞

形态特征:灌木,高2~3 m。分枝较密,披散,有纵棱纹,有棘刺。单叶互生或丛生于短枝上,长椭圆状披针形或卵状矩圆形,长2~6 cm,宽4~7 mm,全缘,叶脉不明显。花腋生,常2~6朵簇生于短枝上;花萼钟状,长3.5~5 mm;花冠漏斗状,粉红色或紫堇色,具暗紫色条纹,花冠筒稍长于檐部裂片,裂片卵形,顶端稍圆钝;浆果宽椭圆形,红色或橘红色,果皮肉质,多汁液。

枸杞（*L. chinense*）

种别名：枸杞菜、狗牙子、枸杞子

形态特征：蔓生灌木。枝条长达 1~2 m，侧生短枝多为短刺；小枝淡黄色，有棱，或作狭翅状，无毛。叶互生，或在枝的下半部有 2 或 3 叶簇生，无毛；叶柄短，长达 8 mm；叶片卵状披针形，长 2~5 cm，宽 1~2 cm，全缘。花单一或 2~6 朵簇生于叶腋；花萼钟形，绿色，3~5 裂，理解片宽卵形，尖头；花冠漏斗状，紫色，5 裂；浆果鲜红色，卵形或长椭圆状卵形。种子肾形，黄色。

番茄（*Lycopersicon esculentum*）

形态特征：植株高 0.7~2 m。全株被粘质腺毛。茎为半直立性或半蔓性。奇数羽状复叶或羽状深裂，互生；叶长 5~40 cm；小叶极不规则，卵形或长圆形，长 5~7 cm，前端渐尖，边缘有不规则锯齿或裂片，局部歪斜，有小柄。花为两性花，黄色，自花授粉，复总状花序。花 3~9 朵，成侧生的案伞花序；花萼 5~7 裂，裂片披针形至线形，果时宿存；花冠黄色，辐射状。果实为浆果，扁球状或近球状，肉质而多汁。

黄花烟草（*Nicotiana rustica*）

形态特征：一年生至多年生草本，高约 0.5~1 m，全株被腺毛。叶大而厚，卵形或长圆形，长达 30 cm 或过之，先端钝，基部心形或近心形，边全缘或浅波状，具长柄。总状花序顶生，花淡黄绿色，长约 2.5 cm，花冠简管状钟形，喉部略缢缩，稍被柔毛，长约为萼长的 3 倍，顶端 5 浅圆裂，萼长约 1.3 cm，裂片卵形，蒴果卵形至近球形，较宿萼长。种子多数，极小，圆形或长圆形，径约 0.5 mm。

烟草（*N. tabacum*）

形态特征：茄科一年生草本植物，烟草属大约有 60 多种，但真正用于制造卷烟和烟丝的，基本只有红花烟草，此外还有少部分用黄花烟草，其他品种很少用。一般来说"烟草"在台湾称为作菸草，港澳称为作烟草。

小酸浆（*Physalis minima*）

形态特征：一年生草本，高 50~70 cm，根细瘦，主轴短缩，顶端多二歧分枝，枝常匍匐于地，枝端斜举，被短柔毛。叶柄长 1.5~3 cm，叶卵形至卵状披针形，长 2~5 cm，宽 1.5~3 cm，顶端渐尖，基部楔形，边全缘或波状或少数粗齿，两面沿脉上均疏被短柔毛。花单生于叶腋；花萼钟状，具缘毛；花冠黄色或黄白色，5 浅裂，花药长约 1~2 mm。浆果球形，直径约 0.6~1 cm，包藏于宿萼之内，宿萼膀胱状。

茄（*Solanum melongena*）

种别名：茄子、落苏、矮瓜。

形态特征：直根系，根深 50 cm，横向伸展 120 cm，大部分布在 30 cm 耕作层内。茄子主茎上的果实称"门茄"，一级侧枝的果实称为"对茄"，二级侧南方长茄子枝的果实称为"四母斗"，三级侧枝的果实称为"八面风"，以后侧枝的果实称为"满天星"。

龙葵（*S. nigrum var. nigrum*）

形态特征：一年生草本，高 30~60 cm。茎直立，上部多分枝，稀被白色柔毛。叶互生，卵形，长 2.5~10 cm，宽 1.5~5.5 cm，全缘或具波状齿，先端尖锐，基部楔形或渐狭至柄，叶柄长达 2 cm。花序短蝎尾状或近伞状，侧生或腋外生，有花 4~10 朵，花序梗长 1~2.5 cm；花细小，柄长约 1 cm，下垂；花萼杯状，绿色，5 浅裂；花冠白色，辐射状，5 裂，裂片卵状三角形，约 3 cm；浆果球形，直径约 8 mm，熟时黑色。

青杞（*S. septemlobum*）

形态特征：直立草本或灌木状，茎具棱角，被白色具节弯卷的短柔毛至近于无毛。叶互生，卵形，长 3~7 cm，宽 2~5 cm，先端钝，基部楔形，通常 7 裂，裂片卵状长圆形至披针形，全缘或具尖齿，两面均疏被短柔毛；叶柄长约 1~2 cm，被有与茎相似的毛被。二歧聚伞花序，顶生或腋外生，总花梗长约 1~2.5 cm，具微柔毛或近无毛；花冠青紫色，直径约 1 cm；花丝长不及 1 mm；浆果近球状，熟时红色。

马铃薯（*S. tuberosum*）

种别名：土豆、地蛋、山药蛋

形态特征：多年生草本。高 30~100 cm。地上茎常直立，地下茎块状。叶为单数羽状复叶，小叶 13~17 个，常大小相间厂印形或矩圆形，最大的长约 6 cm，最小的长不及 1 cm。伞房花序，顶生或侧生，花冠辐状。5 浅裂，白色或蓝紫色。浆果球形，内有种子 200~400 粒。种子甚小，扁平，卵形，淡黄色或暗灰色。

玄参科 Scrophulariaceae

光药大黄花（*Cymbaria mongolica*）

形态特征：多年生小草本。成株茎丛生，高 5~20 cm。茎基部为鳞片所覆盖，密被短柔毛。叶对生，无柄，或在茎上部近互生，矩圆状披针形至条状披针形，两面均有柔毛，全缘。花少数，生叶腋，花梗长 3~10 mm，小苞片 2 枚，全缘或有 1~2 枚小齿，花萼长 15~30 mm，萼齿 5 枚或 6 枚，钻形，花冠黄色，上唇略盔状，裂片向前及外侧反卷，下唇 3 裂，雄蕊 2 强，子房矩圆形。蒴果长卵状。

疗齿草（*Odontites serotina*）

种别名：齿叶草

形态特征：一年生草本，高 10~40 cm，全株被贴伏而倒生的白色细硬毛。茎上部四棱形。叶对生，有时上部的互生，无柄，披针形或条状披针形，长 1~3 cm，宽达 5 mm，先端渐尖，边缘具疏锯齿。总状花序顶生，苞叶叶状；花梗极短，长约 1 mm；花萼钟状，长 4~7 mm，4 等裂；花冠紫红色，长 8~10 mm，外面被白色柔毛，上唇直立，略呈盔状，下唇开展，3 裂；蒴果矩圆形，稍扁。

弯管马先蒿（*Pedicularis curvituba*）

形态特征：一年生草本，常中等高低，一般 30 cm 左右。根多少木质化，有分枝，长达 8 cm。茎多条自根颈发出，开花时基部多少木质化，上部草质。叶无基出之丛，茎叶下部者柄较长，达 15 mm；叶片线状披针形、长圆状披针形至卵状长圆形，羽状全裂，裂片疏远，卵状披针形至线状披针形，长 2~8 mm。花序以多数简断的花轮组成（10 枚以上）；苞片下部者叶状，短于花；萼花后迅速膨大；蒴果未见。

紫葳科　Bignoniaceae

梓树（*Catalpa ovate*）

种别名：花楸、河楸、木豆角

形态特征：落叶乔木，高达 6 m。叶对生或轮生，宽卵形或近圆形，长 10~25 cm，宽 7~25 cm，上面疏生长柔毛；叶柄长，幼时有长柔毛。圆锥花序；花冠淡黄色，内有黄色线纹和紫色斑点。蒴果，长 20~30 cm，宽 4~7 mm；种子椭圆形，长 8~10 mm。花期 5~6 月，果期 7~8 月。

角蒿（*Incarvillea sinensis*）

形态特征：多年生草本，具茎，分枝，高达 80 cm。叶互生，二至三回羽状细裂，长 4~6 cm，形态多变，小叶不规则细裂呈线状披针形。顶生总状花序，长达 20 cm，疏散；花冠淡红色微带紫、钟状漏斗形，基部实收缩成细管，花冠裂片半圆形，长约 4 cm，径约 2.5 cm；花萼钟形，绿色微红，长约 5 mm，顶端平截，萼齿钻状，基部膨大成腺体，长约 5 mm；花柄短，长不足 5 mm；小苞片绿色，线形。蒴果淡绿色。

黄花角蒿（*I. sinensis var. Przewalskii*）

形态特征：一年生至多年生草本，具分枝的茎，高达 80 cm；根近木质而分枝。叶互生，不聚生于茎的基部，二至三回羽状细裂，形态多变异，长 4~6 cm，小叶不规则细裂，末回裂片线状披针形，具细齿或全缘。顶生总状花序，疏散，长达 20 cm；花梗长 1~5 mm；小苞片绿色，线形，长 3~5 mm。花萼钟状，花淡黄色，钟状漏斗形。雄蕊 4 枚，二强，着生于花冠筒近基部，花药成对靠合。蒴果淡绿色，细圆柱形。

列当科　Orobanchaceae

列当(*Orobanche coerulescens*)
形态特征：两年生或多年生寄生草本，高10~40 cm。全株密被蛛丝状长绵毛。茎直立，不分枝，基部常膨大。叶干后黄褐色，生于茎下部的较密集；花多数，排列成穗状花序，长10~20 cm；苞片2个，卵状披针形；花萼5深裂；花冠蓝紫色，下部为筒形，上部稍弯曲，具2唇，上唇宽，先端常凹成2裂，下唇3裂；雄蕊4，二强；子房上位，花柱丝花冠稍短或略等长，柱头膨大，黄色，蒴果等长、2裂。

黄花列当(*O. pycnostachya*)
形态特征：两年生或多年生草本，株高10~40(~50) cm，全株密被腺毛。茎不分枝，基部稍膨大。叶卵状披针形或披针形，干后黄褐色，长1~2.5 cm，宽4~8 mm，连同苞片、花萼裂片和花冠裂片外面及边缘密被腺毛。花序穗状，圆柱形，顶端锥状，具多数花；花冠黄色；上唇2浅裂，偶见顶端微凹，下唇长于上唇，3裂，中裂片常较大，全部裂片近圆形，边缘波状或具不规则的小圆齿状牙齿。蒴果长圆形。

沙苁蓉(*Cistanche sinensis*)
形态特征：植株高15~70 cm。茎鲜黄色，不分枝或自基部分2~4分枝，直径1.5~2.2 cm，基部稍增粗，生于茎下部的叶紧密，卵状三角形，长6~10 cm，宽4~8 mm，两面近无毛，上部的较稀疏，卵状披针形，长0.5~2 cm，宽5~6 mm。穗状花序顶生，长5~15 cm，直径4~6 cm；苞片卵状披针形或线状披针形，长1.6~2 cm，宽3~7 mm；小苞片2枚，比花萼稍短，线形或狭长圆状披针形；花近无梗。

车前科 Plantaginaceae

车前（*Plantago asiatica*）
种别名：车前子

形态特征：多年生草本，全体光滑或有短毛；根茎短而肥厚，不明显，有须根。叶丛生于根茎顶端；具长柄，上面有槽，基部扩大；叶片广卵形或长圆状卵形，长4~15 cm，宽3~9 cm，先端钝或短尖，基部狭窄成柄，全缘或有疏生而不明显的钝齿。花茎自叶丛中央抽出，排列成穗状花序，每花有苞片1枚，三角形；花萼4片，有短柄，绿色，边缘薄膜状；花冠膜质，先端4裂；蒴果卵状圆锥形，近中部周裂。

平车前（*P. depressa*）
种别名：车轮菜、车轱辘菜、车串串

形态特征：一年生或两年生草本。根茎短。叶基生呈莲座状，平卧、斜展或直立；叶片纸质，椭圆形、椭圆状披针形或卵状披针形，长3~12 cm，宽1~3.5 cm，先端急尖或微钝，边缘具浅波状钝齿；花序3~10余个；花序梗长有纵条纹，疏生白色短柔毛；穗状花序细圆柱状，上部密集；苞片三角状卵形，长2~3.5 mm。花萼长，无毛。花冠白色，无毛。蒴果卵状椭圆形至圆锥状卵形。

细叶车前（*P. lessingii*）
种别名：条叶车前

形态特征：多年生草本，高3~15 cm。具圆柱状细长的主根。叶基生，线形或狭披针形，长5~15 cm，宽2~3 mm，先端渐尖，全缘，两面被白色绒毛。花葶数条，直立或斜上，长2.5~18 cm，纤细，被白色绒毛；穗状花序卵形或椭圆形，长0.5~2 cm，密被长的黄绒毛，苞片卵圆形，较花萼短，具龙骨状突起；花萼裂片阔椭圆形，长约2 mm，具十分明显的龙骨状突起，边缘具缘毛；蒴果圆锥形。

大车前（*P. major*）

形态特征：两年生或多年生草本。叶基生呈莲座状，平卧、斜展或直立；叶片草质、薄纸质或纸质，宽卵形至宽椭圆形，先端钝尖或急尖，边缘波状、疏生不规则牙齿或近全缘，两面疏生短柔毛或近无毛，少数被较密的柔毛；穗状花序细圆柱状，基部常间断；苞片宽卵状三角形，长 1.2~2 mm。花无梗；花萼长 1.5~2.5 mm，萼片先端圆形，边缘膜质。花冠白色，无毛。蒴果近球形，于中部或稍低处周裂。

茜草科　Rubiaceae

蓬子菜（*Galium verum*）

种别名：松叶草

形态特征：多年生近直立草本，基部稍木质，高 25~45 cm；茎有 4 角棱，被短柔毛或秕糠状毛。叶纸质，6~10 片轮生，线形，通常长 1.5~3 cm，宽 1~1.5 mm，顶端短尖，边缘极反卷，常卷成管状，上面无毛，稍有光泽，下面有短柔毛，稍苍白，干时常变黑色，1 脉，无柄。聚伞花序顶生和腋生，通常在枝顶结成带叶的圆锥花序状；总花梗密被短柔毛；花冠黄色，辐状。果小，近球状。

茜草（*Rubia cordifolia*）

中文别名：血茜草、血见愁

形态特征：多年生攀援草本。根数条至数十条丛生，外皮紫红色或橙红色。茎四棱形，棱上生多数倒生的小刺。叶四片轮生，具长柄；叶片形状变化较大，卵形、三角状卵形、宽卵形至窄卵形，长 2~6 cm，宽 1~4 cm，先端通常急尖，基部心形，上面粗糙，下面沿中脉及叶柄均有倒刺，全缘，基出脉 5 条。聚伞花序圆锥状，腋生及顶生；花萼不明显；花冠辐状；浆果球形，红色后转为黑色。

黑果茜草(*R. cordifolia var. pratemis*)

形态特征:多年生草本,稀一年生,被粗毛或有小刺;茎四棱柱形;叶假轮生,托叶叶状;花小,5数,组成腋生或顶生的聚伞花序;萼管卵形或球形,萼檐不明显或无;花冠轮状或钟状,4~5裂,裂片啮合状排列;雄蕊与花冠裂片同数,着生于冠管上,花丝短,花药球形或近圆形;花盘极小或肿胀;果肉质,平滑或有钩毛;种子与果皮粘贴,种皮膜质,有角质的胚乳。本变种的特征是浆果黑色。

忍冬科 Caprifoliaceae

金银忍冬(*Lonicera maackii*)

形态特征:落叶灌木,高达6 m,茎干直径达10 cm;凡幼枝、叶两面脉上、叶柄、苞片、小苞片及萼檐外面都被短柔毛和微腺毛。冬芽小,卵圆形,有5~6对或更多鳞片。叶纸质,形状变化较大,通常卵状椭圆形至卵状披针形,长5~8 cm,顶端渐尖或长渐尖,基部宽楔形至圆形;叶柄长2~5(~8) mm;花冠先白色后变黄色。果实暗红色,圆形,直径5~6 mm。

接骨木(*Sambucus williamsii*)

种别名:公道老、蓝节朴、扦扦活

形态特征:落叶灌木,高达4m。茎无棱,多分枝,灰褐色,无毛。叶对生,单数羽状复叶;小叶5~7片,卵形、椭圆形或卵状披针形,先端渐尖,基部偏斜阔楔形,长4~12 cm,宽2~4 cm,边缘有较粗锯齿,两面无毛。圆锥花序顶生,密2~4 cm,边缘有较粗锯齿,两面无毛。圆锥花序顶生,密集成卵圆形至长椭圆状卵形;花萼钟形,5裂,裂片舌状;花冠辐射状,4~5裂;子房下位。

败酱科　Valerianaceae

糙叶败酱（*Patrinia rupestris*）

形态特征：败酱科植物，多年生草本，高20~40 cm。茎丛生，茎上部多分枝，分枝处有节纹。叶对生；革质，羽状分裂，裂片倒披针形、狭披针形或长圆形，有牙齿，顶端裂片较侧裂片略大，叶缘及叶面被毛。聚伞花序顶生，呈伞房状排列；花轴及花梗上生细毛；苞片狭窄，寓生；花冠合瓣，5 裂；雄蕊 4 枚；子房 3 室，柱头头状。果实翅状，卵形或近圆形，扁薄如纸。

异叶败酱（*P. heterophylla*）

形态特征：多年生草本，高达 1.5 m。茎圆柱形，节明显，幼枝被短毛。单叶对生；茎基部的叶较大，边缘具钝锯齿，基部往往羽状全裂，裂片 1~2 对，倒卵状披针形，上部的叶 3 裂，两侧裂片长卵形，中央裂片卵形；无叶柄。圆锥状聚伞花序生于枝顶及叶腋；苞片披针形，小苞片近肾形；花小，两性，黄色；萼管与子房壁合生；花冠钟状，裂片 5 个，卵形；雄蕊 4 枚；子房下位。果实为不开裂的干果，近圆形。

葫芦科　Cucurbitaceae

西瓜（*Citrullus lanatus*）

形态特征：双子叶开花植物，形状像藤蔓，叶子呈羽毛状。它所结出的果实是瓠果，为葫芦科瓜类所特有的一种肉质果，是由 3 个心皮具有侧膜胎座的下位子房发育而成的假果。西瓜主要的食用部分为发达的胎座。果实外皮光滑，呈绿色或黄色有花纹，果瓤多汁为红色或黄色（罕见白色）。

甜瓜（*Cucumis melo*）

种别名：香瓜

形态特征：根系发达，主根深达 1 m 以上，侧根分布直径 2~3 m，但根的再生力弱，不宜移植。茎圆形，有棱，被短刺毛，分枝性强。单叶互生，叶片近圆形或肾形，被毛。花腋生，单性或两性，虫媒花，花卉为黄色。果实有圆球、椭圆球、纺锤、长筒等形状，成熟的果皮有白、绿、黄、褐色或附有各色条纹和斑点。果表光滑或具网纹、裂纹、棱沟。果肉有白、桔红、绿黄等色，具香气。

黄瓜（*C. sativus*）

中文别名：胡瓜、刺瓜、王瓜

形态特征：一年生蔓生草本。茎枝伸长，有纵沟及棱，被白以硬糙毛。卷须细，不分枝，具白色柔毛。单叶互生；叶柄稍粗糙；叶片三角状宽卵形，膜质，长、宽均 12~18 cm，两面甚粗糙，掌状 3~5 裂，裂片三角形并具锯齿，有时边缘具缘毛。花萼筒狭钟状圆筒形，密被白色长柔毛，花萼裂征钻形，开展与花萼近等长；花冠裂片长圆状披针形，急尖；果实长圆形或圆柱形。

南瓜（*Cucurbita moschata*）

形态特征：一年生蔓生草本。茎长达数米，节处生根，粗壮，有棱沟，被短硬毛，卷须分 3~4 叉。单叶互生，叶片心形或宽卵形，5 浅裂有 5 角，稍柔软，长 15~30 cm，两面密被茸毛，沿边缘及叶面上常有白斑，边缘有不规则的锯齿。花单生，雌雄同株异花。花萼裂片线形，顶端扩大成叶状。花冠钟状，黄色，5 中裂。雄蕊 3 枚，子房圆形或椭圆形，1 室，花柱短，柱头 3 个，各 2 裂。瓠果，扁球形。

西葫芦（C. pepo）

形态特征：一年生草质藤本（蔓生），有矮生、半蔓生、蔓生三大品系。多数品种主蔓优势明显，侧蔓少而弱。主蔓长度：矮生品种节间短，蔓长通常在 50 cm 以下；半蔓生品种一般约 80 cm；蔓生品种一般长达数米。具叶卷须，属攀援藤本，但常匍匐生长（矮生品种有的直立）。单叶，大型，掌状深裂，互生，叶面粗糙多刺。叶柄长而中空。叶片近叶脉处有银白色花斑。花单性，雌雄同株。花单生于叶腋，瓠果。

桔梗科　Campanulaceae

泡沙参（Adenophora potaninii）

形态特征：基生叶有长柄，圆形，基部心形。茎生叶互生，宽披针形，边缘有 2~7 对缺刻状锯齿。萼片披针形，边缘有 1 对深裂的齿。

长柱沙参（A. stenanthina）

形态特征：多年生草本，茎直立，常数条自茎基抽出的，呈丛生状，高（30）40~80（120）cm，有时茎上部有分枝，常被极短或倒生的糙毛。基生叶心形，边缘具不规则的深齿的，早落；茎生叶互生，中部较密，通常线形，长 2~6（10）cm，宽 2~4 mm，常全缘，叶两面被糙毛，无柄。花序假总状或圆锥状了，顶生，花常下垂；花萼无毛，裂片 5 个；花冠蓝紫色，筒状或筒状坛形，无毛，5 浅裂；蒴果椭圆状。

菊科 Compositae

顶羽菊(*Acroptilon repens*)
种别名：苦蒿

形态特征：多年生草本。根粗壮，侧根发达。茎直立，高约 60 cm，有纵沟棱，密被蛛丝状毛和腺体。叶披针形至条形，长 2~10 cm，宽 0.2~1.5 cm，先端锐尖，全缘或有疏锯齿或羽状深裂，被蛛丝状毛和腺点。头状花序单生枝端，直径 1~1.5 cm，总苞卵形或矩圆状卵形，总苞片 4~5 层，呈覆瓦状排列，外层宽卵形，上半部透明膜质，花冠红紫色。瘦果矩圆形，略扁平。

灌木亚菊(*Ajania fruticulosa*)

形态特征：小半灌木，高 8~40 cm。中部茎叶全形圆形、扁圆形、三角状卵形、肾形或宽卵形，规则或不规则二回掌状或掌式羽状 3~5 分裂。一、二回全部全裂。一回侧裂片 1 对或不明显 2 对，通常 3 出。全部叶有长或短柄，末回裂片线钻形、宽线形、倒长披针形，宽 0.5~5 mm，顶端尖或圆或钝；叶耳无柄。头状花序小，少数或多数在枝端排成伞房花序或复伞房花序。总苞片 4 层，外层卵形或披针形。瘦果。

牛蒡(*Arctium lappa*)
种别名：恶实、大力子

形态特征：二年生草本植物，高 1~2 m，茎直立，带紫色，上部多分枝。基生叶丛生，大形，有长柄；茎生叶广卵形或心形，长 40~50 cm，宽 30~40 cm，边缘微波状或有细齿，基部心形，下面密被白短柔毛。头状花序多数，排成伞房状；总苞球形，总苞片披针形，先端具短钩；花淡红色，全为管状。瘦果椭圆形，具棱，灰褐色，冠毛短刚毛状。

碱蒿(*Artemisia anethifolia*)

种别名：碱蓬棵、大莳萝蒿

形态特征：一年或两年生植物，高可达20~40(50)cm，茎自基部强烈分枝。叶二回羽状分裂，小裂片丝状条形，上部叶羽状分裂，3裂或不裂，深灰绿色。头状花序多数在茎顶或枝端排列成疏的圆锥花序，具长梗下垂，直径2.5~3 m，总苞球形，总苞3层有白色柔毛，花序托有白色密毛；花冠筒状，缘花雌性，盘花两性。瘦果斜卵形，长不及1 mm。

艾蒿(*A. Princeps*)

中文别名：香艾、艾草、灸草

形态特征：多年生草本，地下根茎分枝多。株高45~120 cm，茎直立，圆形有棱，外被灰白色软毛，茎从中部以上有分枝，茎下部叶在开花时枯萎；中部叶不规则的互生，具短柄；叶片卵状椭圆形，羽状深裂，基部裂片常成假托叶，裂片椭圆形至披针形，边缘具粗锯齿；上部叶无柄，顶端叶全缘，头状花序，无梗，多数密集成总状；边花为雌花，常不发育，花冠细弱；中央为两性花。

野艾(*A. Lavandulaefolia*)

中文别名：野艾蒿、荫地蒿、艾叶

形态特征：多年生草本，高45~120 cm。茎直立，基部木质化，被灰白色软毛。单叶，互生；茎下部的叶在开花时即枯萎；中部叶具短柄，叶片卵状椭圆形，羽状深裂，裂片椭圆状披针形，边缘具粗锯齿；花序总状，顶生，由多数头状花序集合而成；总苞苞片4~5层；雌花不甚发育，长约1 cm，无明显的花冠；两性花与雌花等长；雄蕊5枚，聚药；瘦果长圆形。

毛莲蒿(*A. vestita*)

种别名:万年蓬

形态特征:半灌木状草本或为小灌木状。植株有浓烈的香气;根状茎粗短,木质,常有营养枝。茎直立,多数,丛生,稀单一。叶面绿色或灰绿色,两面被灰白色密绒毛或上面毛略少,背面毛密;茎下部与中部叶近圆形,二(至三)回栉齿状的羽状分裂;头状花序多数,球形或半球形,在茎的分枝上排成总状花序、复总状花序或近似于穗状花序;瘦果长圆形或倒卵状椭圆形。

冷蒿(*A. frigida*)

种别名:小白蒿

形态特征:小半灌木,高40~70 cm。茎丛生,被绢毛,呈白色。叶二至三回羽状全裂,长1~2 cm,小裂片又常3~5裂,片近条形。头状花序排列成狭长的总状花序或复总状花序,下垂,总苞球形,直径2.5~3 mm,花黄色;花序托有毛;边花雌性。瘦果长圆形,长约1 mm。

大花蒿(*A. macrocephala*)

形态特征:一年生草本。茎直立,单生,高10~30(~50)cm;叶草质,两面被灰白色短柔毛;下部与中部叶宽卵形或圆卵形,二回羽状全裂,叶柄长基部有小型羽状分裂的假托叶;上部叶与苞片叶3全裂或不裂,狭线形,无柄。头状花序近球形,在茎上排成疏松的总状花序,稀为狭窄的总状花序式的圆锥花序;雌花2~3层;两性花多层,外围2~3层孕育,中央数轮不孕育。瘦果长卵圆形或倒卵状椭圆形。

蒙古蒿（A. mongolica）
种别名：蒙古乐~协日乐玄（蒙名）
形态特征：多年生直立型草本，高 50~120 cm。茎单一，具纵棱，常带紫褐色，被蛛丝状毛。茎生叶在花期枯萎；中部叶具短柄，基部抱茎；羽状深裂叶具 3~5 深裂的小裂片，边缘有少数锯齿或全缘，顶裂片又常 3 裂，裂片披外形至条形；叶上而绿色，近无毛，下面密被短茸毛。花序枝斜向上升，头状花序矩园状钟形，边缘小花雌性，中央小花两性；瘦果矩圆形，深褐色，无毛。

油蒿（A. ordosica）
种别名：黑沙蒿、沙蒿
形态特征：半灌木，高 50~70（100）cm。老枝外皮暗灰色或暗灰褐色，当年生枝条褐色至黑紫色，具纵条棱。叶稍肉质，一或二回羽状全裂；茎上部叶较短小，3-5 全裂或不裂，黄绿色。头状花序多数，卵形，通常直立，具短梗及丝状条形苞叶，枝端排列成开展的圆锥花序；总苞片 3~4 层，宽卵形，边缘膜质；有花 10 余个，外层雌性，能育；内层两性不育。瘦果。

猪毛蒿（A. scoparia）
形态特征：一或两年生草本，高达 1 m。茎直立，上部分枝，被柔毛。叶密集，茎下部叶有长柄，叶片圆形或矩圆形二至三回羽状全裂，小裂片条形。条状披针形或丝状条形；茎中部叶具短柄，叶长 1~2 cm，一至二回羽状全裂，小裂片丝状条形，长 0.5~1 cm；花枝上的叶近无柄，3 全裂或不裂，基部有假托叶；头状花序小，球形，极多数排成圆锥状；边缘小花雌性，花冠细管状，中央小花两性，花冠圆锥状。瘦果。

籽蒿（*A. sphaerocephala*）

种别名：白沙蒿

形态特征：半灌木。高可达 1 m，冠幅 30 cm 左右，最大可达 2 m。主茎明显，分枝多而细，当年生枝灰白色、淡黄色或黄褐色，有时为紫红色，有光泽。叶整齐或不整齐，一或二回羽状全裂，裂片条形或丝状条形，长 0.5~40 mm，宽 0.5~2 mm，中部以上的时 2~3 裂或不裂，嫩叶被短柔毛，后脱落，灰绿色。头状花序多数，球形，下垂，在枝端排列成开展的圆锥花序，瘦果卵形。

山蒿（*A. brachyloba*）

种别名：岩蒿

形态特征：半灌木状草本。主根粗大，木质，有纤维状的根皮；根状茎粗壮，木质，直径可达 3~5 cm，有营养枝。茎多数，丛生，高 30~60 cm，稍纤细，自基部分枝；茎、枝幼时被短绒毛，后渐脱落。叶面绿色无毛，背面被白色绒毛，二（至三）回羽状全裂，花期凋谢；茎下部与中部叶宽卵形或卵形，二回羽状全裂。头状花序卵球形或卵状钟形，常排成短总状花序或为穗状花序；瘦果卵圆形。

甘肃蒿（*A. gansuensis*）

形态特征：半灌木状草本。主根木质，垂直，侧根多；根状茎稍粗，木质，直径 0.5~1 cm。茎常成小丛，下部木质，上部草质，具细棱，棕褐色或黄褐色。叶小，基生叶与茎下部叶宽卵形或近圆形，二回羽状全裂；中部叶宽卵形或近圆形，一（至二）回羽状全裂，每侧裂片 2(~3) 枚；头状花序小，卵钟形或宽卵形，在分枝端或小枝上排成穗状花序式的狭总状花序，并在茎上组成中等开展的圆锥花序；瘦果小。

绢毛蒿(*A. sericea*)

形态特征：多年生草本或为半灌木状。根木质；根状茎稍粗，木质，具少数营养枝。茎少数或单生，高40~60(~75) cm，褐色，具纵棱，下部初时被短柔毛，后渐脱落；基生叶花期凋落；中部叶与营养枝叶椭圆形或卵形，二回羽状全裂头状花序半球形，在茎上排成穗状花序式的总状花序或为狭窄的总状花序式的圆锥花序；雌花花冠狭圆锥状或狭管状；两性花花冠管状，檐部外面有短柔毛；瘦果长椭圆形。

百花蒿(*Stilpnolepis centiflora*)

形态特征：灌木状一年生草本；茎高约40 cm，被绢状柔毛。叶互生，无柄，叶片线形或基部羽状浅裂，两面被疏柔毛。头状花序半球形，腋生，有梗，下垂，多数头状花序排成疏松伞房花序，有多数两性能育的小花。总苞片卵形或宽倒卵形；花序托半球形，无托毛；花冠黄色，上部宽杯状膨大，外面被腺点；瘦果近纺锤形或长棒形，长5~6 mm，密生腺点，纵肋不明显；无冠毛。

荷兰菊(*Aster novibelgii*)

种别名：柳叶菊

形态特征：又名纽约紫菀。为菊科，紫菀属宿根花卉。须根较多，有地下走茎，茎丛生、多分枝，高60~100 cm，叶呈线状披针形，光滑，幼嫩时微呈紫色，在枝顶形成伞状花序，花蓝紫色，花期为10月。荷兰菊为多年生草本。株高50~100 cm。叶片椭圆形，头状花序，单生，蓝色。

短星菊（*Brachyactis ciliate*）

形态特征：一年生草本，高 20~60 cm。茎直立，自基部分枝。叶较密集，基部叶花期常凋落。叶无柄，线形或线状披针形，长 2~6 cm，宽 3~6 mm，顶端尖或稍尖，基部半抱茎，全缘，上面被疏短毛或几无毛，边缘有糙缘毛，上部叶渐小而逐渐变成总苞片。头状花序多数或较多数，在茎或枝端排成总状圆锥花序。总苞半球状钟形。雌花多数，花冠细管状；两性花花冠管状，花全部结实。瘦果长圆形。

金盏花（*Calendula officinalis*）

形态特征：两年生草本。全株被毛。叶互生，长圆形。头状花序单生，花径 5 cm 左右，有黄、橙、橙红、白等色，也有重瓣、卷瓣和绿心、深紫色花心等栽培品种。常见品种有邦邦（BonBon），株高 30 cm，花朵紧凑，花径 5~7 cm，花色有黄、杏黄、橙等。

飞廉（*Carduus nutans*）

形态特征：两年生草本，高 50~100 cm。主根圆锥形，肥厚。茎直立，分枝，具纵棱，有绿色翅，翅上有三角粗刺齿，叶互生，茎下部叶较大，椭圆状披针形，长 5~22 cm，羽状深裂，裂片边缘有刺，刺长 3~10 mm，上面无毛或稍有策毛，无叶柄，稍抱茎；上部叶渐小。头状花序 2~3 个簇生于枝端；总苞片多层，内层短。花紫红色，全为管状花，花冠先端 5 裂；雄蕊 5 枚，聚药；子房下位，柱头 2 裂。瘦果长椭圆形。

刺儿菜（*Cirsium setosum*）
种别名：小蓟

形态特征：多年生草本，高 20~50 cm。根状茎长，茎直立，有纵沟棱，无毛或被蛛丝状毛。叶椭圆或椭圆状披针形，长 7~10 cm，宽 1.5~2.5 cm，先端锐尖，基部楔形或圆形，全缘或有齿裂，有刺，两面疏或资被蛛丝状毛。头状花序单生于茎顶，雌雄异株或同株，总苞片多层，顶端长尖，具刺；管状花，紫红色。瘦果椭圆或长卵形，冠毛羽状。

大蓟（*C. japonicum*）

形态特征：多年生草本。块根纹锤状或萝卜状，直径达 7 mm。茎直立，高 30~80 cm，茎枝有条棱，被长毛。基产叶有柄，叶片倒披针形或倒卵状椭圆形，长 8~20 cm，宽 2.5~8 cm，羽状深裂或几全裂；自基部向上的叶渐小，与基生叶同形并等样分裂，但无柄，基部扩大半抱茎；全部茎叶两面同色。头状花序，单一或数个生于枝端集成圆锥状；总苞片约 6 层，覆瓦状排列；花两性，全部为管状花；瘦果长椭圆形。

波斯菊（*Cosmos bipinnatus*）
别称：秋英，大波斯菊，秋樱

形态特征：为一年生草本植物，细茎直立，分枝较多，光滑茎或具微毛。单叶对生，长约 10 cm，二回羽状全裂，裂片狭线形，全缘无齿。头状花序着生在细长的花梗上，顶生或腋生，花茎 5~8 cm。总包片 2 层，内层边缘膜质。舌状花 1 轮，花瓣尖端呈齿状，花瓣 8 枚，有白、粉、深红色。筒状花占据花盘中央部分均为黄色。瘦果有橡。

翠菊(*Callistephus chinensis*)

种别名:江西腊、五月菊(L.)

形态特征:一年生或两年生草本,茎直立,多分枝,被白色硬毛。株高 20~100 cm,叶互生,卵形至椭圆形,具有粗钝锯齿,长 3~6 cm,宽 1.5~3 cm,上部叶无叶柄,叶两面疏生短毛。及全株疏生短毛。头状花序单生于茎顶,花径 3~15 cm,总苞具多层苞片,外层革质、内层膜质,花盘边缘为舌状花。瘦果呈楔形,浅褐色,长 3~4 mm,被柔毛;冠毛 2 层,外层短,易脱落。

小白酒草(*Conyza Canadensis*)

种别名:小飞蓬、加拿大飞蓬

形态特征:一年生草本,高 30~120 cm。根圆锥形,茎直立,具细条纹及硬毛,上都多分枝。叶片条状披针形或圆状条形,长 3~10 cm,宽 1~10 mm,先端渐尖,基部渐狭,全缘或具微锯齿,无明显叶柄。头状花序直径约 4 mm,有短梗,多数排列成圆锥状或伞房圆锥状;总苞片 2~3 层,线状披针形;舌状花淡紫色;管状花黄色。瘦果矩圆形,有短毛;冠毛污白色。

大丽花(*Dahlia pinnata*)

种别名:天竺牡丹,西番莲,大理菊,

形态特征:多年生草本,有巨大棒状块根。茎直立,多分枝,高 1.5~2 m,粗壮。叶 1~3 回羽状全裂,上部叶有时不分裂,裂片卵形或长圆状卵形,下面灰绿色,两面无毛。头状花序大,有长花序梗,常下垂。总苞片外层约 5 个,卵状椭圆形,叶质,内层膜质,椭圆状披针形。舌状花 1 层,常卵形,顶端有不明显的 3 齿,或全缘;管状花黄色,有时在栽培种全部为舌状花。瘦果长圆形。

甘菊（*Dendranthema lavandulifolium*）
形态特征：两年生或多所生草本，高 5~20 cm。茎直立或斜生，被灰白色绵毛。叶柄长，基部扩大；叶片矩圆形或卵形，长 3~4 cm，宽 1~1.5 cm，羽状深裂，裂片 2~5 对，每个裂片又 2~5 浅裂或深裂，先端小裂片卵形或宽条形，先端钝或渐尖，全部叶片被灰白色绵毛至几无毛。头状花序单生于长 4~16 cm 的梗上；总苞片 3~4 层，草质；花托明显凸出，锥状球形；花黄色，全部筒状，具 5 齿裂。瘦果无毛。

砂蓝刺头（*Echinops gmelini*）
形态特征：一年生草本。高 20~50 cm。茎直立，常单一，稀分枝，稍具纵沟棱，无毛或疏被腺毛。叶条形或条状披针形，长 1~5 cm，宽 3~8 mm，边缘有白色硬刺，上部叶无毛或疏被腺毛，下部叶被绵毛。复头状花序单生枝端，球形，直径约 3 cm，淡蓝色或白色，小头状花序的外总苞片为白色刚毛状，完全分离；内总苞片的顶端尖，上端缝状，边缘有羽状缘毛，花冠筒白色，长约 3 mm。瘦果密被绒毛，圆锥形。

向日葵（*Helianthus annuus*）
形态特征：一年生草本，高 1.0~3.5 m。茎直立，粗壮，圆形多棱角，被白色粗硬毛。叶通常互生，心状卵形或卵圆形，先端锐突或渐尖，被毛，有长柄。头状花序，极大，直径 10~30 cm，单生于茎顶或枝端，常下倾。总苞片多层，叶质，覆瓦状排列，被长硬毛，花序边缘生黄色的舌状花，不结实。花序中部为两性的管状花，棕色或紫色，结实。瘦果，倒卵形或卵状长圆形，稍扁压，果皮木质化，俗称葵花籽。

菊芋(*H. tuberosus*)

形态特征:多年生草本,高 1~3 m,有块状的地下茎及纤维状根。叶通常对生,有叶柄,但上部叶互生;下部叶卵圆形或卵状椭圆形,有长柄。头状花序较大,少数或多数,单生于枝端,有 1~2 个线状披针形的苞叶,总苞片多层,披针形,顶端长渐尖,背面被短伏毛,边缘被开展的缘毛;托片长圆形。舌状花通常 12~20 个,舌片黄色,开展,长椭圆形;管状花花冠黄色,长 6 mm。瘦果小,楔形。

女蒿(*Hippolytia trifida*)

形态特征:本种为菊科女蒿属小半灌木,高 5~25 cm。根粗壮,木质,暗褐色。茎短缩,扭曲,树皮黑褐色,呈不规则条状剥裂或劈裂,老枝灰色或褐色,木质;生殖枝细长,常弯曲,斜升,全部枝密被银白色绢毛。叶楔形或匙形,3 深裂或 3 浅裂,裂片条形,灰绿色。头状花序狭钟状,4~8 个在茎顶排列成紧缩的伞房状;花黄色,管状,两性,结实。瘦果圆柱形,无冠毛。

阿尔泰狗哇花(*Heteropappus altaicus*)

形态特征:多年生草本,高 20~40 cm,全株被弯曲短硬毛和腺点。茎多由基部分枝,斜升。叶疏生或密生,呈条形、条状长圆形、披针形或近匙形,长 2.5~10 cm,宽 0.7~1.5 cm,先端尖或钝,基部楔形,全缘。头状花序单生枝端或排列成伞房状,直径 2~3 cm;总苞片草质;舌状花淡蓝紫色,管状花黄色,上端有 5 裂片,其中有 1 裂片较长。瘦果长圆状倒卵形;冠毛污白色或红褐色,糙毛状。

狗哇花（*H. hispidus*）
别名：斩龙戟、狗娃花

形态特征：两年生草本。茎有粗毛。茎生叶互生；狭长圆形或倒披针形，全缘，两面有疏硬毛或无毛；无叶柄；上部叶狭条形。头状花序在茎上部排成伞房状，直径可达5 cm；总苞绿色，草质，狭条形，有粗毛；舌状花白色或带淡红色，长达2 cm；管状花5裂，内1裂征较长。瘦有密毛，舌状花的冠毛极短，白色，呈膜片状或糙毛状；管状花的冠毛糙毛状，白色或变红色。

大花旋复花（*Inula britanica*）

形态特征：多年生草本，高20~70 cm。茎直立，上部分枝，有白色柔毛。下部叶长椭圆形或卵状披针形，顶端渐尖，基部渐窄下延成柄，全缘或有稀疏的齿；中上部叶披针形无柄，基部心形或有耳，半抱茎；叶上面光滑或有疏伏毛，下面有密的糙伏毛。头状花序1~8个，生茎、枝顶端，排列呈阳伞状；头状花序直径1~2 cm；总苞片4~5层；舌状花黄色，长10~20 mm；中间为管状花，顶端5裂；瘦果线状长圆形。

蓼子朴（*I. salsoloides*）
种别名：沙地旋覆花

形态特征：多年生草本。根状茎横走。茎直立，由基部向上多分枝，被糙硬毛混生长柔毛和腺点。叶披针形，长3~7 mm，宽1~2.5 mm，先端钝，基部心形或有小耳，半抱茎，全缘，上面无毛，下面被短柔毛和腺点。头状花序直径1~1.5 cm，单生于枝端，总苞片4~5层，外层渐小，有缘毛；舌状花淡黄色，顶端具3齿，管状花长6~8 mm。瘦果披针形，具多数细沟，被腺和疏粗毛。

丝叶山苦荬（*Ixeris chinensis*）

形态特征：多年生草本，高 10~30 cm，全体无毛。茎多数，叶狭矩圆形或狭条形，边线通常具倒向羽状或羽状狭裂片或尖齿。基生叶莲座状，条状披针形、倒披针形或条形，长 2~15 cm，宽 0.5~1 cm，先端尖或钝，基部渐狭成柄，全线或具疏小牙齿或呈不规则羽状浅裂与深裂，两面发绿色；茎生叶 1~3 个，与基生叶相似，但无柄，基部稍抱茎。头状花序多数，排列成稀疏的伞房状，梗细；舌状花；瘦果狭披针形。

蒙疆苓菊（*Jurinea mongolica*）

中文别名：蒙古久苓草、地锦花、鸡毛狗

形态特征：多年生草本，高 8~25 cm。茎基粗厚，被密厚的绵毛及残存的褐色的叶柄。茎坚挺，通常自下部分枝。基生叶全形长椭圆形或长椭圆状披针形，宽 1~4 cm，叶片羽状深裂、浅裂或齿裂；茎生叶与基生叶同形或披针形或倒披针形并等样分裂或不裂，但基部无柄，然小耳状扩大。头状花序单生枝端，植株有少数头状花序，并不形成明显睁伞房花序式排列。瘦果淡黄色。

蒙山莴苣（*Lactuca tatarica*）

种别名：苦苦菜

形态特征：多年生草本。高 10~70 cm，具长根状茎。根圆锥形，棕褐色。茎直立，单生或数个丛生，具纵棱，不分枝或上部分枝。春季只具基生叶，初夏抽出花葶并开花。基生叶与茎下部叶灰绿色，长椭圆形、矩圆形或披针形，墓部渐狭成具翅的短叶柄，柄基半抱茎；叶片具不规则的羽状或倒羽状浅裂或深裂。茎顶为圆锥花序，上生多数头状花序，梗不等长；瘦果长椭圆形。

矮火绒草（*Leontopodium nanum*）
种别名：无茎火绒草
形态特征：多年生草本。垫状丛生或有根状茎分枝，具褐色鳞片状枯叶鞘，有顶生的莲座状叶丛。无花茎或花茎短，长2~18 cm，密被白色绵毛。基部叶被枯叶及鞘包围，茎中部叶较莲座叶长大，匙形或条状匙形，长7~25 mm，宽2~6 mm，两面密被绵毛。苞叶少数，不开展成星状苞叶群。头状花序单生或3个密集，总苞长4~5.5 mm，被绵毛；冠毛亮白色。瘦果无毛或多少有粗毛。

火绒草（*L. leontopodioides*）
中文别名：老头草、薄雪草、老头艾
形态特征：多年生草本，高5~45 cm。地下茎粗壮，为短叶鞘所包裹，有多数簇生的花茎和与花茎同形的根出条，无莲座状叶丛。花茎直立，被灰白色长柔毛或白色近绢状毛，不分枝或有时上部有伞房状或近总状花序枝。叶条形或条状披针形形，无鞘，无柄。苞叶少数，在雄株多少开展成苞叶群，在雌株多少直立，不排列成明显的苞叶群。头状花序大，在雌株常排列成伞房状。

栉叶蒿（*Neopallasia petinata*）
形态特征：一（或多）年生草本。茎自基部分枝或不分枝，直立，高12~40 cm。叶长圆状椭圆形，栉齿状羽状全裂，裂片线状钻形，羽轴向基部逐渐膨大。头状花序无梗或几无梗，单生或数个集生于叶腋，多数头状花序在小枝或茎中上部排成多少紧密的穗状或狭圆锥状花序；总苞片宽卵形，有宽的膜质边缘，外层稍短，有时上半部叶质化；内层较狭。边缘花雌性，能育；中心花两性，能育。瘦果。

鳍蓟（*Olgaea leucophylla*）

种别名：白山蓟

形态特征：多年生草本。株高 30~70 cm，茎粗壮，密被白色绵毛，不分枝或上部少分枝，基部被褐色枯叶柄纤维。叶矩圆状披针形，长 5~25 cm，宽 3~4 cm，先端具长针刺，基部沿茎下延成翅。边缘具不规则的疏齿或为羽状浅裂，裂片、齿端及叶缘均具不等长的针刺，上面绿色，下面密被灰白色毡毛。头状花序；总苞片多层，管状花粉红色，花药无毛，瘦果。

青海鳍蓟（*O. tangutica*）

种别名：刺疙瘩

形态特征：多年生草本，高 20~100 cm，无明显主根，不定根多数，直径 2 mm。茎单生或 2~3 条茎成簇生，被稀疏蛛丝毛，基部被密厚的棕色的纤维状撕裂的柄基，通常有长分枝。基生叶线形或线状长椭圆形，羽状浅裂或深裂，基部渐狭成长或短叶柄，柄基扩大。茎生叶与基生叶同形；最上部茎叶或接头状花序下部的叶最小。头状花序单生枝端。瘦果。

草地凤毛菊（*Saussurea amara*）

种别名：驴耳凤毛菊、羊耳朵

形态特征：多年生草本，高 20~60 cm。根粗壮。茎直立，分枝或不分枝。基生叶和下部叶具长柄，叶片椭圆形或矩圆状椭圆形，全缘或有波状齿至浅裂，上部叶渐变小，披针形，全缘。头状花序多数在茎和枝端排列成伞房状。总苞钟状，长 12~15 mm，直径 8~12 mm；总苞片 4 层，顶端有粉红色近圆形的膜质附片。全部为管状花，粉红色。瘦果矩圆形。

裂叶风毛菊（*S. laciniata*）

形态特征：多年生草本。茎直立，高15~50 cm，基部有褐色的纤维状撕裂的叶柄残迹，有具尖齿的狭翼，自基部分枝，被稀疏的短柔毛。基生叶有叶柄，叶柄长 1~7 cm，柄基鞘状扩大，叶片全形长椭圆形，二回羽状深裂；中部与上部茎叶线形或长椭圆形，羽状浅裂或深裂或不分裂而边缘全缘；头状花序少数或多数，在茎枝顶端成伞房花序状排裂，有小花梗。总苞钟状，直径 8 mm；总苞片 5 层，瘦果。

盐地风毛菊（*S. salsa*）

形态特征：多年生草本，高 15~50 cm。根状茎粗，颈部有残存的叶柄。茎单生或数个，上部或自中部以上伞房花序状分枝，被稀疏的蛛丝状毛。基生叶与下部茎叶全形长圆形，长 5~30 cm，宽 2~6 cm，大头羽状深裂或浅裂；中下部茎叶长圆形、长圆状线形或披针形，无柄，边缘全缘或有稀疏的锯齿，无柄；上部茎叶明显较小，披针形。头状花序多数，在茎枝顶端排成伞房花序，有花序梗。瘦果长圆形。

叉枝鸦葱（*Scorzonera divaricate*）

形态特征：多年生草本，高 15~30 cm，灰绿色，有白粉。根颈无纤维状叶鞘残留，自根颈发出多数茎，呈半球形或球形株丛。茎自下部起合轴式分枝，分枝细。叶窄条形或条形，长 1~9 cm，宽 0.5~3 mm，先端长渐尖，常卷曲成钩状。头状花序单生于枝端，总苞圆柱状，长 1.5~2 cm，小花舌状，黄色或稍带淡紫色。瘦果圆柱状，长 6~10 mm，淡黄色；冠毛污黄色。

蒙古鸦葱(*S. mongolica*)

种别名:羊角菜、羊犄角

形态特征:多年生草本,高 6~30 cm,灰绿色,无毛。根垂直,圆柱状,肉质,褐色或黄乳色,里面有厚或薄绵毛。茎多数,上部分枝,直立或自基部铺散。叶肉质;灰绿色,具不明显的 3~5 脉,基生叶披针形或条状披针形,基部渐狭成短柄,茎生叶无柄,条状披针形。头状花序单生茎端或分枝顶端,狭圆锥状,总苞片无毛或有微毛,舌状花黄色,干时红色;瘦果。

麻花头(*Serratula centauroides*)

种别名:菠叶麻花头、草地麻花头

形态特征:多年生草本。茎直立,高 40~80 cm,具纵沟棱,上部少分枝,基部带紫红色,有褐色枯叶柄纤维,被皱曲长柔毛。基生叶与茎下部叶椭圆形,长 10~15 cm,宽 3~7 cm,羽状深裂,稀人头羽状分裂,裂片矩圆形或披针形。中部及上部叶羽状深裂,无柄。头状花序数个,单生枝顶,总苞片 5~10 层,有毛,管状花紫红色,长 20~25 mm。瘦果。

球苞麻花头(*S. marginata*)

种别名:薄叶麻花头

形态特征:多年生草本。根状茎斜升或平卧。茎直立,单生,高 13~35 cm,不分枝,大部裸露,无叶,基部被褐色纤维状撕裂的叶柄残迹。基生叶椭圆形、长椭圆形或卵形,长 3~6 cm,宽 1.5~2 cm,不分裂;茎生叶少数,通常集中于茎的下部。全头状花序单生茎端。总苞碗状或钟状全部小花两性,紫红色,花冠长 1.6 cm,细管部与檐部等长,花冠裂片长 5 mm。瘦果褐色,不成熟。

蕴苞麻花头（*S. stranglata*）
形态特征：多年生草本。茎单生，高 30~100 cm，直立，有棱，上部少分枝，下部具软毛。下部叶有短柄，矩圆形，大头羽裂或羽状深裂，常于花期凋落，中部叶无柄，矩圆形或宽披针形，羽状深裂或全裂，顶裂片较宽大。头状花序 1~3 个，单生枝顶；总苞半球形，直径 1~2 cm，上部深缢缩；总苞片多层，黄绿色。瘦果椭圆形。

苣荬菜（*Sonchus arvensis*）
种别名：甜苦苦菜
形态特征：属菊科苦苣菜属多年生草本植物，含乳汁，高 20~70 cm，具长匍匐茎，地下横走，白色。茎直立，单叶互生，茎生叶基部渐狭成柄，边缘具疏浅裂；茎生叶无柄，基部耳状抱茎。头状花序单一或 2~8 个于茎顶排成伞房状。花两性，皆为黄色舌状。瘦果长圆形，冠毛白色。开花期在 6~9 月，结果期在 7~10 月。

苦苣菜（*S. oleraceus*）
形态特征：一两年生草本，有纺锤状根。茎中空，直立高 50~100 cm，下部无毛，中上部及顶端有稀疏腺毛。叶片柔软无毛，长椭圆状广倒披针形，长 15~20 cm，宽 3~8 cm，深羽裂或提琴状羽裂，裂片边缘有不整齐的短刺状齿至小尖齿；茎生叶片基部常为尖耳廓状抱茎，基生叶片基部下延成翼柄。头状花序直径约 2 cm，花序梗常有腺毛或初期有蛛丝状毛；舌状花黄色。瘦果倒卵状椭圆形，成熟后红褐色。

红梗蒲公英（*Taraxcum erythropodium*）

形态特征：属于舌状花亚科的一种植物，具有自己的特性。可用于治疗淋病、泌尿系感染，可用于治疗流行性腮腺炎、扁桃体炎、咽喉炎、气管炎、淋巴腺炎、乳腺炎，治疗恶疮疔毒。

蒲公英（*T. mongolicum*）

形态特征：多年生草本，含白色乳汁，全株被白色疏软毛。主根粗长，肉质。基部叶丛生。或呈莲座状；叶椭圆状披针形，长7~15 cm，宽3~4 cm，先端钝或急尖，基部渐狭下延至叶柄，边缘有不规则疏牙齿或羽状浅裂或撕裂，两面均疏生短柔毛；有短叶柄。头状花序单一，生于花茎顶端，花茎密被白毛；全部为舌状花，花冠黄色，子房下位。瘦果倒披针形至纺锤形。

华蒲公英（*T. borealisinense*）

种别名：碱地蒲公英

形态特征：多年生草本。根颈部有褐色残存叶基。叶倒卵状披针形或狭披针形，稀线状披针形，长4~12 cm，宽6~20 mm，边缘叶羽状浅裂或全缘，具波状齿，内层叶倒向羽状深裂，顶裂片较大，长三角形或戟状三角形。头状花序直径约20~25 mm；总苞小，长8~12 mm，淡绿色；舌状花黄色，稀白色。瘦果倒卵状披针形。

孔雀草（*Tagetes patula*）
种别名：小万寿菊，红黄草，西番菊

形态特征：株高 30~40 cm。羽状复叶，小叶披针形。花梗自叶腋抽出，头状花序顶生，单瓣或重瓣。花色有红褐、黄褐、谈黄、杂紫红色斑点等。花形与万寿菊相似，但较小朵而繁多。叶对生，羽状分裂，裂片披针形，叶缘有明显的油腺点。头状花序顶生，花外轮为暗红色，内部为黄色，故又名红黄草。

万寿菊（*T. erecta*）

形态特征：株高 20~90 cm。茎直立光滑，粗壮，有细棱线，绿色或有棕褐色晕，基部常发生不定根，叶对生或互生，羽状深裂，裂片披针形，叶缘有齿，锯齿顶端有短芒，叶片具油点，有气味。头状花序，单生于枝顶。总梗长而中空，总苞钟状。舌状花有长爪，边缘稍皱曲。外列舌片向外反卷。花朵直径约 5~13 cm。花型有单瓣、重瓣的变化。花色有白、黄、橙红及复色等，深浅不一。果实为瘦果线形，黑色。

碱菀（*Tripolium vulgare*）
种别名：竹叶菊、铁杆蒿、金盏菜

形态特征：茎高 30~50 有时达 80 cm，单生或数个丛生于根颈上，下部常带红色，无毛，上部有多少开展的分枝。基部叶在花期枯萎，下部叶条状或矩圆状披针形，顶端尖，全缘或有具小尖头的疏锯齿；中部叶渐狭，上部叶渐小，苞叶状。头状花序排成伞房状，有长花序梗。总苞近管状，花后钟状，径约 7 mm。总苞片 2~3 层，疏覆瓦状排列。瘦果。

苍耳（*Xanthium sibiricum*）

形态特征：一年生草本，高 20~90 cm。茎直立，上部分枝或不分枝，有短柔毛或刺毛。叶互生，卵状三角形，长 4~10 cm，宽 3.5~10 cm，先端尖，基部近心形或与叶柄相接处下延成楔形，边缘有不规则的浅裂与锯齿，两面均被粗糙毛；叶柄长 3.5~10 cm，密被短毛。头状花序顶生或腋生；花单性，雌雄同株，上部为雄性，下部为雌性；苞片 1~2 层，椭圆状披针形花托圆管状。瘦果椭圆形。

百日草（*Zinnia elegans*）

种别名：百日菊、步步高、火球花

形态特征：植株高度 30~100 cm，有刚毛。直立性强，茎被短毛，叶对生，有短刺毛，卵圆形至椭圆形，叶基抱茎，全缘，长 4~10 cm，宽 2.5~5 cm。头状花序顶生，直径 5~15 cm，具长花梗。舌状花倒卵形，顶端稍向后翻卷；管状花顶端 5 裂，黄色或橙黄色，花柱二裂或有斑纹，或瓣基有色斑。舌状花所结瘦果广卵形至瓶形，顶端尖，中部微凹；管状花所结果椭圆形，较扁平，形较小。

香蒲科 Typhaceae

狭叶香蒲（*Typha angustifolia*）

种别名：水蒲草、水菖蒲、水烛

形态特征：多年生草本，高 1~1.5 m。直立，中空，具白色髓。叶扁平，条形，长达 1 m 左右，宽 5~8 mm，基部具白色膜质边缘，雄雌花序不连接，中间相隔 0.5~11.5 cm，雄花序在上，狭圆柱形，长 20~30 cm，雄具 2~3 枚雄蕊，基部生较花药长的毛，花粉粒单生，雌花序在下，近圆柱形，长 10~30 cm，成熟时直径 12~30 mm，棕褐色或绿褐色，小苞片比柱头短，坚果细小，无沟。

达香蒲（*T. davidiana*）

形态特征：多年生草本。根茎白色，横走泥中，茎直立，高 1~1.5 m。叶狭长，狭线形，宽 2~3.5 mm，下部鞘状。穗状花序细长，上部为雄花，下部为雌花，雄花序与雌花序间有长约 2 cm 的间隔，雄花序长 8~11 cm，雌花序长 3~5 cm，直径为 0.5~0.8 cm，细长；雄花无梗，雌花具短梗，有小苞，花被缺；子房无柄，柱头线形，弯曲。坚果小。

小香蒲（*T. minima*）

形态特征：多年生草本。根状茎粗壮，茎细弱，直立，高 30~50 cm，直径 3~5 mm。叶具大形膜质叶鞘，基生叶具细条形叶片，宽不 2 mm，茎生叶仅具叶鞘而无叶片，雌雄同株，雌雄花序不连接，中间相隔 5~10 cm；雄花序在上，圆柱状，长约 5~9 cm，雄花具 1 雄蕊，基部无毛，雌花序在下，长椭圆形，长 1.5~4 cm，小苞片与毛近等长而比柱头短，柱头披针形，小坚果褐色。

眼子菜科　Potamogetonaceae

浮叶眼子菜（*Potamogeton natans*）

形态特征：多年生水生草本植物。根茎发达，白色，分枝，茎圆柱形，多分枝，节处生有须根。浮水叶革质，卵形至矩圆状卵形，有时为卵状椭圆形，长 4~9 cm，宽 2.5~5 cm。先端圆形或具钝尖头，基部心形至圆形，稀渐狭，具长柄；沉水叶质厚，叶柄状，呈半圆柱状的线形，具不明显的 3~5 脉；托叶近无色，鞘状抱茎。穗状花序顶生，具花多轮，开花时伸出水面；果实倒卵形，外果皮常为灰黄色。

龙须眼子菜(*P. pectinatus*)

形态特征:沉水多年生草本。根状茎纤细,秋季常于顶端生出白色卵形的块茎。茎丝状,多分枝。叶互生,狭条形,先端渐尖,全缘;托叶鞘状绿色,与叶基合生,顶部分离,呈叶舌状,白色膜质。花序梗淡黄色,与茎等粗;穗状花序长约3 cm,疏松或间断。果实棕褐色,斜倒卵形,背部具脊,顶端具短喙。花果期7~9月。

穿叶眼子菜(*P. perfoliatus*)

种别名:抱茎眼子菜(陕西)

形态特征:多年生沉水草本,根状茎细长,横行,白色。茎长约60 cm,软弱,多分枝,直径约2~3 mm,节间长约1~3 cm。叶互生,花梗下的叶对生,宽卵形或卵状披针形,长2~5 cm,宽1~2.5 cm,顶端钝至急尖,基部心形,抱茎,全缘而常有波皱,脉11~15条;托叶薄膜质,白色,鞘状,不久破裂为纤维状或脱落。总花梗生于叶腋,穗状花序生于茎顶或叶腋;小坚果宽倒卵形。

角果藻科 Zannichelliaceae

角果藻(*Zannichellia palustris*)

形态特征:细弱的沉水草本。根状茎横走,有须根。茎纤细而脆,易折断,长约20 cm,少分枝。叶细线形,扁平,3~4枚轮生,长2~5 cm,先端尖锐,基部有鞘状的膜质托叶,叶脉1条。花微小,腋生,单性,几无梗,雌雄花各1朵同生于一膜质的苞内;雄花具1雄蕊,花丝细,花药长约1 mm,雌花具2~6心皮,花柱长3~3.5 mm,柱头盾状。小坚果长圆形,扁平。

茨藻科 Najadaceae

短果茨藻
(*Najas marina* var. *Brachycarpa*)

形态特征:与原变种区别在于:植株较细小;茎除顶端外均无刺;叶较短小,背面沿脉无刺;瘦果宽椭圆形。

水麦冬科 Juncaginaceae

海韭菜(*Triglochin maritimum*)

形态特征:多年生沼生草本;根茎粗壮,斜生或横生,有须根。叶基生,通常不超过花序,半圆柱形,上部稍扁,基部鞘状。花葶高达60 cm 总状花序密生,长达20 cm;被6片,2轮着生;雄蕊6枚;心皮6数。蒴果椭圆形。花期6~7月,果期7~9月。

水麦冬(*T. palustre*)

形态特征:多年生沼生草本,根状茎短,生多数、密集而细长的须根。叶全部基生,半圆柱形,长10~25 cm,粗1~2 mm,先端细尖,全缘,绿色;叶鞘分裂成纤维状,宿存;叶舌卵圆形,膜质,长约1 mm。花葶自叶丛中生出,直立,长20~45 cm;总状花序顶生,长10~25 cm,生多数稀疏的花,花被片6个,排列成2轮,椭圆形,鳞片状,绿紫色,有狭的膜质边缘;雄蕊6,花药2室;蒴果近圆柱形或线状棒形。

禾本科　Gramineae

醉马草（*Achnatherum inebrians*）

形态特征：多年生草本，高 20~30 cm 左右。多分枝，直立或平铺，被硬毛。托叶矩圆状卵形，基部连合，与叶柄分离，被稀毛；单数羽状复叶，小叶 9~13 个，矩圆形，长 7~18 mm，宽 2~6 mm，先端渐尖，有突尖，基部圆，上面无毛，下面有疏柔毛。总状花序腋生，花稀疏；花萼筒状，长约 5 mm，宽约 2 mm，疏生长柔毛，萼齿条形；花冠紫色，长约 7 mm，旗瓣倒卵形，龙骨瓣长约 5 mm。荚果下垂，长椭圆形。

芨芨草（*A. splendens*）

形态特征：高大多年生密丛禾草，茎直立，坚硬。须根粗壮，根径 2~3 mm，入土深达 80~150 cm，根幅 160~200 cm，其上有白色毛状外菌根。

冰草（*Agropyron cristatum*）

种别名：野麦子、扁穗冰草、羽状小麦草

形态特征：多年生草本。须状根，密生，外具砂套；疏丛型。秆直立，基部的节微呈膝曲状，高 30~50 cm，具 2~3 节。叶长 5~10 cm，宽 2~5 mm，边缘内卷。穗状花序直立，长 2.5~5.5 cm，宽 8~15 mm，小穗水平排列呈篦齿状，含 4~7 朵花，长 10~13 mm，颖舟形，常具 2 脊或 1 脊，被短刺毛，外稃长 6~7 mm，舟形，被短刺毛，顶端具长 2~4 mm 的芒，内稃与外稃等长。

沙生冰草（A. desertorum）
种别名：荒漠冰草

形态特征：多年生草本。具横走或下伸的根状茎，须根外具砂套。秆直立，高30~50 cm，成疏丛型，光滑或在花序下被柔毛。叶鞘短于节间，紧密裹茎，叶舌短小；叶片长5~10 cm，宽1~1.5 mm，多内卷成锥状。穗状花序直立，长2~5(9)cm，宽5~7(9)mm；颖舟形，第一颖长2~3 mm，第二颖长3~4 mm，芒长达2 mm，外稃舟形，长5~6 mm；颖果与稃片粘合。

沙芦草（A. mongolicum）
种别名：蒙古冰草，麦秧子草

形态特征：多年生草本。根须状，具砂套及根状茎。秆直立，高40~90 cm，节常膝曲，具2~3（6）节，叶鞘短于节间，叶舌长0.5 mm，叶片长10~15(30)cm，宽2~4 mm，无毛，边缘常内卷成针状。穗状花序长8~10(14)cm，宽5~7 mm，穗轴节间长3~5 mm，小穗排列疏松，长8~14 mm，含3~8小花；外稃无毛或被微毛，基盘钝圆，第一外稃长6~7 mm。颖果椭圆形。

匍茎剪股颖（Agrostis stolonifera）
种别名：四季青、本特草

形态特征：多年生禾草，高20 cm。直立茎基部膝曲或平卧。叶鞘略紫，叶片具小刺毛。圆锥花序卵状长圆形，绿紫色，成熟时呈紫铜色，花果期6~8月。

窄颖赖草（*Leymus angustus*）

形态特征：多年生，具下伸的根茎；须根粗壮，径 1~2 mm。秆单生或丛生，基部残存褐色纤维状叶鞘，高 60~100 cm，具 3~4 节，无毛或在节下以及花序下部常被短柔毛。叶鞘平滑或稍微粗糙，灰绿色，常短于节间；叶舌短，干膜质、先端钝圆，长 0.5~1 mm；叶片质地较厚而硬，长 15~25 cm，宽 5~7 mm，粉绿色，粗糙或其背面近于平滑，先端呈锥状，穗状花序直立，穗轴被短柔毛。

羊草（*L. chinensis*）

种别名：碱草

形态特征：多年生，具下伸或横走根茎；须根具沙套。秆散生，直立，高 40~90 cm，具 4~5 节。叶鞘光滑，基部残留叶鞘呈纤维状，枯黄色；叶舌截平，顶具裂齿，纸质，长 0.5~1 mm；叶片长 7~18 cm，宽 3~6 mm，扁平或内卷，上面及边缘粗糙，下面较平滑。穗状花序直立；穗轴边缘具细小睫毛，节间长 6~10 mm，最基部的节长可达 16 mm；小穗长 10~22 mm，含 5~10 朵小花。

赖草（*L. secalinus*）

种别名：老披碱、宾草

形态特征：多年生草本，具下伸的根状茎。秆直立，较粗硬，单生或呈疏丛状，生殖枝高 45~100 cm，营养枝高 20~35 cm，茎部叶鞘残留呈纤维状。叶片长 8~30 cm，宽 4~7 mm，深绿色，平展或内卷。穗状花序直立，长 10~15 cm，宽 0.8~1 mm，穗轴每节具小穗（1）2~3（4）枚，长 10~15 mm，含 4~7 小花，小穗轴被短柔毛，颖锥形，长 8~12 mm，具 1 脉，正覆盖小穗。

三芒草（*Aristida adscensionis*）

形态特征：一年生草本；须根较坚韧，有时具沙套。秆直立或倾斜，常膝曲，高 13~43 cm。叶鞘光滑，多短于节间；叶舌短，具纤毛；叶片纵卷如针状，长 3~20 cm，上面脉上被为刺毛，下面粗糙或亦被微色。圆锥花序长 6~20 cm，分枝单生，细弱，多贴生于主轴；小穗灰绿色或带紫色，长 6.5~12 mm，含 1 朵花；颖膜质，具 1 脉，第一颖长 4~9 mm，第二颖长 6~10 mm。

野燕麦（*Avena fatua*）

形态特征：秆直立单生或丛生，有 2~4 个节，株高 60~120 cm。叶鞘光滑或基部被柔毛；叶舌膜质透明；叶片宽条状。圆锥花序呈塔形开展，分枝轮生，小穗疏生；小穗生 2~3 朵小花，梗长向下弯；两颖近等长，一般 9 脉；外稃质地坚硬，下部散生粗毛，芒从稃体中间略下伸，2~4 cm 长，膝曲扭转，内稃短。颖果长圆形，被浅棕色柔毛，腹面有纵沟。

燕麦（*A. sativa*）

形态特征：株高 60~120 cm，须根系，入土较深。幼苗有直立、半直立、匍匐 3 种类型；抗旱抗寒者多属匍匐型，抗倒伏耐水肥者多为直立型。叶有突出膜状齿形的叶舌，但无叶耳。圆锥花序，有紧穗型、侧散型与周散型 3 种。普通栽培燕麦多为周散型，东方燕麦多为侧散型。分枝上着生 10~75 个小穗；每一小穗有两片稃片，内生小花 1~3 朵，也偶有 4 朵者，裸燕麦则有 2~7 朵。

无芒雀麦（*Bromus inermis*）

形态特征：无芒雀麦草为多年生禾草，具短根状茎。根系发达，茎直立；高 50~100 cm（栽培种高 90~130 cm）。叶鞘闭合，长度常超过上部节间，光滑或幼时密被茸毛。叶片淡绿色，长而宽（6~8 mm），一般 5~6 片，表面光滑，叶脉细，叶缘有短刺毛。无叶耳，叶舌膜质，短而钝，圆锥花序，长 10~20 cm（栽培种达 15~30 cm）。穗轴每节轮生 2~8 个枝梗，每枝梗着生 1~2 个花。种子扁平，暗褐色。

薏苡（*Coix lacrymajobi*）

种别名：川谷

形态特征：植株高 1.5 m，茎直立粗壮，有 10~12 节，节间中空，基部节上生根。叶互生，呈纵列排列；叶鞘光滑，与叶片间具白色薄膜状的叶舌，叶片长披针形，长 10~40 cm，宽 1.5~3 cm，先端渐尖，基部稍鞘状包茎。总状花序，由上部叶鞘内成束腋生，小穗单性；花序上部为雄花穗，上有两个雄小花；花序下部为雌花穗，雌花穗有 3 个雌小花，其中一花发育。颖果成熟时。

拂子茅（*Calamagrostis epigeios*）

形态特征：多年生草本。具根状茎；杆直立，平滑无毛或花序下稍粗糙，高 45~100 cm，径 2~3 mm。叶鞘平滑或稍粗糙，短于或基部者长于节间；叶舌膜质，长 5~9 mm，长圆形，先端易撕裂，叶片扁平或边缘内卷，上面及边缘粗糙，下面较平滑，长 15~27 cm，宽 4~8 mm。圆锥花序紧密，圆筒形，直立，具间断，长 10~25(30)cm，中部径 1.5~4 cm，斜向上生升；小穗长 5~7 mm，淡绿色或带淡紫色。

大拂子茅（*C. macrolepis*）

形态特征：多年生，具根茎。秆直立，较粗壮，高 90~120 cm，径 3~4 mm，具 4~5 节，花序下稍糙涩。叶鞘平滑无毛，长于或上部者短于节间；叶舌纸质成厚膜质，长 5~12 mm，顶端易破碎；叶片长 15~40 cm，宽 5~9 mm，扁平或边缘内卷言，上面和边缘稍粗糙，下面平滑。圆锥花序紧密，披针形，有间断，长 20~25 cm，宽 3~4.5 cm，分枝直立，粗糙，长 1~3 cm，自基部即密生小穗；雄蕊 3 枚，花药长 2.5~3 mm。

假苇拂子茅（*C. pseudophragmites*）

形态特征：禾本科根茎型多年生草本。秆直立，高 30~60 cm。鞘、秆光滑无毛。叶舌膜质，先端撕裂或二裂；叶片常内卷，边缘及上面较粗糙。圆锥花序稍开展，长 10~20 cm，分枝簇生，斜向上生；小穗绿色，成熟时常带褐色。

虎尾草（*Chloris virgate*）

形态特征：属于禾本科虎尾草属。1 年长草本。须根，根较细；秆稍扁，基部膝曲，节着地可生不定根，丛生，高 10~60 cm；叶鞘松驰，肿胀而包裹花序。叶片扁平，长 5~25 m，宽 3~6 mm。穗状花序长 3~5 cm，4~10 余枚指状簇生茎顶，小穗紧密排列于穗轴一侧，成熟后带紫色。穗状圆锥花序顶生及腋生，由密集多花的聚伞花序组成；花冠淡紫或紫色；雄蕊 4 枚，内藏；小坚果卵形，极小，污黄色。

包鞘隐子草

(*Cleistogenes kitagawai var. foliosa*)

形态特征：与原变种的主要区别为叶片较狭窄，宽仅 1.5~2 mm；外稃具明显的 5 脉，边缘常疏生柔毛。花果期 7~10 月。

细弱隐子草(*C. gracilis*)

形态特征：多年生草本。秆直立，细弱，具多节，高 30~75 cm，径约 1 mm。叶鞘长于节间，无毛，鞘口具白色长柔毛；叶舌具短纤毛；叶片线形，长 1.5~7 mm，宽 1~2 mm，上面粗糙，下面平滑，内卷成针状或披针形。圆锥花序开展，长 5~12 cm，分枝单生，粗糙，常自基部具小枝与小穗，基部分枝长 3~8 cm；小穗长 10~14 mm，含 5~8 朵小花，黄绿色或带紫色。

无芒隐子草(*C. songorica*)

形态特征：禾本科隐子草属多年生草本。秆丛生，直立或倾斜，高 15~50 cm，基部具密集的枯叶鞘。叶片条形，长 2~6 cm，扁平或边缘稍内卷。圆锥花序开展，分枝近于平展；小穗长 4~8 mm，含 3~6 朵小花；颖卵状披针形，质较薄；第一外稃长 3~4 mm，先端无芒或具短尖头；内稃短于外稃。

糙隐子草(*C. squarrosa*)

形态特征：多年生密丛旱生小型禾草。植株通常绿色，秋后常呈红褐色，秆密具多节，直立或散纤细，高 10~40 cm，干后常成碗蜒状或螺旋状弯曲。叶鞘长于节间，无毛，层层包裹直达花序的基部，叶舌有一圈很短的纤毛，叶片质较薄狭条形，扁平内卷粗糙。圆锥花序狭窄，多枝或单生，小穗长 5~7 mm，含 2~3 小花，绿色或带紫色，颖具 1 脉，外稃先端有主脉延伸的短芒，内稃狭窄与外稃等长。

隐花草(*Crypsis aculeate*)

形态特征：一年生禾草。秆平卧或斜倚，长 5~30 cm。叶舌短小，具纤毛；叶条状披外形，先端针刺状，宽 1.5~3 mm，具疣毛。圆锥花序紧密，头状，长仅 16 mm，宽 5~13 mm，具 2 片苞片状叶鞘 5；小穗长 4 mm，含 1 朵小花，脱节于颖之下，颖不等长，短于小穗，具 1 脉，外稃薄，具 1 脉，雄蕊 2 枚。

止血马唐(*Digitaria ischaemum*)

形态特征：一年生。秆直立或基部倾斜，高 15~40 cm，下部常有毛。叶鞘具脊，无毛或疏生柔毛；叶舌长约 0.6 mm；叶片扁平，线状披针形，长 5~12 cm，宽 4~8 mm，顶端渐尖，基部近圆形，多少生长柔毛。总状花序长 2~9 cm，具白色中肋，两侧翼缘粗糙；小穗长 2~2.2 mm，宽约 1 mm，2~3 枚着生于各节；第一颖不存在；第二颖具 3~5 脉，等长或稍短于小穗。

稗（*Echinochloa crusgali*）

形态特征：直立或铺散，分蘖多。叶片扁平，不具叶舌。圆锥花序由10余枚直立或斜升的穗状花序组成。小穗卵圆形，无柄，成2~4行密生于穗轴之一侧。第二成熟花外稃和内稃坚硬，光滑，紧包颖果，成熟后谷粒易脱落。

无芒稗（*E. crusgali var. mitis*）

形态特征：主要特征为秆高 50~120 cm，直立，粗壮；叶片长 20~30 cm，宽 6~12 mm。圆锥花序直立，长 10~20 cm，分枝斜上举而开展，常再分枝；小穗卵状椭圆形，长约 3 mm，无芒或具极短芒，芒长常不超过 0.5 mm，脉上被疣基硬毛。

圆柱披碱草（*Elymus cylindricus*）

形态特征：多年生禾草，疏丛型，须根发达。秆直立，高 35~85 cm，具 2~3 节。叶鞘无毛；叶舌长 0.2~0.5 mm，撕裂；叶片扁平，长 4.5~20 cm，宽 2~5 mm。穗状花序细瘦，直立，长 6~8(14) cm，小穗绿色或带有紫色，长 7~10 mm，通常含 2~3 朵小花，仅 1~2 朵小花发育，颖条状披针形，具 3~5 脉，外稃披针形，顶端芒直立或稍向外展，长 7~17 mm；内稃与外稃等长。

小画眉草（*Eragrostis minor*）
形态特征：多年生，疏丛型。秆直立，高30~60 cm，直径约1 mm，具3~4节，节膝曲，顶节位于下部1/3处。叶鞘短于其节间，顶生者长5~10 cm，平滑无毛；叶舌膜质，长约1 mm，钝圆；叶片长2~6 cm，宽1~3 mm，对折或稍内卷，上面微粗糙。圆锥花序长10~20 cm，疏松开展，主轴平滑；分枝2~3枚生于各节，卜部裸露细弱平展，微粗糙；小穗柄短而粗糙；小穗含2~3(~4)小花；颖质地较薄，边缘具纤毛状细齿裂。

高羊茅（*Festuca elata*）
形态特征：多年生。秆成疏丛或单生，直立，高90~120 cm，径2~2.5 mm，具3~4节，光滑，上部伸出鞘外的部分长达30 cm。叶鞘光滑，具纵条纹，上部者远短于节间，顶生者长15~23 cm；叶舌膜质，截平，长2~4 mm；叶片线状披针形，先端长渐尖，通常扁平，下面光滑无毛，上面及边缘粗糙；圆锥花序疏松开展；分枝单生，自近基部处分出小枝或小穗；颖果长约4 mm，顶端有毛茸。

黑麦草（*Lolium perenne*）
形态特征：多年生，具细弱根状茎。秆丛生，高30~90 cm，具3~4节，质软，基部节上生根。叶舌长约2 mm；叶片线形，长5~20 cm，宽3~6 mm，柔软，具微毛，有时具叶耳。穗形穗状花序直立或稍弯，长10~20 cm，宽5~8 mm；小穗轴节间长约1 mm，平滑无毛；颖披针形，为其小穗长的1/3，具5脉，边缘狭膜质；外稃长圆形，草质，第一外稃长约7 mm；内稃与外稃等长，两脊生短纤毛。颖果长约为宽的3倍。

臭草（*Melica scabrosa*）

形态特征：多年生草本，秆丛生，高30~70 cm，基部密生分蘖，有强烈气味。叶舌透明膜质，长1~3 mm，顶端撕裂而两侧下延；叶片长6~15 cm、宽2~7 mm。圆锥花序窄狭，长8~16 cm、宽1~2 cm；小穗长5~7 mm，含2~4个孕性小花，顶端小球形；颖近等长，膜质；外稃具7条隆起之脉，颖果褐色。

稷（*Panicum miliaceum*）

种别名：钳子、黍、糜子

形态特征：禾本科一年生栽培谷物。秆直立，具多数分蘖。叶片线状披针形。圆锥花序大型，疏展或紧密。小穗背腹压扁，长4~5 mm，第一颖微小，第一小花不育，第二小花两性，成熟后稃体坚韧革质，边缘紧扣同质的内稃。颖果卵圆形，包藏于质硬有光泽的稃片中。

冠芒草（*Enneapogon borealis*）

形态特征：禾本科一年生疏丛状小草本，高5~33 cm。茎秆基部常呈膝曲状，鞘略扁，外形似蟹腿状。鞘内有分枝并具隐藏待发育的小穗。全株被柔毛，呈灰绿色。叶舌甚短，顶端具纤毛，圆锥花序紧缩呈短穗状，长1~3 cm，宽5~15 mm，铅灰绿色。小穗2~3花，顶生1朵小花退化。颖披针形，具膜质边缘，先端尖；第二颖比第一颖略长。外稃被柔毛，基盘及边缘柔毛尤其明显；内稃外稃等长或稍长，脊具纤毛。

狼尾草(*Pennisetum alopecuroides*)

形态特征:多年生草本,高 40~100 cm。根细,根茎横走,茎直立,单一或有短分枝,上部密被长柔毛。叶互生或近对生;叶无柄或近无柄;叶片线状长圆形至披针形,长 6~10 cm,宽 8~15 mm;先端尖,基部渐窄,边缘多少向外卷折,两面及边缘疏被短柔毛,表面通常无腺点。总状花序顶生,花密集;花序轴和花梗均被柔毛;花萼近钟形,长约 3.5 mm,5 深裂;花冠白色,5 深裂;蒴果球形,包于宿存的花萼内。

白草(*P. centrasiaticum*)

种别名:中亚狼尾草

形态特征:多年生。具横走根茎。秆直立,单生或丛生,高 20~90 cm。叶鞘疏松包茎,近无毛,基部者密集近跨生,上部短于节间;叶舌短,具长 1~2 mm 的纤毛;叶片狭线形,两面无毛。圆锥花序紧密,直立或稍弯曲,长 5~15 cm,宽约 10 mm;主轴具棱角,无毛或罕疏生短毛;刚毛柔软,细弱,微粗糙;小穗通常单生,卵状披针形,长 3~8 mm;雄蕊 3 枚,花柱近基部联合。颖果长圆形。

芦苇(*Phragmites communis*)

形态特征:多年生水生或湿生的高大禾草,生长在灌溉沟渠旁、河堤沼泽地等。芦苇的植株高大,地下有发达的匍匐根状茎。茎秆直立,秆高 1~3 m,节下常生白粉。叶鞘圆筒形,无毛或有细毛。叶舌有毛,叶片长线形或长披针形,排列成两行。圆锥花序分枝稠密,向斜伸展,花序长 10~40 cm,小穗有小花 4~7 朵;颖有 3 脉,一颖短小,二颖略长;第二外样先端长渐尖,基盘的长丝状柔毛长 6~12 mm。

细长早熟禾(*Poa prolixior*)

形态特征：多年生。秆丛生，细弱，高 60~70 cm，直径 0.5~1 mm，具 3~4 节，微糙涩。叶鞘短于节间；叶舌长 2~4 mm，顶端呈撕裂状；叶片狭条形，上面微粗糙，下面近于平滑，宽 1~1.5 mm。圆锥花序狭窄，长 6.5~10 cm，宽 5~13 mm，每节着生 2~3 分枝；小穗淡绿色，长 2.5~3(~3.5)mm，含 2~3 朵花，颖披针形，顶端锐尖，质较厚，具 3 脉，长 2~3 mm；外稃间脉不太明显。

华灰早熟禾(*P. sinoglauca*)

形态特征：多年生草本，形成密丛。须根纤细，苗密。秆直立，高 15~40 cm。叶鞘稍短，长达茎秆的 1/2；叶舌膜质，长 1.5~3 mm，叶片内卷，宽 0.8~1.5 mm，宽蓝绿色或灰绿色。圆锥花序紧密，呈穗状，长 4~7 cm，分枝甚短，灰绿色或带紫色；小穗长 4~5 mm，含 3~5 小花，小穗轴平滑；外稃长 2.5~3.5 mm；常带紫红色，中脉和边脉下部有柔毛，基盘有少量绵毛。

硬质早熟禾(*P. sphondylodes*)

形态特征：多年生草本。秆直立，密丛生，细硬，高 30~60 cm，具 3~4 节。叶鞘长于节间，无毛，叶舌膜质，先端锐尖，长 3~5 mm，叶片长 2~9 cm，宽约 1 mm。圆锥花序紧缩，长 3~10 cm，宽约 1 cm，每节具 2~5 分枝，小穗成熟后呈草黄色，长 5~7 mm，含 4~6 朵小花，颖披针形，具 3 脉，外稃披针形，先端狭膜质，脊下部 2/3 和边缘下部 1/2 有长柔毛，基盘具绵毛，第一外稃长 3 mm，内稃等长于外稃。

长芒棒头草(*Polypogon monspeliensis*)

形态特征:一或两年生草本。幼苗子叶留土。全株光滑无毛。第一片真叶条状,长约 2.6 mm,宽约 0.8 mm,先端急尖,有 3 条直出平行脉,叶舌三角形,膜质,顶端齿裂,叶舌的边缘与叶鞘相连。成株高 20~60 cm。茎秆直立,疏丛生,光滑无毛。叶鞘疏松抱秆;叶舌两深裂或不规则破裂;叶片条形,长 6~13 cm 宽 3~9 mm,表面及边缘粗糙,背面光滑。花穗形圆锥花序呈棒状;颖倒卵状长圆形,粗糙。

沙鞭(*Psammochola mmochloa*)

种别名:沙竹

形态特征:多年生草本。根状茎,长 2~3 m,横走于沙土中,秆高达 1.5 m,直立,节集中于秆之基部井有黄褐色枯萎叶鞘,叶鞘几乎包裹整个植株,常分裂为纤维状,叶片坚韧,长达 50 cm,宽约 1 cm。圆锥花序较紧密,直立,与叶片近等长;小穗白色或灰白色,长 10~16 mm,具短梗,含 1 朵小花,两颖几相等或第一颖较短,具 3~5 脉,被微毛

碱茅(*Puccinellia distans*)

形态特征:多年生。秆直立,丛生或基部偃卧,节着土生根,高 20~30(~60)cm,径约 1 mm,具 2~3 节,常压扁。叶鞘长于节间,平滑无毛,顶生者长约 10 cm;叶舌长 1~2 mm,截平或齿裂;叶片线形,长 2~10 cm,宽 1~2 mm,扁平或对折,微粗糙或下面平滑。圆锥花序开展,长 5~15 cm,宽 5~6 cm,每节具 2~6 分枝;分枝细长,平展或下垂,基部主枝长达 8 cm;颖质薄,顶端钝,具细齿裂。颖果纺锤形。

微药碱茅（*P. micrandra*）

形态特征：多年生，疏丛型。干膝曲上升，高10~20 cm，径约1 mm，具3节，顶节位于下部1/4。叶鞘无毛，灰绿色，长于其节间，顶生者长达10 cm，也设长约1 mm，截平或三角形，叶片短，长2~4 cm，宽1~2 mm，内卷，上面于边缘粗糙，质地较硬，直伸，先端渐尖，圆锥花序广开展，成金字塔型，长5~8 cm，宽达5 cm；分枝每节2枚；小穗长约2.5 mm，含2~3朵花，淡黄色带紫色；颖果。

星星草（*P. Tenuiflora*）

形态特征：多年生草本。须根。秆丛生、直立或基部膝曲，灰绿色，高30~60 cm，具3~4节。叶鞘多短于节间，叶舌长约1 mm；叶片条形，长2~7 cm，宽1~3 mm，内卷，被微毛。圆锥花序开展，长8~20 cm，每节分枝2~5，小穗长3~4 mm，含3~4朵花；草绿色，成熟时变为紫色，第一颖长约0.6 mm，具1脉，第二颖长约1.2 mm，具3脉，外稃先端钝，具不明显的5脉；内稃与外稃等长。

断穗狗尾草（*Setaria arenaria*）

形态特征：一年生。须根纤细，长可达20 cm。秆细，微膝曲斜向上升，高20~100 cm，光滑无毛。叶鞘松弛，基部叶鞘具较细疣毛，枯萎后呈桔黄色，薄纸质，上部叶鞘除鞘口和边缘具长约1.5 mm的细纤毛外，余均无毛；前出叶边缘膜质，脊上具细纤毛；叶舌短，边缘为一圈长约1.5 mm的细纤毛；叶片薄，狭长披针形，长5~15 cm，宽2~7 mm。圆锥花序紧缩呈圆柱形，主轴密具长柔毛；颖果狭椭圆形。

狗尾草(*S. viridis*)

种别名:谷莠子、莠

形态特征:一年生草本。秆直立或基部膝曲,高 10~100 cm,基部径达 3~7 mm。叶鞘松驰,边缘具较径的密绵毛状纤毛;叶舌极短,边缘有纤毛;叶片扁平,长三角状狭披针形或线状披针形,先端长渐尖,基部钝圆形,几成栽状或渐窄,长 4~30 cm,宽 2~18 mm,通常无毛或疏具疣毛,边缘粗糙。圆锥花序紧密呈圆柱状或基部稍疏离,直方或稍弯垂,主轴被较长柔毛;颖果灰白色。

厚穗狗尾草(*S. viridis*)

形态特征:秆匍匐状丛生,矮小细弱,基部多数膝曲斜向上升或直立,高 5~25 cm。叶鞘松,基部叶鞘被较密的疣毛,边缘具长纤毛;叶舌为一圈纤毛;叶片线形,钻形或狭披针形,长 1.5~5 cm,宽 2~4 mm,无毛粗糙。圆锥花序卵形或椭圆形,长 1~3 cm,宽 1.5 mm(包括刚毛),小穗长 2~2.5 mm,其刚毛长 6~8 mm,绿色、黄色、紫色。

谷子(*S. italica*)

种别名:小米,粟

形态特征:一年生草本植物。须根粗大。秆粗壮,直立,高 0.1~1 m 或更高。叶鞘松裹茎秆,密具疣毛或无毛,毛以近边缘及与叶片交接处的背面为密,边缘密具纤毛;叶舌为一圈纤毛;叶片长披针形或线状披针形,长 10~45 cm,宽 5~33 mm,先端尖,基部钝圆,上面粗糙,下面稍光滑。圆锥花序呈圆柱状或近纺缍状,通常下垂,基部多少有间断,主轴密生柔毛;小穗椭圆形或近圆球形。

苏丹草(*Sorghum sudanense*)

形态特征:一年生草本植物。须根,根系发达入土深,可达 2.5 m。茎直立,呈圆柱状,高2~3 m,粗 0.8~2.0 cm。分蘖力强,侧枝多,一般 1 株 15~25 个,最多 40~100 个。叶 7~8 片,宽线形,长 60 cm,宽 4 cm,色深绿,表面光滑;叶鞘稍长,全包茎,无叶耳。圆锥花序,较松散,分枝细长,每节着生两枚小穗,一无柄,为两性花;一有柄,为雄性花,不结实。结实小穗颖厚有光泽。颖果扁卵形,籽粒全被内外稃包被。

高粱(*S. bicolor*)

种别名:蜀黍

形态特征:一年生草本,高 3~4 m。茎圆柱形,节上有黄棕色短毛。叶互生,狭披针形,长达 50 cm,宽约 4 cm;叶鞘无毛或被白粉;叶舌硬膜质,先端圆,边缘生纤毛。圆锥花序长达 30 cm,分枝轮生,无柄小穗卵状椭圆形,长 5~6 mm,成熟时下部硬革质而光滑无毛,上部及边缘有短毛。颖果倒卵形,成熟后露出颖外,亦褐色。有柄小穗雄性,其发育程度变化甚大。

贝加尔针茅(*Stipa baicalensis*)

种别名:狼针草

形态特征:年生草本。秆高 50~90(110)cm。叶片纵卷成细条形,茎生叶片长 20~30 cm,叶舌长 1.5~2 mm。圆锥花序常为顶生叶鞘所包,长 20~50 cm,小穗灰绿色或紫褐色,膜质,长 25~30 mm,外稃长 12-15 mm,与芒的关节处生一圈短毛,背部贴生成纵行的短毛,基盘尖锐,长 4 mm,芒二回膝曲,无毛。芒柱长达 7 cm,芒针长达 10 cm。

短花针茅（S. breviflora）

形态特征：多年生丛生型旱生草本。秆直立，基部节处膝曲，高 30~60 cm。叶鞘粗糙或被短柔毛，上部边缘具纤毛，叶舌披针形，白色膜质，基生叶密集，长 10~15 cm，茎生叶稀疏，长 3~7 cm。圆锥花序下部被顶生叶鞘包裹，分枝细弱，光滑或具稀疏短刺毛，2~4 枝簇生，有时具二回分枝，分枝斜升，小穗稀疏，颖狭披针形，长 10~15 mm，绿色或淡紫褐色，中上部白色膜质，第二颖略短于第一颖。

本氏针茅（S. bungeana）

种别名：长芒草

形态特征：多年生密丛禾草，须根坚韧具砂套，叶片纵卷呈针状，长 3~15 cm。圆花序基部常为叶鞘所包，长 10~20 cm，分枝细弱，2~4 个簇生；小穗灰绿色或淡紫色，稀疏着生于分枝上部；颖长 9~15 mm，端延伸成细芒，具 3~5 脉，外稃长 4.5~6 mm，背部短毛，顶端关节处有一圈短毛，其下有微刺毛；芒二回膝曲，无毛或具少量柔毛；内稃和外稃等长。颖果圆柱形。

沙生针茅（S. glareosa）

形态特征：多年生密丛型旱生草本。秆斜升或直卒，基部膝曲。基部叶鞘粗糙或被短柔毛，叶鞘的上部边缘有纤毛，叶舌长约 1 mm，边缘有纤毛，叶上面被短刺毛，粗糙或光滑，下面密被短刺毛，基生叶长 20 cm，茎生叶长 2~4 cm。圆锥花序基部包于顶生叶鞘内，分枝单生，短且直伸，被短刺毛，颖狭披针形，二颖近等长，长 20~30 mm，顶端延伸成长尾尖，中上部皆为白色膜质。

大针茅（*S. grandis*）

形态特征：多年生密丛型草本。秆直立，高 50~100 cm。叶鞘粗糙，叶舌披针形，基生叶条形，长可达 50 cm 以上，茎生叶较短。圆锥花序，基部包于叶鞘内，长 20~50 cm，2~4 分枝簇生；颖披针形，长 30~40 mm，成熟后淡紫色，外稃长 15~17 mm，基盘长约 4 mm；芒二回膝曲，第一芒柱长 6~10 cm，第二芒柱长 2~2.5 cm，芒针丝状卷曲，长 10~18 cm，全芒光滑。

戈壁针茅（*S. tianschanica var. gobica*）

形态特征：多年生草本。秆斜升或直立，基部膝曲，高（10）20~50 cm。叶鞘光滑或微粗糙；叶舌膜质，边缘有长纤毛，叶上面光滑，下面脉上被短刺毛，基生叶长达 20 cm，茎生叶长 2~4 cm。圆锥花序下部被顶生叶鞘包裹，分枝细弱，光滑，直伸，单生或孪生；小穗绿色或灰绿色，颖狭披针形，长 20~25 mm，上部及边缘宽膜质，顶端延伸成丝状长尾尖，二颖近等长。

锋芒草（*Tragus racemosus*）

种别名：大虱子草

形态特征：一年生禾草，高 10~30 cm。秆直立或铺散于地面，节常膝曲。叶鞘无毛，叶舌为一圈长约 1 mm 的柔毛，叶片长 2~5 cm，宽 2~5 mm，边缘具刺毛。总状花序紧密呈穗状，长 2.5~7 cm，由 2 个孕性小穗与 1 退化小穗组成，小穗长 4~5 mm，第一颖微小，膜质，第二颖革质，背部有 5 条带刺的纵肋，顶端尖头明显伸出刺外，外稃膜质，具 3 脉，内稃较外稃薄且短。

小麦（*Triticum aestivum*）

形态特征：一年或二年生草本，茎直立，中空，叶子宽条形，子实椭圆形，腹面有沟。茎具4~7节，有效分蘖多少与土肥环境相关。叶片长线形；穗状花序直立，穗轴延续而不折断；小穗单生，含3~5(~9)花，上部花不育；自花授粉，颖革质，卵圆形至长圆形，具5~9脉；背部具脊；外稃船形。颖果大，长圆形，顶端有毛，腹面具深纵沟，不与稃片粘合而易脱落。

玉米（*Zea mays*）

种别名：玉蜀黍、包谷、包米

形态特征：玉米为禾本科玉米属一年生草本植物。须根系。茎，直径2~4 cm，高0.5~4 cm，茎有节和节间，茎内充满髓，节间侧沟下方的节上着生腋芽，基部节间的顺芽可长成分枝。叶片剑形，互生，叶片中脉明显，边缘呈波状皱纹，叶片数与节数对等，叶片长80~150 cm，宽6~15 cm；叶舌薄而短。雌雄同株异花。雄花着生在植株顶部，为圆锥花序。主轴上有4~11列成对小穗。

莎草科　Cyperaceae

华扁穗草（*Blysmus sinocompressus*）

种别名：扁穗草

形态特征：莎草科扁穗草属多年生草本。根茎长，有节，节上生根。秆散生，高5~20 cm，扁三棱状，有槽，中部以下生叶，基部有褐色的宿存叶鞘。叶条形，边缘内卷，有细齿，顶端近三棱形，宽1~3.5 mm；叶舌短，膜质。苞片叶状，通常高出花序；小苞片磷片状。穗状花序单一，顶生，矩圆形，长1.5~3 cm，宽6~10 mm，有3~10小穗。雄蕊3枚。雌蕊柱头2枚。小坚果宽倒卵形。

卵穗苔草（*Carex ovatispiculata*）

种别名：寸草苔

形态特征：根状茎短，木质。秆高 25~50 cm，平滑，基部具褐色叶鞘，常细裂成纤维状。叶短于或近等长于秆，宽 1~2.5 mm，平张，质软，边缘微粗糙。小穗 5~11 个，卵形，雌雄顺序。果囊长于鳞片，卵形或宽卵形，长约 2.5 mm，宽 1 mm，膜质，淡黄绿色，通常无脉或稀背面具 1~2 条不明显的脉，边缘具灰绿色的狭翅。小坚果紧包于果囊中，椭圆状倒卵形。

针蔺（*Eleocharis congesta*）

种别名：荸荠

形态特征：多年生草本。具横生匍匐的根状茎，秆丛生或单生，高 30~60 cm，直径 3~5 mm，直立，圆柱形，具少数锐肋条，无叶片，在基部有 1~2 枚褐色长叶鞘。小穗矩圆状卵形或条状披针形，长 7~20 mm，宽 2.5~3.5 mm，具多数密生的花，鳞片紫褐色，边缘干膜质，绿色或苍绿色，除基部两鳞片无花外，其余鳞片内均有花，柱头 2。小坚果倒卵圆形，双凸状，淡黄色。

花穗水莎草（*Juncellus pannonicus*）

形态特征：多年生草本。根状茎短。秆密丛生，高 2~18 cm，扁三棱状，基部具 1 枚叶。叶片刚毛状，很短，宽约 1 mm，基部具长鞘。苞片 3，叶状，下部的 2 枚长于花序。长侧枝聚伞花序头状，简单，假侧生，具 1~8 个小穗；小穗卵状矩圆形或矩圆形，稍肿胀，长 5~15 mm，宽 2~5 mm，具 10~32 朵花，无梗；小穗轴稍扁，近四棱形；雄蕊 3；柱头 2。小坚果近圆形、椭圆形或倒卵形，黄色，表面具网纹。

水莎草（J. serotinus）

形态特征：一年生草本，高达 120 cm。茎直立，上部三棱形。叶出自茎基部；线状，长 15~100 cm，宽 3~9 mm，先端渐尖。苞片 3~8，叶状，长短不一，密集茎端；穗密集呈长卵形的复穗状花序；穗梗长短不一；小穗轴稍具翅翼；鳞片相对排列呈二列状，卵圆形或长卵圆形，先端不突出，背面有褐色条纹；最下面两朵花不发育，上部为发育的两性花；雄蕊 3；柱头 3 裂。小坚果长圆形，成熟后为灰黑色。

扁秆藨草（Scirpus planiculmis）

种别名：紧穗三棱草、野荆三棱

形态特征：多年生草本。具匍匐根状茎，其顶端加粗成块茎状，倒卵形。秆高 50~10 cm，较细，平滑。叶基生和秆生，条形，扁平，长 15~30 cm，宽约 3 mm；叶鞘包茎。叶状苞片 1~3，比花序长，长侧枝聚伞花序短缩成头状，生于茎顶，有 1~6 小穗；小穗椭圆形或卵形，锈褐色或黄褐色，长 1.0~1.6 cm 多数花；鳞片长圆形，顶端具撕裂状缺刻，有 1 脉及短芒；小坚果宽倒卵形。

藨草（S. triqueter）

种别名：野荸荠、光棍草、三棱草

形态特征：具长的匍匐根状茎，秆散生，粗壮，高 20~100 cm，三棱形，基部具 2~3 个叶鞘，鞘膜质，最上一个鞘顶具叶片。叶片扁平，长 1.3~5.5 cm，宽 1.5~2 mm。苞片 1 枚，为秆的延长，三棱形，侧枝聚伞形花序假侧生；雄蕊 3；小坚果倒卵形，平凸状，长 2~3 mm，成熟时褐色，具光泽。莲座状叶丛橄榄色。复穗状花序从叶丛中伸出，小花序扁平。秆散生，三棱形，聚伞形花序假侧生。

灯心草科 Juncaceae

小灯心草（*Juncus bufonius*）

形态特征：一年生。草本，密集丛生，茎多直立，基部常红褐色，高 5~15(20)cm。叶基生和茎生。叶子扁平，长 3~9 cm，宽约 1 mm。花果期7~9月。花序顶生，呈二岐聚伞状，每分枝上常顶生和侧生 2~4 朵花多；总苞片叶状，较花序为短；花长 4~6 mm，淡绿色；先出叶卵形，膜质；花被片皮针形，外轮3枚顶端短尾尖，边缘膜质，内轮3枚显著短，顶端急尖或稍钝；雄蕊6。果三角状长圆形，三室。

鸭跖草科 Commelinaceae

鸭跖草（*Commelina communis*）

种别名：竹叶菜、兰花竹叶

形态特征：一年生湿生草本，高 30~60 cm，基部茎匍伏在地上，节上生有不定根，上部茎直立，被短毛。叶互生，窄卵状披针形至披针形；叶柄成鞘状抱茎，叶鞘膜质，被短毛，鞘口疏生长毛。总苞呈佛焰苞状，卵状心形，边缘有疏长硬毛；聚伞花序稍伸出于佛焰苞外；花深蓝色；萼片3，膜质，靠近内部2片的基部合生；花瓣有长爪；子房椭圆形，2室。蒴果椭圆形。

百合科 Liliaceae

矮韭（*Allium anisopodium*）

形态特征：根状茎明显，横生。鳞茎近圆柱状，数枚聚生；鳞茎外皮紫褐色、黑褐色或灰黑色，膜质，不规则地破裂。叶半圆柱状，稀为横切面呈新月形的狭条形，有时因背面中央的纵棱隆起而成三棱状狭条形，光滑，或沿叶缘和纵棱具细糙齿。花葶圆柱状，具细的纵棱，光滑，下部被叶鞘；总苞单侧开裂，宿存；伞形花序近扫帚状，松散；花淡紫色至紫红色；外轮的花被片卵状矩圆形；子房卵球状。

葱(*A. fistulosum*)
形态特征：多年生草本，高可达 50 cm。通常簇生、全体具辛臭，折断后有辛味之黏液。须根丛生，白色。鳞茎圆柱形，先端稍肥大，鳞叶成层，白色，上具白色纵纹。叶基生，圆柱形，中空，长约 45 cm，径 1.5~2 cm，具纵纹；花茎自叶丛抽出，通常单一，中央部膨大，中空，绿色，亦有纵纹；伞形花序圆球状；雄蕊 6，花丝伸出，花药黄色，丁字着生；子房 3 室。蒴果三棱形。种子黑色，三角状半圆形。

山韭(*A. senescens*)
种别名：野韭、山葱、蒙古葱
形态特征：多年生草本，具粗壮的横生根状茎。鳞茎单生或 2~4 个集生在一起，鳞茎外皮黑色、黑灰色至白色，膜质。花葶高 10~40 cm，圆柱形，有时具 2 很窄的纵翅而二棱形。叶基生，条形，长约 20 cm，上部扁平，基部近半圆柱形，肉质，灰蓝绿色，直立或呈镰刀状弯曲。伞形花序近球形或半球形，多花。花淡紫红色，花被片 6，卵形，先端钝圆，外轮卵形；子房近球形。

蒙古韭(*A. mongolicum*)
种别名：蒙古葱、沙葱
形态特征：多年生草本。数个鳞茎簇生在一起，鳞茎细长，圆柱形，外皮纤维质，黄褐色，花葶圆柱形，高 10~20 cm。叶基生，圆柱形或半圆柱形，肉质，具灰绿色薄粉层，手摸时变绿色，有光泽。伞形花序半球形或球形，多花，疏散，花淡玫瑰色；花被片 6，2 轮，卵状长圆形，钝头，内轮比外轮长；内轮花丝基部扩大成卵形，外轮成锥形。

碱韭（*A. polyrhizum*）

种别名：多根葱、碱葱、紫花韭

形态特征：多年生草本，植株成丛状。多数圆柱状鳞茎簇生在一起，鳞茎皮黄褐色，破裂成纤维状，呈近网状；叶基生，半圆柱形，肉质，深绿色，比花莛短。花莛圆柱形，高 7~35 cm。伞形花序近球形，花多数，淡紫红色至白色，花被片 6，长圆形至卵形；花丝等长或稍长于花被，内轮花丝基部扩大，每侧通常各具 1 小齿，外轮的锥形，子房卵形，花柱比子房长。

蒜（*A. sativum*）

种别名：蒜头、大蒜

形态特征：多年生草本，具强烈蒜臭气。鳞茎大形，球状至扁球状，通常由多数肉质、瓣状的小鳞茎紧密地排列而成，叶基生；叶片实习，宽条形至条状披针形，扁平，先端长渐尖，基部鞘状。花莛实心，圆柱状，中部以下被叶鞘；总苞具长 7~20 cm 的长喙；伞形花序密具珠芽，间有数花；小花梗纤细；小苞片大，卵形，膜质；具短尖；花常为淡红色；花被片披针形至卵状披形。

细叶韭（*A. tenuissimum*）

形态特征：鳞茎数枚聚生，近圆柱状；鳞茎外皮紫褐色、黑褐色至灰黑色，膜质，常顶端不规则地破裂，内皮带紫红色，膜质。叶半圆柱状至近圆柱状，与花莛近等长，粗 0.3~1 mm，光滑，稀沿纵棱具细糙齿。花莛圆柱状，具细纵棱，光滑，高 10~35（50）cm，粗 0.5~1 mm，下部被叶鞘；总苞单侧开裂，宿存；伞形花序半球状或近扫帚状，松散；花白色或淡红色，稀为紫红色；子房卵球状；花柱不伸出花被外。

白花葱(*A. yanchiense*)

形态特征:鳞茎具直生根状茎。单生或数枚聚生,狭卵状,粗1~2 cm;鳞茎外皮污灰色,纸质,无光泽,顶端纤维状,内皮膜质,常呈淡紫红色。叶圆柱状,中空,比花葶短,粗1~2 mm,光滑或沿纵棱具极细的糙齿。花葶圆柱状,光滑,中生,高20~40 cm,中部粗1.5~2.5 mm,下部被光滑或具极细糙齿的叶鞘。伞形花序球状,具多而密集的花;花白色至淡红色;子房卵球状。

韭菜(*A. tuberosum*)

形态特征:具倾斜的横生根状茎。鳞茎簇生,近圆柱状;鳞茎外皮暗黄色至黄褐色,破裂成纤维状,呈网状或近网状。叶条形,扁平,实心,比花葶短,宽1.5~8 mm,边缘平滑。花葶圆柱状,常具2纵棱;总苞单侧开裂,或2~3裂,宿存;伞形花序半球状或近球状,具多但较稀疏的花;小花梗近等长,基部具小苞片,且数枚小花梗的基部又为1枚共同的苞片所包围;花白色;子房倒圆锥状球形,具3圆棱。

知母(*Anemarrhena asphodeloides*)

形态特征:多年生草本;根状茎横生,粗壮,被黄褐色纤维。叶基生,条形,长30~50 cm,宽3~6 mm。花葶圆柱形,连同花序长0~100 cm或更长;苞片状退化叶丛花葶下部向上部根稀疏地散生;总状花序长20~40 cm,2~6朵花成一簇散布生在花序轴上,每簇花具1苞片;花淡紫红色,具短梗;花被片6,矩圆状条形,具3~5脉;子房卵形,向上渐狭成花柱。蒴果长卵形,具六纵棱。

攀援天门冬（*Asparagus brachyphyllus*）

种别名：海滨天冬

形态特征：攀援植物。块根肉质，近圆柱状，粗 7~15 mm。茎近平滑，长 20~100 cm，分枝具纵凸纹，通常有软骨质齿。叶状枝每 4~10 枚成簇，近扁的圆柱形，略有几条棱，伸直或弧曲，长 4~12（20）mm，粗约 0.5 mm，有软骨质齿，较少齿不明显；鳞片状叶基部有长 1~2 mm 的刺状短距。花通常每 2~4 朵腋生；花丝中部以下贴生于花被片上；雌花较小。浆果直径 6~7 mm，熟时红色。

兴安天门冬（*A. dauricus*）

形态特征：直立草本，高约 30~70 cm。根细长，粗约 2 mm。茎和分枝有条纹，有时幼枝具软骨质齿。叶状枝每 1~6 枚成簇，通常全部斜立，和分枝交成锐角，很少兼有平展和下倾的，稍扁的圆柱形，略有几条不明显的钝棱，长 1~4（~5）cm，粗约 0.6 mm，伸直或稍弧曲，有时有软骨质齿；鳞片状叶基部无刺。花每 2 朵腋生，黄绿色；花丝大部分贴生于花被片上，离生部分很短；雌花极小。浆果直径 6~7 mm。

甘肃天门冬（*A. kansuensis*）

形态特征：多刺半灌木，高 17~27 cm。根在近末端成纺锤状膨大，膨大部分直径可达 2~3 cm 或更大。茎的节间较短，具极多分枝，茎和分枝都有棱和软骨质齿。叶状枝每（3~）5~10 枚成簇，纤细，近针状，略有几条棱，长 5~8 mm，粗约 0.4 mm；鳞片状叶基部有硬刺，刺平展，垂直于轴，在茎上部和分枝上的最长，长 2~5 mm，伸直。花每 1~2 朵腋生。

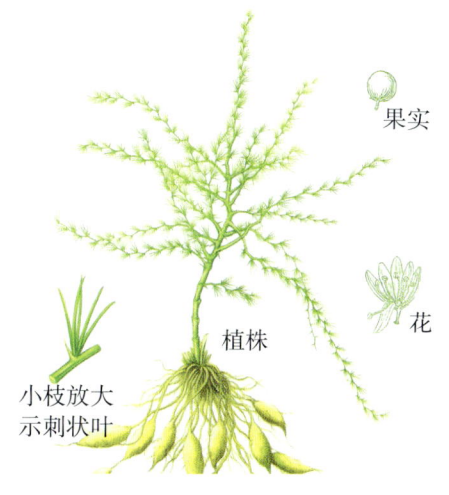

戈壁天门冬(*A. gobicus*)

形态特征:半灌木,高 20~45 cm。具根状茎,顺根细长。茎坚挺,下部直立,上部通常呈回折状,具纵向剥离的白色薄膜;分枝密集,强烈回折状,疏生软骨质齿。叶状枝 3~6(8)簇生,近圆柱形,长 5~25 mm,粗 0.8~1 mm,稍呈针刺状;鳞片状叶基部具短柄。花小,黄绿色,1~2 朵腋生,单性,雌雄异株,雄花花被片 6,长 5~7 mm;雌花略小于雄花。浆果球形,红色,直径 5~8 mm,含种子 3~5 粒。

长花天门冬(*A. longiflorus*)

形态特征:草本,近直立,高 20~170 cm。根较细,粗约 3 mm。茎通常中部以下平滑,上部多少具纵凸纹并稍有软骨质齿,嫩枝尤甚,较少齿不明显;分枝平展或斜升。叶状枝每 4~12 枚成簇,伏贴或张开,近扁的圆柱形,略有棱,一般伸直,长 6~15 mm;茎上的鳞片状叶基部有长 1~5 mm 的刺状距,较少距不明显或具硬刺,分枝上的距短或不明显。花通常每 2 朵腋生,淡紫色;浆果直径 7~10 mm,熟时红色。

西北天门冬(*A. persicus*)

形态特征:攀援植物,通常不具软骨质齿。根较细,粗约 2~3 mm。茎平滑,长 30~100 cm,分枝略具条纹或近平滑。叶状枝通常每 4~8 枚成簇,稍扁的圆柱形,略有几条钝、棱,伸直或稍弧曲,长 0.5~1.5(~3.5)cm,粗 0.4~0.7 mm,极少稍具软骨质齿;鳞片状叶基部有时有短的刺状距。花每 2~4 朵腋生,红紫色或绿白色;花梗长 6~18(~25)mm,关节位于上部或近花被基部;浆果直径约 6 mm,熟时红色。

黄花菜（*Hemerocallis citrine*）

种别名：金针菜

形态特征：一年生直立草本，高 0.3~1 m。全株密被黏质腺毛与淡黄色柔毛，有恶臭气味。叶为具 3~5(~7) 小叶的掌状复叶；叶柄长 2~4 cm；小叶倒披针状椭圆形，中央小叶长 1~5 cm，宽 5~15 mm，侧生小叶依次减小，边缘有腺纤毛。花单生于叶腋，近顶部则成总状或伞房状花序，花梗纤细，长 1~2 cm；花瓣淡黄色或橘黄色，倒卵形或匙形；雄蕊 10~20。

细叶百合（*Lilium tenuifolium*）

形态特征：多年生草本。鳞茎的鳞片少数，最外层后变为膜质。茎直立，细弱，无毛，有白色乳头状突起。叶互生，常集生于茎中部，并向右旋开展，无柄，狭条形，长 3~10 cm，宽 1~4 mm，有乳头状突起，先端渐尖，缘有小锯齿并稍卷曲。花鲜红色，俯垂，单 1 或 2~6 朵，集成总状花序；花梗长 2~5 cm；花被 6 片，向外反卷，内面有黑色斑点。蒴果直立，长圆状椭圆形，具 6 条纵使棱。种子耳形，扁平。

鸢尾科 Iridaceae

大苞鸢尾（*Iris bungei*）

种别名：彭氏鸢尾、本氏鸢尾

形态特征：多年生草本。根状茎短而粗壮，须根多数，黄褐色。植株基部有棕色或棕褐色纤维状枯死叶鞘，长 7~15 cm，基生叶多数，条形，坚韧，长 15~45 cm，宽 1.5~3.5 mm，茎生叶 2 枚，条状披针形，比基生叶短，下部变宽，鞘状抱茎，边缘膜质，向上渐窄。花葶高 15~30 cm，苞片 3 枚，膨大，宽披针形，每苞有花 2 朵，花被片 6，内外轮各 3 枚。蒴果矩圆形，先端具喙。

射干鸢尾（*I. dichotoma*）

形态特征：多年生草本。高 50~100 cm。根茎块状，斜伸。茎直立，实心。叶剑形，互生，嵌叠状排列，宽近 3 cm，先端锐尖，基部抱茎。花序顶生，叉状分枝；花橙黄色，散生紫褐色斑点，直径 3~5 cm；分枝处及花梗上包有膜质苞片，卵形至披针形；花被片6，2轮排列；雄蕊 3，着生花被片基部，花药条形；雌蕊 1，柱头 3 裂，花柱棒状。蒴果椭圆形。

细叶鸢尾（*I. tenuifolia*）

形态特征：多年生草本，高 20~40 cm。根状茎起立，细而短。多数须根，细长，棕褐色，平铺向下。植株基部有枯死的叶鞘，红棕色，长 10~20 cm，并有纤维状残余物，长 8 cm 左右，坚挺。叶基生，窄条形或线形，长 30~40 cm，宽 1~1.5 mm，灰绿色，坚韧，平行脉明显。花葶长 10~20 cm，有鞘状退化叶；苞片稍大呈窄纺锤形，长 7~10 cm，膜质；有花 1~3 朵，集生于鞘状苞叶内；花蒴果卵圆形或近球形。

马蔺（*I. lactea var. chinensis*）

种别名：马莲

形态特征：多年生草本，高 15~40 cm，基部残存纤维状的老叶叶鞘，呈棕褐色。根茎粗壮，下生坚韧细根。叶全部基生，成丛，叶片条形，微扭转，长 20~40 cm，宽 3~6 mm，先端渐尖，全缘，淡绿色，平行脉两面凸起，7~10 条。花茎为 3 片对摺叶状苞所包被。花大，蓝色，1~3 朵，直径约 6 cm；花被6，外轮 3 片匙形，内轮 3 片直立，倒披针形；蒴果纺锤形，顶端呈小嘴状。

美人蕉科　Cannaceae

大花美人蕉(*Canna generalis*)

种别名:别名兰蕉、红艳蕉

形态特征:地下具肥壮多节的根状茎,地上假茎直立无分枝,株高1 m至1.5 m,全身被白霜。叶大型,互生,呈长椭圆形,叶柄鞘状。顶生总状花序,常数朵至十数朵簇生在一起,萼片3枚,绿色,较小,花被3片,柔软,基部直立,先端向外翻。花色丰富并有复色斑纹。花心处的雄蕊多瓣化而成花瓣,其中一枚常外翻成舌状,其他的呈旋卷状。蒴果椭圆形,外被软刺。